科幻创作百科全书

[日] 森濑缭 编著

张丽珍 译

本书总结了创作包含科幻要素的故事时想要知道的关键字，收集了很多对科幻创作有帮助的话题。本书内容分为“科学技术”“巨型建筑”“生命”“世界·环境”“宇宙”以及“主题”六大板块，讨论了现实和未来的科学技术、各类体型巨大的人造建筑、生命科学的相关知识、科学技术带来的世界和环境的变化、宇宙开发和外星生命、以现代科学为基础的科幻主题，从现实科研成果、科幻应用以及科幻创作指南等方面进行了总结归纳。本书助力科幻作品的创作，是一部有趣且实用的科幻大百科，适合对科学和科幻感兴趣的广大读者阅读。

图书在版编目（CIP）数据

科幻创作百科全书 /（日）森瀬缭编著；张丽珍译. — 北京：机械工业出版社，2023.4（2025.1重印）
ISBN 978-7-111-72557-2

Ⅰ. ①科…　Ⅱ. ①森… ②张…　Ⅲ. ①科学普及-普及读物-创作方法　Ⅳ. ①N49

中国国家版本馆CIP数据核字（2023）第010656号

机械工业出版社（北京市百万庄大街22号　邮政编码100037）
策划编辑：蔡　浩　　　　　责任编辑：蔡　浩
责任校对：张昕妍　陈　越　责任印制：单爱军
保定市中画美凯印刷有限公司印刷

2025年1月第1版・第3次印刷
148mm × 210mm・11.875印张・337千字
标准书号：ISBN 978-7-111-72557-2
定价：69.00元

电话服务
客服电话：010-88361066
　　　　　010-88379833
　　　　　010-68326294

网络服务
机　工　官　网：www. cmpbook. com
机　工　官　博：weibo. com/cmp1952
金　　书　　网：www. golden-book. com
机工教育服务网：www. cmpedu. com

前 言

在开始之前，我想先冒昧地向各位读者提出一个问题：科幻是什么呢?

我认为这个问题并没有一个能够被所有人认可的标准答案。

所谓的“科幻”，一般具有“科学性”和“幻想性”的双重特性，因此只关注科学性是不够的。

例如，电影《星球大战》（*Star Wars*，1977）被很多人认为是一部科幻作品，但其中出现的各种小设计、现象等从科学性角度来看是否真的正确，相信大家也抱有一定的疑问。漫画《哆啦A梦》也是一样的情况。众多“秘密道具”作为作品的关键内容，具有一定的科幻思维，但我们不能据此认为它们真的符合科学。

因此，让我们试着将“科学性”这个表达换成“科学色彩”来重新审视这些作品。我想大家都同意《星球大战》和《哆啦A梦》都是带有“科学色彩”的作品。“科学色彩”才是解读科幻作品的真正关键词。

藤子·F.不二雄不仅在代表作《哆啦A梦》中倾注了传统科幻的精髓，还创作了许多充满爱的科幻短篇小说。他将非日常内容融入科幻创作熟悉的日常，并总结自己的作品为“一点点不可思议”。科幻小说的发源地美国从1940年开始出现“惊奇感”（sense of wonder）的概念，此后逐渐延伸出多种解释，最终成为一个被人们提起时会觉得“啊，就是这样”的暧昧性词汇，但人们神奇地保持着基本相同的认知。

职业科幻作家大多也是资深的科幻迷，优秀的类型史研究著作多是由科幻作家执笔完成。这一事实对后来者实在具有很大的启发作用。将模糊的“科幻感”内化为自己的武器，这并不是一朝一夕就能够做到的。最有效的方法就是读遍经典科幻作品，在阅读赏析的过程中逐步构筑自己的“科幻观”。越是纯粹本质的认知，越需要足够多的时间与费用付出，并没有所谓的捷径可言。

那如何做才是最好的呢？为了能够尽快成长起来，最好的方法是充分利用前辈沉淀的宝贵经验。

本书是以《为游戏剧本而生的科幻事典》为基础，参考科幻作家长谷敏司的意见，加以修订而成的科幻创作指南。如果能够在各位读者尝试创作科幻作品的过程中有所帮助，那就是本书的意义所在了。

森瀬缭

目 录

第一章

科学技术

3953 08963
5679 15679
-14
[-34]

外星环境地球化

Terraforming

类地行星

探索宇宙

宇宙移民

外星环境地球化改造

外星环境地球化，简称地球化，指的是将天体（以类地行星为主）通过人力进行环境改造直至适宜人类居住的过程。类地行星的判定条件有以下三项：

- 行星主体由岩石、金属等稳定物质构成
- 与气态巨行星（类木行星）或冰巨行星（类海行星）相比，半径与质量更小，密度更高
- 围绕恒星公转的同时也有缓慢稳定的自转

在太阳系中符合条件的行星，除地球外还有水星、金星和火星，但它们几个并不具备像地球一样的水和大气条件。

外星环境地球化技术，就是为了将这样的天体环境强制改造为类地球环境而诞生的技术。其中一种将类地行星地球化的方案步骤如下所示：

- 在有可能实现居住条件的区域里通过建造温室等方式扩大可选范围
- 投射陨石以改变行星的转轴倾角、自转以及公转速率，从而产生昼夜和四季变化
- 在行星轨道上放置超巨大的反光镜，增加行星的整体光照强度

- ⊙ 改造行星的大气结构
- ⊙ 牵引带水冰的彗星或小行星撞击行星，以创造海洋环境
- ⊙ 通过刺激地壳运动进行造山工程
- ⊙ 通过引入地球多样性生物等方式构建生态圈

众多天体物理学家以及天文学家在积年累月地进行地外探索，希望能够在太阳系外的广阔环境中找到更多类地行星。

从以往作品来看，距离太阳系只有4.37光年的半人马座α（南门二），作为有可能实现移民的星球，受到人们的持续关注。从动画《超时空骑团》、游戏《巡航追逐者布拉斯蒂》等作品开始，它频繁出现在各种各样的科幻作品舞台上，甚至还有同名游戏《半人马座α星》。

但可惜的是，我们至今仍未在半人马座α附近确认发现类地行星，它可能只是一个寄托我们对美丽未来的向往的星球。㊀

直到2005年，科学家们在距离地球15光年的红矮星格利泽876附近发现了一颗类地行星“格利泽876d”。这颗类地行星的发现是人类太空观测技术不断进步的成果。

改造办法

外星环境地球化技术不仅可以对与地球环境类似的行星环境进行改造，还可以人为地改变行星在诞生之初就形成的特征。

改变行星公转轨道、转轴倾角和自转速度的方法基本只有一个，那就是通过确定的轨道、角度、速度，投射或牵引大小合适、质量适中的陨石到星球表面，强行改变行星的各种条件。通过与行星自转方向相反的撞击可以使其自转速度降下来，而顺着行星自转方向的撞击则可以加速行星自转。在使用这个方法时，通常选择以冰为主要成分

㊀ 2016年，科学家在半人马座 α 星C（即比邻星）附近发现了一颗质量相当于地球的类地行星——比邻星 b。——编者注

的小行星或彗星等天体进行撞击，同时还可以输入必要的组成成分调整结构，改变海洋、大气等条件。陨石对地壳的冲击力可能会导致造山运动，从而影响行星地表构造。

不过以上方法无法改变重力较小的星球的大气状态。而且从天文学领域来看，小行星撞击行为也可能会导致无法预估的、长期的、重大的环境变化。因此在开展行动之前有必要充分考虑当地原本的生态环境以及希望达成的变化组合，慎重进行选择。

再者，虽然叫作类地行星，但这些天体与地球相比总还有不小的差异存在。有的星球的公转轨道与地球相比太过接近恒星，有的星球则太过远离恒星，这样会导致星球表面的光照条件极端，不是太热就是太冷，无法提供适宜人类居住的环境。

在这种情况下就可以通过在行星运行轨道上放置超巨大反光镜的方式进行有效改造。通过这种方式我们可以控制到达星球地表的光照量，光照太多的星球只需要反射超过需求的光出去，而光照不足的星球则可以通过超巨大反光镜将原本无法到达星球的光聚集到星球表面，确保星球受到足够的光照。

重力操控

Gravity Control

- 反重力
- 飞行手段
- 居住空间

重力 = 万有引力 + 惯性离心力

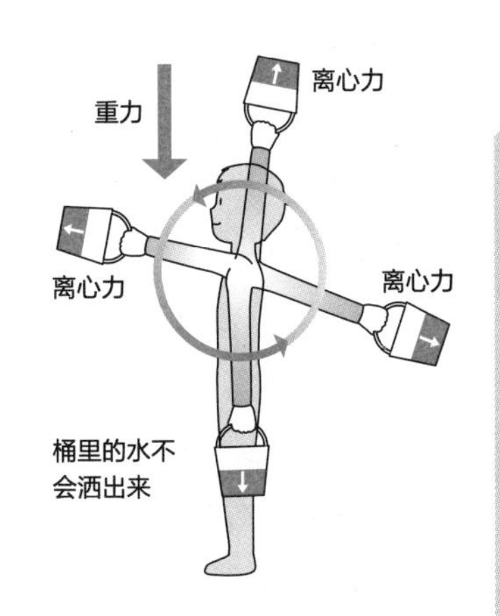

重力操控，顾名思义就是操控重力的技术。

一般来讲，重力可近似认为是天体表面具有质量的物体受到的来自天体的万有引力作用。

但是严格意义上来说，重力与引力又有些不同。以行星为例，由于物体除了受到行星因其巨大的质量而产生的朝向行星中心的万有引力外，还受到因为行星自转运动而产生的惯性离心力。地球表面物体所受重力其实是物体受到的地球的万有引力与离心力相互影响、相互作用之后的合力。

宇宙空间站和宇宙都市等设施，以及宇宙飞船等航天器都建设在几乎不受行星重力影响的大气层之外。为了使人们能够同样正常稳定地生活、工作，科学家通过旋转圆筒状的组合单元，使其内壁产生离心力模拟重力作用。在动画《机动战士高达F91》（1991）等影视作品中，巨大的宇宙都市不断缓慢地旋转运动，就是为了产生人工模拟重力。

在现有的科学技术水平下，光是离心力的研究应用就已经占据了研究人员全部心力。但在科幻作品的世界里，我们不仅可以在任意地点制造重力环境，还能够制造出违反重力规则使物体悬浮的装置，这就是“反重力”技术。

不过，这项技术被应用在与此相反的无重力空间中制造重力时，应该被称作“人工重力”，而不是“反重力”。

想象中的技术，被发现的粒子

重力操控的升级版是引力操控。引力操控是控制引力大小、吸引或排斥物体的能力，其本质是对时空曲率的控制。在广阔的科幻世界中，实现引力操控的方法有两种：一种是通过控制作用在物质上的引力大小进行操控；另一种是通过改变物质本身的质量进行操控。后者一般被称作“惯性控制”。

现代科学普遍认为引力的传播速度与光速相同，因此人们猜测在移动引力源的时候，引力也会像波一样传播变化。这就是科学家们在2017年首次直接探测到的“引力波”（Gravitational wave）。此外，引力相互作用还与强相互作用、弱相互作用和电磁相互作用一起被认为是自然界中存在的四种基本相互作用。引力相互作用作为自然界四种基本相互作用之一，普遍被认为是由一种叫作“引力子”的假想粒子为媒介进行传播。

由于在现有的物理学领域中还未检测出“引力子”的存在，因此，科幻作品中提及重力操控或反重力等技术时，一般假设能够控制引力波和引力子，形成一种黑匣子运转体系。此外，选择与现代科学关系不大、架空的理论体系的情况也非常多。

另一方面，彼得·希格斯（Peter Higgs）等人在1964年提出了希格斯粒子为质量起源的假说。根据这一假说，充溢在真空环境中的希格斯粒子与其他各种粒子互相作用，导致物质难以加速，这种阻力就是所谓的质量。在此后很长一段时间里，希格斯粒子的存在作为一种假说难以被证实。直到2000年欧洲核子研究中心（CERN）的科学家通过大型正负电子对撞机（LEP）实验，发现了疑似希格斯粒子的痕迹。2012年，他们又在更大规模的大型强子对撞器（LHC）实验中发现了新粒子的存在。2013年，该新粒子被证实是希格斯粒子，彼得·希格斯由此获得当年诺贝尔物理学奖。到2018年，LHC配备的超环面仪器（ATLAS）甚至确认发现了希格斯粒子的主要衰变过程。

如果在科幻世界中存在操纵希格斯粒子的方法，那就意味着自由改变物质惯性这一想象可以实现。

此外，量子力学的领域并不否定负质量的存在。科学家们以为，如果能够聚集大量的负质量在一起，就有可能实现无工质推进。虽然目前尚未明确如何人为制造负质量，甚至无法判断自然界中是否存在负质量，但罗伯特·L.福沃德（Robert·L.Forword）认为以宇宙大尺度结构规模存在的空洞正是因为负质量问题导致的现象。

时间旅行

Time Travel

时间旅行及其可行性

时间旅行指的是通过能够自由穿梭时间的机器或者能力去到过去或未来旅行。爱因斯坦基于相对论提出了时间并不是绝对不变的，而是一个不断变化的过程，并且与空间紧密相连的想法。以时间旅行为主题的作品，包含了“在时间穿梭过程中伴随产生的矛盾或悖论”“回到过去改变历史”和“解密历史疑团”等种类多样、形式各异的诸多题材。

而穿越时空的恋爱故事题材在日本分外受欢迎。

但是，关于时间旅行还存在许多问题需要解决。首先，在进行时间旅行的时候，如果只改变时间而地点不变的话就会出现大问题。一般来讲，随着时间的推移，地球不断地围绕太阳公转，太阳也在银河系内不断地进行高速运动。如果在移动过程中只是穿越了时间，那你的身体大概会被抛到宇宙而不是留在地球上吧。为了防止这样的情况发生，在进行时间旅行的时候我们不仅需要穿越时间，还需要同时进行空间移动。就像电车从一个车站开往另一个车站一样，时间穿越也是同样的道理，准确把握目的地才能正确实现时间旅行。

关于时间旅行的目的地有更多问题需要解决。如果时间旅行者出现在已有别的物体存在的空间的话，会发生什么情况呢？我们可以就这一事件联想出多种可能的结果，比如时间旅行者和既定空间中已有物体在分子层面实现融合，或者成对湮灭。为了解决这一问题，也可以考虑将时间旅行者所在的空间与移动目的地所在的空间进行置换。但如果移动目的地在深海或者地下，这种置换就有可能导致惨案发生。

依据以上时间旅行可能发生的问题，可以考虑制定“在时间穿越的同时进行空间移动”“在进行时间旅行之前，请先查阅历史文献确定无障碍穿越落点”和“为了在不断变化的时间轴上准确到达目的地时空，空间轴的移动计算也是必要的”等规范，以便保护时间旅行者。

时光机和时间穿越

时光机指的是可以进行时间移动的机器，大约有以下几种。

种类	说明
可乘坐式	可以进行时间移动的乘坐式时光机。在大多数情况下同时兼具空间移动能力。一般作为专用型机器出现，但也有在现存交通工具上附着穿梭时间的能力的类型。在赫伯特 · 乔治 · 威尔斯（Herbert George Wells）的《时间机器》（*The Time Machine*，1895）和其他众多作品中均有出现
传送门式	是一种设置在基地等区域的大型机器，可以从传送门运送人员到达指定时空环境。在大型科幻连续剧《时间隧道》（*The Time Tunnel*，1966）等作品中出现
便携式	外形为怀表或一些装饰品的时间机器，拥有将持有者送去异时空的能力。例如漫画《魔法老师》中的仙后座怀表
可通信设备式	将信息而非人类传往异时空的类型，比如可以和过去通话的手机等。在格里高利 · 本福德（Gregory Benford）的《时间景象》（*Timescape*，1980）等作品有过登场

与此相对，时间穿越是指在某些强大的力量作用下，不借助时间机器进行时间移动。

在经典的科幻作品中，从马克·吐温（Mark Twain）的《亚瑟王朝里的美国人》（*A Connecticut Yankee in King Arthur's Court*，1889）中因为被击打而穿越时空，到埃德蒙·汉密尔顿（Edmond Hamilton）的作品《世界尽头的城市》（*City at World's End*，1951）中因为受到核攻击的冲击而使整个城市穿越到未来，各式各样的契机在发挥着作用。大多数情况下，这些穿越契机都不是在主人公的意愿下发生的，因此这些时间穿越通常也无法确定穿越目的地。

此外还有将时间穿越作为登场角色的超能力处理的情况。在这种情况下，可以分为能够决定目的地的有自主意识的穿越和只能往返于固定的时间地点之间的穿越两种类型。

有时候虽然看起来像是时间穿越，但其实也有可能是穿越到了另一个平行世界。我们应该考虑到是世界发生了变化，而不是时间发生了变化的可能性。在这方面，我们可以在合适的科幻作品中进行一定的尝试。

时间悖论

Time Paradox

矛盾

因果律

修正历史

时间，科幻作品最大型的题材

时间悖论指的是因为穿越时间而产生的一类矛盾。

“弑亲悖论”是一个众所周知的时间悖论。举个例子，有一个人通过时间旅行回到过去，在父母认识结婚之前杀了两人。在自己出生之前杀掉本该生出自己的父母的话，那按道理来讲自己将无法出生，也就从世界上消失了。这样一来，杀害父母的自己也应该不复存在——于是形成悖论。

其他著名的时间悖论还有“时钟悖论”。某个人通过时间旅行回到过去，把自己从父母手里得来的纪念手表送给年轻的父母。经过漫长的时间之后，父母把一直珍爱着的那个表又传给了自己的儿子，可是传出去的那个表原本就是从穿越回过去的儿子手中得来的。那么这个被传递的表到底是什么时候、从哪里出现的呢？

“时钟悖论”在电影《时光倒流七十年》（*Somewhere in Time*，1980）中得到了充分展现。

时间悖论的解决方法

解释这类时间悖论最正统的方法是导入“平行世界”的概念进行解

释。也就是说，时间旅行并不是单纯地回到过去，更可能的事实是旅行者到达了一个“旅行者回到了过去”的平行世界。在这种情况下，时间轴并没有发生回溯，而是依旧稳定地向前发展着。因此无论回到过去的旅行者做了什么，都不会对在原本世界成长起来的自己造成影响。

作为一种与回到过去十分相似但其实有着本质差异的行为模式，在过去被改变的那一瞬间，一个与原本的未来走向完全不同的平行世界就诞生了。这种情况有时被称为“时间分歧”，类似于冒险游戏中根据不同游戏指令而表现出不同结局的情形。在藤子・F.不二雄先生的漫画《哆啦A梦：大雄的魔界大冒险》（1984）中，哆啦A梦和大雄利用一个叫作“如果电话亭”的秘密道具有意识地创造出了平行世界。被创造出的平行世界按照自己的时间轴不断向前发展，即使创造者哆啦A梦和大雄回到了自己的世界也不会受到影响。这样稳定发展的平行世界正好体现了以上模式。此外，在美漫《X战警》（*X-Men*）中出现“弑亲悖论”时，还发生了时间轴本身消失不见的情况。

有人认为即使不特意做出这样的解释，过去已经发生的事实也是绝对无法改变的。就算我们试图杀死过去的父母，也会因为各种各样的原因无法达成这一目标。这种情况可以解释为“复原力”在发挥作用。原本应该被改变的过去并没有发生变化，为了阻止过去被改变而存在的监测机构等设定都可以在科幻作品中找到。或者是穿越到过去杀死父母，等再次返回到正确时间时发现自己其实并不是父母的亲生孩子，这种“改变现实”的故事模式也会存在。但即使是养父母，也会产生原本早该死去的人还存活着参与到时间旅行者的人生中这一故事逻辑上的矛盾，因此我们不太推荐这种解释方法。

如前所述，我们认为时间悖论以及由时间悖论引发的结果都是不可控的，其中会有众多意想不到的变化出现。在故事推进过程加入时间旅行及悖论元素的情况下，如何机智巧妙地解释由时间悖论引发的结果，给出合理可行的解决方法，这是真正考验作者写作功力的地方。也许有时写作需要的正是这种不抗拒矛盾，并努力将更加有趣的矛盾展现给读者的态度。在下表中，我们为读者总结了科幻故事中有关时间悖论的一些经典案例，以供大家学习参考。

悖论	描述
恐龙杀手悖论	这是弑亲悖论规模扩大化的例子，指的是旅行者穿越回过去消灭了包含人类在内的所有哺乳类动物的共同祖先——恐龙的情况。这样的话不仅是旅行者本身，恐怕全人类都会消失
时钟悖论	在前文中已经进行过说明，指的是时间不断循环、永远无法挣脱的情况。除了文中已经举出的例子之外，还有想法形成闭环等案例
母亲悖论	指的是一位身为孤儿的女性刚生下孩子，孩子就被带回到过去，并成为一个孤儿直至长大成人。这样来看，这名女性生下的孩子其实就是她自己。罗伯特·海因莱因（Robert Heinlein）在其作品《你们这些还魂尸——》（*—All You Zombies—*，1959）中，描述了一个父亲、母亲、孩子其实都是同一个人的终极悖论
弑亲悖论	这个悖论也在前文中说明过，指的是由于旅行者穿越回过去杀掉了自己的父母，使得自己失去存在的理由的情况

质量守恒定律

Law of Conservation of Mass

拉瓦锡的大发现

质量守恒定律是1774年由法国化学家安托万-洛朗·拉瓦锡（Antoine-Laurent de Lavoisier）发现的定律，具体指“在化学反应前后，参与反应的各物质的质量总和不变”。

在此之前，学者们普遍认为在化学反应过程中，参与反应的物质质量会发生改变。例如，点燃一张纸烧成灰后，剩下的灰烬比原来的纸轻，看起来像是质量发生了变化。

拉瓦锡通过严格的实验证明了这一想法是错误的。

比如在纸燃烧的例子里，其实是空气中的氧元素和纸中的碳元素结合生成了二氧化碳。由于这些二氧化碳在燃烧过程中被释放到空气里，因此燃烧过后的灰烬比原来的纸轻。但其实参与反应的氧气和纸的质量和，与反应生成的二氧化碳和灰烬的质量和相等。

那么，为什么反应前后的质量和能够保持不变呢？那是因为反应前后的物质元素并没有发生变化。所谓元素，在化学领域来讲就是物质（用化学方法）被分解到不能再分解之后的成分，它是构成物质的基本单位，可以认为是原子的种类。就像在化学反应中碳和氧结合生成二氧化碳一样，元素之间的结构组合会发生变化，但构成组合的元素自身并不会发生改变。

后来科学家们发现，在核聚变或核裂变这类的核反应中，原子自身也会发生变化。这种情况下，核反应结束后的物质质量确实会比反应之前的物质质量更小。但这部分减少的质量并不是单纯地消失不见了，而是以光和热的能量形式辐射出去了。质量和能量从本质上来讲可以当作同一种东西，它们之间能够通过$E=mc^2$的公式进行转换。通过换算，我们可以发现在核反应过程中损失的质量与当时辐射出去的能量等价。像这样扩展到能量平衡范围的质量守恒定律就叫作能量守恒定律。

冷酷的方程式

质量守恒定律之所以发现较晚，是因为我们地球被如此丰富的自然环境所包围。纸燃烧时产生的微量二氧化碳，非常容易逸散到包裹着我们的庞大的大气环境中。那质量守恒定律在什么情况下会变得非常重要呢？为什么我们要如此认真地研究质量守恒定律？那是因为，在封闭环境条件下，如宇宙飞船或宇宙空间站等，质量守恒定律将会发挥巨大的作用。

在宇宙空间站中，即使我们燃烧纸张导致空气变差，也不能通过开窗换气的方式清理。

带入宇宙的质量都是在地面使用大量燃料发射上去的，因此火箭和宇宙空间站所能够携带载荷的质量，均经过科学家们极其严密的计算。日后，当宇宙旅行变成一种普通的出行方式时，大概也会像现在的乘坐飞机等方式一样对旅客的行李内容和重量，甚至包括旅客的体重进行严格限制。

描绘了这一未来的作品有汤姆·戈德温（Tom Godwin）的短篇小说《冷酷的方程式》（*The Cold Equations*，1954）。

在这部作品中，有一艘往被病毒感染的星球运送疫苗的宇宙飞船登场。但是，在这艘飞船上潜伏了一名偷乘者。她是一个漂亮的女孩，由于太过思念被困在该星球的哥哥而偷偷潜入了飞船。可惜这是一艘高速货运飞船，为了提高航速，船上携带的燃料、食物和空气等物资都非常紧张。船员们试图在途中放下女孩，但时间紧迫，如果不及时将疫苗送达感染星球，传染病将会消灭所有幸存者。

船长只能无奈地遵守宇宙出航法则。宇宙出航法则依据宇宙空间的作用与反作用定律、质量守恒定律进行规定，只有“冷酷的方程式”一种解决方式，那就是将被发现的偷乘者直接遗弃至船外。最终，女孩留下遗言后走出了飞船……

这部短篇小说通过人性与冷酷严密的物理法则之间的对比，虚构了一个发生在未来的悲剧故事，在当时社会引发了巨大反响。此外在宇宙飞船这样的终极密室中，到底该如何处理计划之外的质量这类问题，也像推理小说一样激起了众多科幻作家和读者们的求知好奇心。

从认真的解读性作品到原文的模仿性作品，无数不同风格的作家试图寻找出能够避免女孩死亡的不同结局，终于开创了一种叫作“方程式作品”的故事类型。

套用“方程式”的极限环境不仅局限在宇宙飞船，还包括宇宙空间站、新开拓的行星、深海或因为人口爆发式增长而导致的超高人口密度社会等各式各样的极端环境。其中最重要的一点是，悲剧的根本原因是质量守恒定律这一无解的物理法则。没有人类的“反派角色”在进行破坏，只有当冷酷严密且无法通融的宇宙法则与人类生存活动形成冲突时，才会产生科幻的独特戏剧性。

熵增原理

Increase of Entropy

热力学第二定律

被称作热力学第二定律的熵增原理有多种表述方式，但根本上讲就是“在通常情况下，热量总是自发地从温度高的物体向温度低的物体转移，这一过程无法逆转”。设想一下，我们将凉的罐装果汁放进热水中；如果热力学第二定律不成立的话，就有可能出现热水的温度逐渐升高，而果汁越来越凉甚至逐渐结冰的现象。但是，这种情况绝对不会发生。虽说是绝对不会发生的现象，但仔细想来也并不是完全不可思议的奇异现象。虽说在热力学第二定律下并不成立，但如果热水吸收的热量与果汁释放的热量保持平衡，那么整个过程中的能量变化为零，在能量守恒定律下是能够成立的。尽管如此，这样的现象还是不会真正发生。这就是热力学第二定律。

德国的鲁道夫·克劳修斯（Rudolf Clausius）将熵这一变量引入到了“热量只能自发地从高温物体转移到低温物体”这一经验性现象中，从而实现了数值化记录。系统的熵变等于输入或输出系统的热量增量除以其绝对温度。通过冰箱等方式进行降温后的物体，其对应的熵变为负。这时冰箱本身会发热，冰箱的熵会增加。像这种与外界没有热交换的情况下，总体的熵总是会增加。

说起来，所谓温度原本就是分子或原子热运动剧烈难度的度量。假设我们加热一个铁块，铁原子的无规则运动会加剧，在全体铁原子的共同作用下就使得静止不动的铁块出现升温状态。但如果铁原子的运动方向不是无规则的，而是聚集在一起统一地向同一个方向移动的话，这块铁就不会出现温度上升的现象，而是整块铁进入移动状态。

在此后关于熵的研究中我们发现，它其实是显示系统混乱程度的数值。比如，乱糟糟的房间与收拾整齐的房间相比，熵会更大。

整洁的房间　　　　杂乱的房间

宇宙的命运与负熵

如果把整个宇宙看成一个封闭的系统，那它的熵总是在增加。这意味着宇宙将注定会灭亡。

如果一部科幻作品以从宇宙诞生到灭亡的漫长时间作为背景进行创作，那它的主题很可能是众多生物们与熵增定律之间的对抗。举一个例子，光濑龙的作品《百亿之昼、千亿之夜》借鉴了佛教和基督教的末日思想，描绘了印度王子悉达多、哲人柏拉图、救世主耶稣与日益增加的熵之间的斗争，是一本非常优秀的科幻小说。

为了与熵增定律进行对抗，英国物理学家詹姆斯·麦克斯韦（James Maxwell）提出了一个叫作“麦克斯韦妖”的假想物。麦克斯韦妖指的是一种能够控制单个分子运动的力量，会将杂乱无章的分子通过某种秩序和规则进行整理，从而使它们回到一个有序的状态。但即使这种整理方式真的可行，作为整理行为执行者的麦克斯韦妖自身仍旧无法逃脱熵增定律，最终还是得出了毫无意义的结论。

奥地利物理学家埃尔温·薛定谔（Erwin Schrödinger）则提出了负熵的概念。他认为，生命以负熵为生，负熵代表着生物从简单的物质逐渐进化成复杂生命体且不断繁衍生息继续发展的力量。实际上，并不是生物进化打破了熵增定律，只是因为生物在进化过程中借用了太阳能等外部能量。从整体上看，熵增定律并没有被改变。

就像这样，在现代物理学领域内，熵增定律是无法被改变的。但是在众多科幻作品中，出现了许多能够使熵减少的架空性超级技术或神秘生物体，有时也被称作麦克斯韦妖或负熵。

反物质

Antimatter

反物质炸弹

湮灭

粒子加速器

正和负、相反的物质

现在围绕在我们身边的物质，都是由各种各样的元素组合在一起构成的。而由质子和中子构成的原子核与原子核周围的电子共同决定了元素的性质。

反物质是由反粒子构成的物质，它与普通物质的质量相同，自旋和角动量也相同，但电荷相反。

虽然看起来很复杂，但简单来讲反物质就是与普通物质相比，电荷性质完全相反的物质。

对于反物质来说，一旦与普通物质接触就会发生反应，导致正反两种物质同时消失。消失的质量会全部转化成与之等价的能量，这是反物质具备的性质之一。也就是说，爱因斯坦在相对论中提出的关于物质质量与能量等价的观点，可以通过反物质实现。这种正反物质发生反应，全部转化成能量而物质

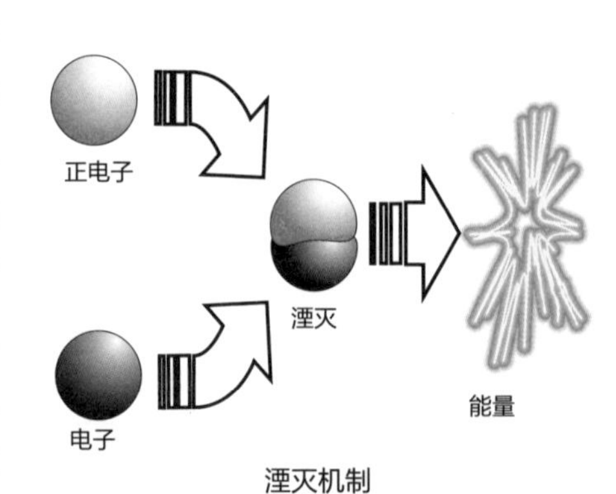

湮灭机制

本身消失的现象被叫作湮灭反应。

根据湮灭反应过程转换的能量有多少呢？假设发生反应的正反物质加一起质量为1克，那实际产生的能量会达到90太（1太=10^{12}）焦耳。

在核能发电中，1克铀-235产生的能量约为820亿焦耳。因此我们可以得出，在湮灭反应中有相同质量发生反应时，能产生核裂变反应1000倍以上的巨大能量。

这样的特性应用在科幻作品中时，反物质被当作一种极其便利的小工具出现在反物质炸弹、湮灭动力引擎等需要巨大能量进行支撑的兵器或动力机关中，用以提供能量。

便利但很危险的反物质

实际上我们身边就存在因雷电等原因生成的反物质，但这些反物质一旦与普通物质接触就会发生湮灭反应，因此在现有的宇宙空间内，反物质只有在特定条件下才能单独存在。为了人工生成反物质，科学家们通常使用粒子加速器给普通物质附加巨大的能量。具体方法是通过人为干预使粒子对撞的动能转化成质量，通过逆湮灭反应的方法得到反物质。为了保证实验获得的反物质不会再次发生湮灭反应，科学家们会采用能够通过强磁场与普通物质完全隔离的容器存放。也就是说，得到反物质的过程需要耗费的能量，远比同等湮灭反应产生的能量多得多。此外，在现实中我们已经成功实现了反物质的生产与储存。2011年6月，科学家们甚至成功地在磁瓶中保存低温反氢原子超过16分钟。

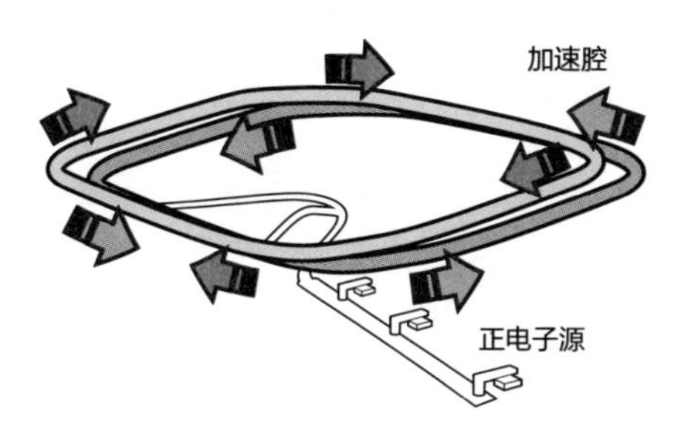

粒子加速器

说起来，如果能够建立一套生产并长期储存反物质的方法，就可能实现通过少许反物质的湮灭反应供给超大量能量这一设想，那会是一种远胜于核裂变或核聚变等其他方式的供能手段。对于无法在航行中补给燃料、本身的燃料搭载量又非常有限的宇宙飞船来说，这会是一种无视成本、不论如何也想要的动力源。

因此，描绘人类在星际间穿梭来往的科幻作品中，总会有利用反物质的设定。比如在森冈浩之的作品《星界的纹章》（1996）中，人们在恒星周围建造配备太阳能电池的大型粒子加速器，这个装置利用恒星无穷无尽的能量进行发电以及通过粒子加速器量产反物质供给宇宙飞船作为航行动力。甚至还可以像爱德华·埃尔默·史密斯（Edward Elmer Smith）的《透镜人》系列（*The Lensman series*）中那样设定“负球体”（严格意义上讲并不是反物质），作为可怕的兵器登场。

生命技术

Biotechnology

广泛的应用范围

生命技术是指利用生物体内进行的发酵或分解等生物化学反应，实现改善人类生活、造福人类的目标的一切技术的总称。

其应用范围从医疗、制药业到农业、工业等领域，涉及面非常广泛。而且在每个领域内的应用又展开了各式各样的分支，如今已经成了各行业中不可或缺的重要组成部分。

不仅如此，生命技术的应用历史也非常久远。科学家们认为最晚在人类依靠采集狩猎为生、还未进入原始农业社会的史前时代就已经出现了比较原始的生命技术。利用酵母菌等微生物对水果或谷物中的糖分和淀粉进行发酵来酿造酒精，正是人类在获得智能的最初阶段所掌握的生物技术之一。

虽然“发酵是由微生物活动引起的”这一事实直到19世纪末才被确认，但在此前数千年的时间里，人类已经在无师自通地使用着这一生物技术。即使不明白其运作方式，人类仍旧享受着生物技术带来的好处。

此外，在农业、园艺等领域，人们通过人工授粉等方式对特定品种进行杂交，并对突变种进行固定和品系分离，开发新品种。这也是传统的生物技术之一。

而在科幻作品中呈现的生物技术大多偏向于分子水平的基因操作，因此很多情况下我们都无从意识到这类技术的作用。

然而，像这样的生命技术及其应用产品已经充斥在我们身边的各个角落，默默为我们贡献着力量。

基因工程

一提到生命技术，我们首先联想到的通常是基因重组技术、基因编辑技术以及对基因本身进行设计等目前最尖端的基因工程方面的领域。

探索作为生物设计蓝图的基因密码，进行解析和操纵，或者在基因层面进行新的设置，这类技术能为我们人类的发展带来非常大的可能性。

不过，这些技术失去控制时带来的危险和灾难也是巨大的。因此我们提起生命技术这个词的时候，也常常会伴随着怀疑、不被信任、很危险等不好的印象。

那是因为以目前解析完成的基因图谱为基础，开发研究出来的基因操纵技术还有许多无法预测的部分。尤其是DNA中蕴含的大部分信息编码未能完成解析，甚至连其是否能够有效发挥作用也尚未明确。也就是说在被称作非编码DNA的区域内，我们仍未能够完全预测其功用。

在没准备的情况下随意更改DNA，或者不小心在DNA实验中出现了错误操作，导致这些原本未使用的基因区域被激活时，经常会出现令人意想不到的变化，甚至有可能导致被称作生化危机的大灾难。

比如，原本为了治疗某种疾病而进行基因重组的病毒，感染了其他动物等生命体，结果病毒在其他生命体内发生了意想不到的变异现象，变成对人类有致死性的变异病毒。这种危险的情况极有可能会发生。因此，在进行基因操纵实验的时候，关于重组的操作行为本身以及作为实验结果的基因部分，这两个方面的存取管理一定要采取彻底的隔离等方式，追求小心小心再小心的实验准则。

另外，生物技术也有可能被用于军事领域。

比如，有一些心怀不轨的人会考虑将某种病毒人工改造成敌国尚未明确的新型病毒进行传播，以此作为一种间接的攻击手段在军事过程中使用。不过，许多国家签署了《禁止生物武器公约》，相关研究已经被冻结了。

生化危机的标志

生命伦理

Bioethics

信息化和所有权

在科幻世界中，一项新技术的推广往往会在许多方面使得现有社会的基础发生变化，由此引发众多与以往伦理之间的冲突。在本节中，我们主要分析与生命相关的伦理问题。

在现存的生命伦理问题中有一项关于基因解析的问题。通过对人类遗传基因的解析工程，我们可以诊断特定的遗传性疾病或关于体质方面的疾病的基因信息，从而调查出一个人容易患有何种疾病。这种基因技术我们已经实现。而在科幻世界中，这种技术进一步发展，甚至能够通过基因理解一个人在身体素质、精神能力等方面的极限，呈现出一个基因信息高度发达的世界。

这些信息作为个人隐私信息处理还好，但越是一般化，就越容易作为一种社会性信息被共享。例如，当所有的遗传基因信息被要求公开时，依据不同的信息分类，有可能会导致对应人群的健康保险额上下浮动，或在就职、结婚等方面受到区别待遇。

这些问题在农作物以及家畜等方面已经表现得非常明显了。孟山都等大公司通过取得各种转基因作物专利特权的手段，将这些成果私有化运营的事件一度成为社会热议话题。特别是在一些发展中国家发现的新物种的遗传基因信息，被部分发达国家的大公司取得专利经营权，独吞利润，已经逐渐衍化成一种生物盗版行为，并成为一项严重的社会问题。近年来，反对将自然遗传基因信息专利化的呼声越来越高，相关抗议运动也越做越大。但作为可预见的一种未来形态，像这样不断开发人类遗传信息以及转基因重组实验相关信息的话，最终可能会形成一个连个人遗传基因信息也归企业所有并进行管理的世界。

有很多科幻作品选择展现一个信息化和所有权高度发展、人类的个人价值由基因进行衡量的世界。比如电影《千钧一发》（*Gattaca*，1997）就描绘了一个由遗传基因信息决定职业资格的世界。

基因改造与灵魂

基因信息化之后，下一步就是对信息重新编辑，也就是基因改造。现在我们的医学领域已经涉及了基因治疗手段，如果这种技术能够得到普及，那么传说中“使人变瘦的基因治疗”“使人变聪明的基因治疗”等目标也可能实现。若是这种手段又得到了CRISPR/Cas9基因编辑技术的加持，更进一步发展起来的话会变成什么样子呢？

我们首先考虑作物功能化和动物智慧化的改变。另外，也有可能出现具有优良特性的克隆人，被奴隶化、家畜化的改造人普遍存在的可怕未来。

杜格尔·狄克逊（Dougal Dixon）的作品《人类灭绝之后》（*After man*，1981）描绘了为重建已经崩溃的生态系统，各种被改造过的人（食肉人、食草人、海洋人、宇宙人……）被投放在环境中使用的恐怖未来景象。被进化后的动物与不断被改造的人类，逐步扩充了动物与人类的原本定义，不久之后，动物与人类的界限将消失，两者的定义也会出现重合。那个时候，人类心中怀抱着的对“动物”和“人”的意识情感也不得不发生变化吧。

与其他众多伦理问题一样，生命伦理也是由当时的科技水平和社会架构决定的。因此当科技水平和社会架构发生变化时，相对应的生命伦理也会被要求重新审视、进行改变。另外，有宗教自认承担着维持传统价值观的功能，认为基因是神与自然的领域，人类不该触及。不过，宗教作为一种人类活动，也有接受时代的变化，并从更广阔的层面给予支持的一面。

当人与人的界限变得模糊时，该如何对人格、灵魂、伦理这些方面进行评价？在科幻作品中描写这些问题时，可以考虑从现实的历史上进行取材。从历史的角度来看，女性获得选举权也不过是最近一百年的事情。历史上曾经有一些时代和社会，只有男性被当作人，女性被物化、被贬作劣等生物，不被承认拥有各种人权。

那样可怕的社会究竟经历了怎样的变化发展至今呢？还有，在那样的变化中，宗教与思想是如何一步一步随着社会发展进行变迁，人们到底经历了怎样的苦难，又有多少熠熠生辉的人活跃在那个历史舞台？对这些问题进行研究调查，有助于在科幻小说中构建自己独特的未来社会的伦理体系。

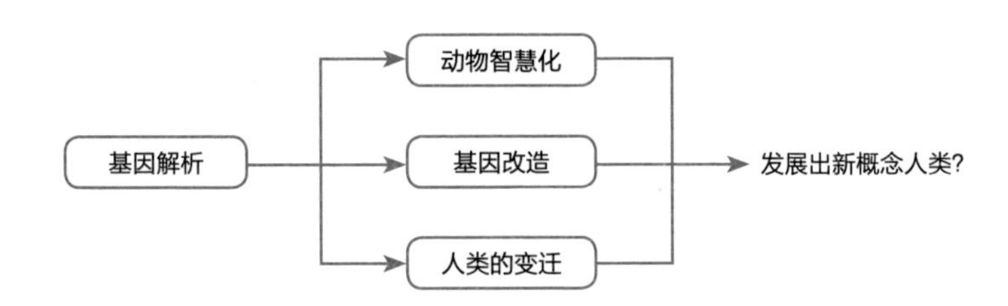

生化危机

Biohazard

- 有害生物
- 大流行
- 僵尸

风险组和生物安全等级

生化危机是指因有害生物失控引起的各类灾害。这种定义下的有害生物，主要是指病毒和细菌等微生物或病原体，它们一旦造成灾害，就会给人类和环境带来严重影响。因此对有可能导致生化危机的微生物和病原体，政府统一要求在符合生物安全水平标准的实验室中管理控制。

微生物和病原体本身在不同国家有不同的分布情况，也因此同一种微生物可能在不同国家中被分派在不同的风险控制级别。但生物安全等级标准是全世界通用的，由世界卫生组织（WHO）进行划分，并将风险组分类和生物安全等级制表公示。其表如下：

风险组		
风险一级	对个体以及社区无风险或低风险	不会引发人或动物疾病的微生物群
风险二级	对个体有一定风险、对社区低风险	虽然有可能导致人或动物感染疾病，但不会对实验室工作人员、当地社区、牲畜、环境等造成严重危害的病原体。即使在实验室暴露导致严重感染的情况下，也能用有效手段进行控制治疗，其感染扩散风险有限

（续）

风险组		
风险三级	对个体风险较高、对社区低风险	一般情况下，可能导致人或动物罹患严重疾病，但不会随意由已感染个体向其他个体扩散的病原体，并且已有切实有效的治疗方法及预防方法
风险四级	对个体以及社区风险较高	通常指容易在人或动物身上引起疾病，并且能够在正常状态下通过直接或间接手段扩散到其他健康个体的病原体，并且一般没有已知有效的治疗方法或预防方法

实验室生物安全等级	
一级	基础实验室。实验室无须进行隔离、通风、排水等特殊处理。不过，实验室内部禁止饮食和未满16岁的儿童出入。实验对象仅限于无害微生物
二级	基础实验室。必须标注生物危害警示标志。实验室不需要隔离，但限制进出，只允许有许可证的人通行。实验用微生物等必须用安全柜进行保存处理
三级	封闭实验室。在二级基础实验室的标准上，对实验室进行隔离，气密封锁，要求入口处采取双门措施。可研究虽有一定风险，但感染性弱，即使泄漏也存在有效治疗方法和预防扩散处理手段的病原体
四级	高度封闭实验室。在三级封闭实验室的基础上，还需要在入口加密封气阀、进行特殊废弃物处理等极其严格的隔离处理措施。用以研究处理可能导致人或动物感染严重疾病，尚不存在有效治疗方法、预防措施且感染性强的病原体

虚构故事中的生化危机

出现在虚构故事中的生化危机，往往被当作一段传奇故事的起点。

例如，某个研究所秘密开发的新型病毒在一次事故中发生泄漏，并以泄漏事件为契机展开一个充满恐慌、悬念、惊险的冒险故事。这种类型的冒险故事在科幻作品中数不胜数。

不过，生化危机根据故事的倾向性又可以细分成“因病毒本身引发的危机”和“因病毒泄漏导致变异的生物引发的危机”两种。

在“因病毒本身引发的危机”中，及时封锁病毒并研制出有效疫苗是解决问题的关键。在故事中，病毒通常会通过空气、接触等方式感染，形成暴发性扩散，扩散到整个世界范围时将被称作“大流行”，而在故事开始的时候一般找不到有效的治疗方法。等到故事情节推进过半，通常会有国家力量或者其他国家的势力介入，导致时局状况发生很大转变。

在“因病毒泄漏导致变异的生物引发的危机”中，及时掌握变异生物的外表特征和习性，研究清楚如何打倒它们是解决问题的关键。这类生物也包括僵尸和吸血鬼。随着病毒对这些生物的影响逐渐加深，它们的外表开始变得奇形怪状，并且越来越残暴，难以控制。比起空气传播，通过接触途径（比如直接接触到血，被咬伤、抓伤等）受到感染的情况也会更多。

无论是以上哪种情况，故事大多发生在由政府或大型企业控制运营的研究所里。根据作品设定的不同，还有以研究所所在的郊外都市为故事发展舞台的例子。

动物智慧化

Uplifted Animals

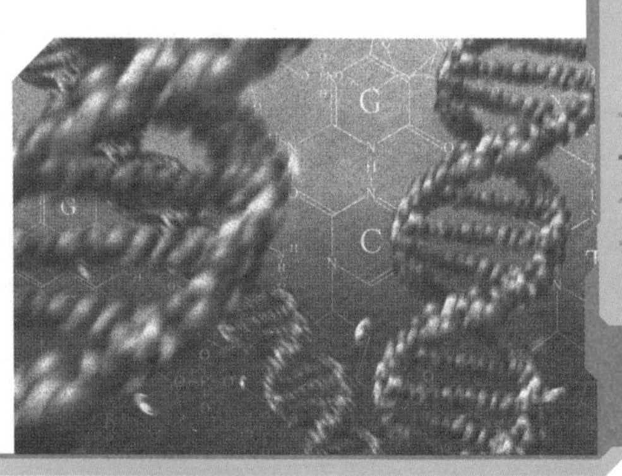

动物智慧化的理由和方法

人类把狗、鸟、鱼等各种生物，以家畜（家禽）或宠物的形式引入自己的生活空间。这些生物经过多次品种改良后失去了野性，逐渐被驯化以适应人类的社会生活。狗是其中一个典型的例子。虽然狗的祖先是狼，但根据人类的不同需要，狗逐步分化产生了各种各样的种类，已经和狼截然不同了。

在科幻的世界里，动物的品种改良发展到了动物的智慧化。那为什么要让动物智慧化呢？其原因包括以下几点：

- **替代劳动力**：牲畜本身就是作为人类的替代劳动力出现的产物。但是，与人类相比，动物的智力只能支撑它们做一些简单工作。所以我们通过把动物变得聪明，来为人类分担更多更复杂的工作，包括战场上的工作。现在，几乎全世界的军队都在使用军用犬等动物辅助作战。日后随着动物智慧化的发展，大概会有更多“动物士兵”被派往战场承担工作
- **医疗临床试验**：为了探索人类智慧发展而进行的试验。这一类型中有名的代表作是科幻作家丹尼尔 · 凯斯（Daniel Keyes）的小说《献给阿尔吉侬的花束》（*Flowers for Algernon*，1959）
- **疯狂科学家的实验**：某些疯狂科学家出于好奇心或自我满足等原因而进行的动物智慧化实验。这一类型中最有名的作品是由赫伯特 · 乔治 · 威尔斯创作

的《莫罗博士的岛》（*The Island of Doctor Moreau*，1896）

动物智慧化的方法大致可分为脑手术和基因改造两类。在选择脑手术的情况下，动物个体的智慧化能够成功，但与物种本身的智慧化发展没有关系。而基因改造的方法则可以使这一物种本身变得聪明。为了确保劳动力需求得到满足，人类需要大量的智慧动物。因此，通过基因改造的方法使动物物种整体智慧化成为主流。

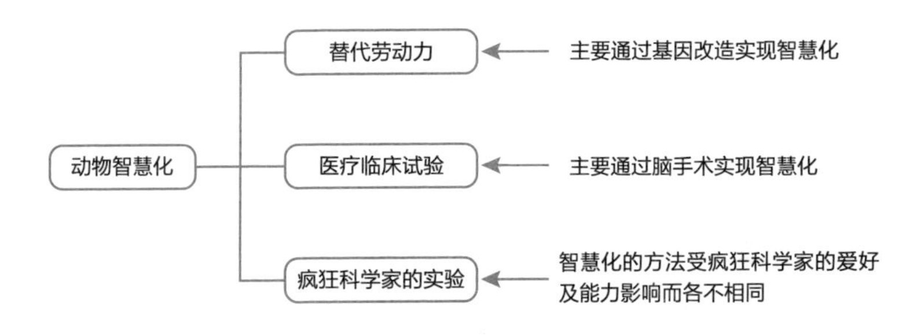

动物智慧化之后的社会

随着动物的智慧化，人类社会会发生怎样的变化呢？

最明显的是，智慧动物的权利等问题将逐步显现。动物作为有效劳动力，可能也会要求被承认拥有与人类的人权类似的权利。此外，智力发达的动物还可能会通过发起劳工运动等方式来寻求相应的权利保障。像现有的动物保护组织等团体也会强烈主张智慧动物们的权利。

但我们对待动物的方式可能并不会改变。智慧动物们可能会像以前的黑人奴隶一样受到歧视，被强迫进行劳动。在这种情况下，为动物们的权利而战的理想主义者通常被塑造成容易引起人们情感共鸣的人物。

美国当代著名科幻作家大卫·布林（David Brin）在他的《提升》系列（*Uplift series*）中，描绘了一个高文明种族帮助低文明或原始文明提升智能的宇宙。在这个宇宙中，除了人类，任何星球的种族文明在发展过程中，都需要一个更高文明的种族对其进行提升。提升文明的种族会在一定时间内成为被提升文明种族的庇护者。在书中，虽然人类没有发现提升自己的种族文明（或许人类真的是完全自己进化的），但是人类在接触这个提升的宇宙规律后，也提升了海豚和黑猩猩等动物，使其拥有更高的智力、语言能力和其他各种技能。布林的这一系列作品可以作为参考，用以探究动物智慧化产生的伴生问题。

专　栏

动物士兵

在前文中有过提及，动物智慧化的目的之一就是作为人类的替代劳动力投入战场，承担一线冲锋任务。

即使是在现实中，犬类也凭借其高智商和高服从性成为军用犬，活跃在战场上发挥积极作用。更进一步的有美军通过在老鼠脑中植入芯片，控制老鼠脑内“快乐因子”的分泌，从而操控老鼠行动的实验。这些老鼠一般会在背上绑上摄像机，用于救灾搜查等方面，但也有可能会被滥用，做一些不好的研究。

动物士兵不仅在科幻小说中出现，在现实生活中也作为一个被不断研究的课题而迅速发展。智慧动物进化成为动物士兵的景象很可能会出现在不久以后的战场上。

克隆

Clone

克隆羊多莉

克隆人

（染色体）端粒

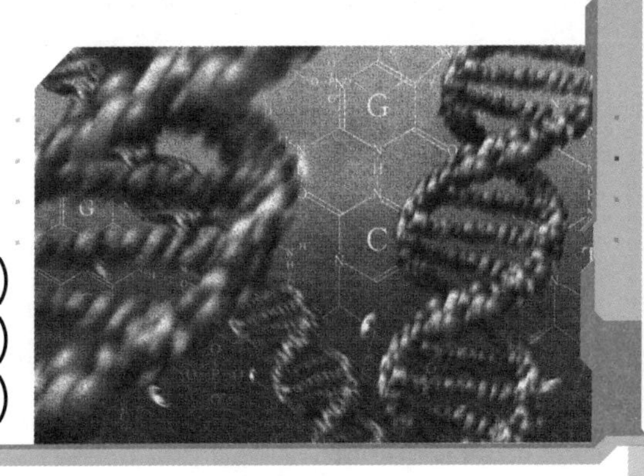

自然界中的克隆

克隆是指共享遗传信息的生物族群，或者说其中的一个个体。

从这一意义引申出来，克隆一词逐渐被赋予了复制的含义并广泛使用。当它出现在科幻作品中的时候，大多数情况下表示身体细胞克隆的意思。

通过体细胞分裂进行增殖的草履虫、阿米巴、细菌等单细胞生物，全部可以划入克隆的领域。以人类为代表的多细胞生物出现同卵双胞胎时也可以叫作克隆，但动物的同卵多胎现象是一种例外，并不归入此列。

对于植物而言，克隆是一种非常常见的现象。植物通过球茎、地下茎和扦插植物等方式进行繁殖的情况被称为营养繁殖，这样繁殖出来的植物之间形成相互克隆的关系，而像这样的整个植物群落也可以被称作克隆。西洋蒲公英群落以及竹林等作为这类克隆状态的典型案例被人们熟知。

通过营养繁殖进行克隆的好处是，无须经过复杂又不确定的有性繁殖就可以扩张生存区域。可实现营养繁殖这件事便说明，目前现有的遗传基因对其生存环境充分适应。因此，通过打乱并重新组合遗传因子来创造新个体的有性生殖成了无用功能。

但是，相同的遗传基因意味着不仅植物的优点被保存了下来，相同的缺点也在一次又一次的克隆过程中重复，没能得到解决。因此克隆繁殖的动植物常常伴有因某种传染病而“全军覆没”的危机。比如，通过分株的形式在世界内繁殖的格罗斯·米歇尔香蕉，因为一种名叫巴拿马的传染病感染，遭遇了几乎灭种的大危机。此外，发生在19世纪的爱尔兰马铃薯饥荒，也是由于当地长期栽种的同一品种的马铃薯缺乏对传染病的抵抗力而引起的。

体细胞克隆

体细胞克隆指利用成体的体细胞人工制造出克隆体的技术。具体操作过程需要将体细胞的细胞核移植到无核卵母细胞中，然后将其放入代孕母亲的子宫中成长。经过这样一系列操作，我们就可以获得一个与提供体细胞的成体具有相同遗传基因的新个体。自1996年苏格兰的罗斯林实验室成功用一头六岁母羊的体细胞培育出第一个哺乳动物克隆体——绵羊多莉以来，牛、马、犬、猫等各种哺乳动物，无论体型大小，种类差异，都已经培育出了许多不同的克隆体。

至于克隆体的寿命及健康等相关问题，现在仍旧争议不断。无论如何，克隆体都有可能在各方面与原先的成体产生差异。特别是第一个克隆体多莉的英年早逝，使得大众对克隆体的印象长期停留在寿命短暂的层面上。不过，近年来，认为情况并非如此的理论逐渐深入人心。

如果不考虑以上问题的话，克隆体实际就相当于年龄有差异的同卵双胞胎。可即使是遗传基因相同的兄弟，也会因为成长环境不同，而受到众多的因素影响形成差异。就算是同卵双胞胎，在指纹或视网膜等用于生物识别的元素方面也无法保持一致，更不用说记忆、技能或性格等方面。

克隆人的可能性

仅凭现有的体细胞克隆技术，还无法创造出被称为克隆人的人类完全复制体。但即便如此，克隆人的存在作为科幻作品的一部分无疑散发着迷人的魅力。依据细胞核移植之后的各培养阶段，我们可以将纳米技术等不同种类的技术融入进来，组合实现生物识别特征、技能甚至记忆等方面设定都相同的克隆人培养。

就像石黑一雄的作品《莫失莫忘》（*Never Let Me Go*，2005）一样，也有克隆人知道自己是为了给人类提供器官而被繁育出来的复制品的题材类型。

克隆人这种题材从创作角度来看是一种非常方便的设定。你可以让主人公是克隆人，使他为自己的身份困扰不已；也可以让他怀疑周围的人是克隆人，从而疑虑重重；还可以设计一个克隆人被歧视的背景环境展开故事。克隆人题材可以作为自我认知、生命伦理、虚实界限等多种主题的切入口，灵活应用在各种科幻作品中。

人工智能

Artificial Intelligence

- 电子计算机
- 图灵测试
- 程序

千差万别的人工智能

人工智能（Artificial Intelligence，AI）是指利用计算机的运算能力，代替人类进行的智能处理、智能信息处理的技术。

人工智能的涵盖范围非常广泛。过去，我们甚至会将由简单的半导体逻辑电路组装控制运行的电车叫作“人工大脑电车”。类似的例子还有普通家庭中使用的，常常号称自己搭载了“AI系统”的家用电器。即使是根据对情况的评估来模仿最简单的人类行为的低级机器也能归入人工智能的范畴。这就是当下人工智能的现状。

另一方面，人工智能应用在医疗和工业领域时，能够实现具备高度复杂的学习功能和数据库功能的推理和工作支持系统。基于此，人工智能的应用范围无论从质还是量的角度来说，都非常广泛。

人工智能与学习

真正以模仿人的思考和判断方式为发展目标的人工智能，根据发展轨迹和研究方法的差异，大致可以分为两种不同的类型。一种是通过符号操作和逻辑表达等方式，再现人类逻辑思维过程的自上而下模式；另一种是通过再现人类的神经系统运动，试图接近创造智能的自下而上模式。自上而下模式产生了一种记录世界的方法，能够实现数据库查询、HTML·XML等信息检索和处理的功能。

在自下而上模式中衍生出的一种被称为机器学习的方法同样值得我们关注。它通过各种手段对人的学习行为进行模仿、收集信息，经过统计处理后进行积累，为下次判断提供标准。

这种方法会模仿人类在下意识进行判断的过程。不过在早期的机器学习中存在一个缺点，即如果不对含有大量干扰因素的采样数据进行过滤，选择其中有效可用的信息留存，人工智能就无法发展。此外，在对存储的数据进行检索以筛选出必需的信息进行判断时，为了提高机器学习判断的准确性，需要增加足够多的数据量作为基础，与此同时也会导致得出结论的时间大大增加。

被人们寄予期待能够在一定程度上解决这些问题的是一种叫作深度学习的方法。这种方法采用的是一种基于对人类神经回路的模仿，通过自组织和多层化方式，获得与其他人工智能相比更高的学习能力和运转性能。这种构建神经网络的深度学习方式，直接引发了最近的人工智能热潮。比如在围棋等游戏中出现了能够战胜人类的人工智能；图像识别和机器翻译变得如此精确，以至于普遍用于商业产品。类似的新闻促使人工智能的发展逐渐被大众熟知。

不过话说回来，虽然深度学习暂时无法实现像人类一样思考或进行判断，但这并不是人工智能发展的唯一方向。科学家们也正在探索开发更多智能学习的方法。

人类与人工智能的差异

有很多工作对人类来说非常简单，但对人工智能来说却很难。其中之一就是框架问题。这个问题指的是，在给予人工智能多个目标的时候，为了搜索与目标相关的全部事项，人工智能会不停运行下去。仅仅是调查某一事项是否与目标相关，就会花费无限多的时间。为了解决这类问题，对目前的人工智能来说必须对其处理对象进行限制。

由阿兰·图灵设计的图灵测试被用于测试限制之后的人工智能是否类似人类。这一测试需要一个人工智能和一个参与者（人类），两者受限制只能使用文字与被隔离的观察者进行交流。人工智能能否通过图灵测试，取决于参与者和人工智能交换位置时，观察者是否知道。这个测试在菲利普·K. 迪克（Philip K. Dick）的作品《仿生人会梦见电子羊吗？》（*Do Androids Dream of Electric Sheep*?，1968）中被引用，并对以后的科幻作品产生了深远的影响。

机器人

Robot

机器人三定律

劳动力

人工智能

机器人三定律与机器人法

一般来说，提起机器人，人们印象最深的就是人形机器。但是“机器人”这个单词最初来自捷克语，原本的意思是“劳动”，是一个重点落在“代替人类进行劳动的存在”这样微妙的差异定义上的概念性单词。事实上，通过1921年的戏剧作品《罗素姆万能机器人》（*R.U.R.*）将“机器人”这一词语推向大众的捷克戏剧作家卡雷尔·恰佩克（Karel Čapek）在他的作品中，将机器人作为人造生物进行描述，因此影响后来的众多作品，使得不少人对目前将“机器人”用作人形机器统称的现状提出异议。

另一方面，确立了现在一般人印象中“机器人”画像的是艾萨克·阿西莫夫（Isaac Asimov）在1950年发表的短篇集作品《我，机器人》（*I, Robot*），以及手冢治虫在1952年发表的作品《铁臂阿童木》。前一篇作品贡献了定义机器人与人类关系的“机器人三定律”，后一篇作品留下了关于对机器人的权利和义务进行定义的法律“机器人法”。

“机器人三定律”包括“机器人不得伤害人类”“机器人必须服从人类的命令”和“机器人必须在不违背前两条的基础上保护自己”三条内容。这三条定律使得以《罗素姆万能机器人》为代表的，依赖于“机器人反抗人类，试图毁灭人类”这一经典故事情节的一系列科幻作品成为可能。更有甚者，有人指出这三条定律甚至可以应用在一般的家用电器上。另一方面，“机器人法”严格禁止机器人对人类造成伤害，并且规定机器人是一种为人类服务、使人类幸福的存在。它不仅明确规定了机器人违反“机器人法”时应受的惩罚，也保证了在法律允许的范围内给予机器人自由与平等，这一点与“机器人三定律”有着决定性的差异。也就是说，“机器人法”是将机器人视为具备自律性，能够自主思考且拥有判断能力，以接近人的立场参与人类社会的人形智能体，对机器人的义务和权利进行了规定。

工业机器人和双足机器人

以这些原则和法律为基础，对机器人与人类共存的未来社会的描写，在之后的现实社会中也产生了很大影响。特别是在原本就有机器人偶传统，也不存在任何宗教禁忌问题的第二次世界大战后的日本，工业机器人自1970年以后，以汽车厂商为中心迅速普及。在半导体技术进步的20世纪90年代以后，双足机器人的研究取得了长足进展，现在科学家们正在认真考虑关于护理型机器人实用化的方案。不过，现阶段还无法实现像《铁臂阿童木》中的具有自律性思考及判断能力的人形机器人。这是由于目前还没有研究出可以搭载在人类尺寸的机器人上的性能足够运转的计算机系统。

此外，能够对人的自我意识进行模仿的人工智能本身还处于初始研究的状态，我们尚未明确人的自我意识是由怎样的脑部活动产生的。因此，像《铁臂阿童木》中那样拥有自我意识的机器人在社会上得到广泛普及的世界，距离真正实现还有很长的路要走，现在我们可以说还未能踏及这片区域。

将机器人在现实和科幻作品中各自的发展历史总结，如下表所示。

时间	事件	时间	事件
1927 年	弗里茨·朗导演的电影《大都会》（*Metropolis*，1927）上映。人形机器人玛丽亚登场	1980 年	动画《机动战士高达》在日本掀起热潮，成为一种社会现象，对以后的作品产生了很大的影响
1928 年	西村真琴创造了东方第一个机器人——学天则，通过空气压缩机控制的气压动力驱动	1996 年	本田科技公司发布的一款双足机器人P-2，因其超高的完成度震撼世界
1954 年	乔治·德沃尔成功申请“编程设备”专利成果。世界上第一个工业机器人专利出现（US Pat1.330647）	2002 年	美国iRobot公司推出机器人吸尘器“Roomba”
1969 年	早稻田大学的加藤一郎教授开发了WAP-1，它是世界上第一个双足机器人	2005 年	波士顿动力公司研发出四足机器人“波士顿机械狗”
1972 年	M.布科布拉托维奇等人发表ZMP理论，为机器人的双足控制带来重大革新。永井豪开始连载作品《魔神Z》，确立巨大机器人类型	2014 年	软银集团的情感识别人形机器人“Pepper”开始进入店面接待顾客

人形机器人

Android

(自动人偶)

(神的模仿)

(基因)

在基督教的桎梏下发展

人形机器人（android，音译安卓），又称仿生人，是一种旨在模仿人类外观和行为的机器人。维利耶·德·利尔-亚当（Villiers de L'isle-Adam）在1886年出版的《未来的夏娃》（*L'Eve Future*）是第一部在现代意义上使用“安卓”这个词的作品，在这部作品中登场的角色“哈达利”被认为是第一个人形机器人。

不过，模仿人形的机械装置这一概念本身出现的时间比19世纪更早，实际上早在12世纪就已经制造出了内置机械装置的人形机械，它们在当时被称为“自动机”。再往前追溯，希腊神话中有一个叫作塔罗斯的自动机械巨人以克里特岛守护神的形象登场。

哈达利

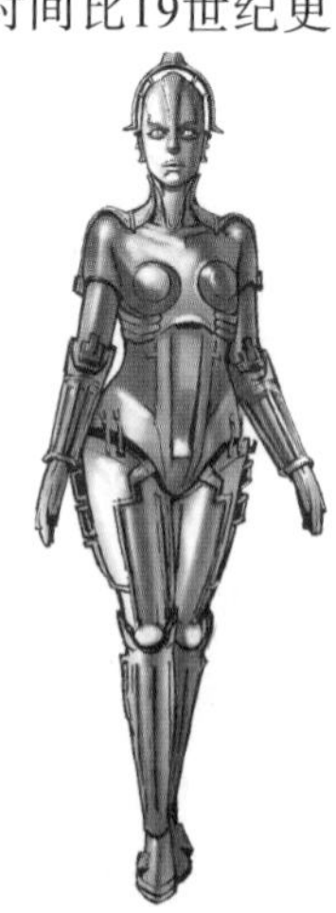

玛丽亚

话说回来，对于虔诚的基督教徒来说，人类作为神的造物又重新创造出与人相似的机械人偶，是亵渎神明的行为。因此在很早以前，就有人形机械“自动机”被基督教徒破坏的情况出现。

18世纪，机械装置伴随工业革命得到了广泛普及，人们对机械人偶的认识也发生了变化，并由此刷新了中世纪以来基督教根深蒂固的道德观。在此基础上，欧美地区逐渐开始接受人形机器人这一概念。长期以来，只有少数人将机器人视为同伴而非敌人。

对人形的宽容和偏爱

在日本的情况则截然不同，机器人概念一经问世便大受欢迎，不仅限于科幻作品，在各个地方也逐渐转化为不同形式的文化产品，受到日本群众的广泛接受与喜爱。

在日本的本土宗教——神道教中，原本就有神寄于物的概念。此外，由于在外来宗教佛教中，也有将经典中描绘的众神以佛像形式外显崇拜的传统，所以日本人对制作机械人偶并没有抵触情绪。而且在欧美普及机械装置1个世纪之前，大约17世纪的日本已经开始流行机械人偶的制作了。与欧美大多由动物模仿起步的“自动机”相比，日本的机械大多是由以往的日式玩偶中加入机械部分而重新改良诞生的机械玩偶。

进入20世纪后，日本最早的机器人“学天则”作为初期人形机器人被创作出来，此后日本对人形机器人的研究兴趣日益浓厚。二战后以手冢治虫的《铁臂阿童木》为首，在众多以儿童为对象的绘画故事、漫画及动画等作品中，出现了许多等身大小的人形机器人角色，这在其他国家根本无法想象。20世纪80年代以后，日本为了将这种等身大的人形机器人照进现实，进行了大量的研究。

近年来，日本大阪大学的石黑浩教授研究制作了模拟自己的机器人。在电视节目《松子与松子》中，他监督创造了一个与名人松子一模一样的机器人，并让它与松子本人互动，这一度成为日本社会热议话题。

“Gynoid”的出现

另一方面，在欧美地区的科幻作品中，直到20世纪80年代为止，重视机器人并将其作为故事核心处理的趋势都不是很明显。理查德·卡尔德（Richard Calder）创作的女性人形机器人“Gynoid”率先打破了这种状态，好似一石激起千层浪，这种机器人将纳米技术齿轮等精致的机械装置融入到了传统的西方人偶中。

这可以说是“自动机”在赛博朋克文化背景下的复兴，其独有的姿态特征对之后的日本科幻作品也产生了不小的影响。特别是电影《攻壳机动队2：无罪》（*Ghost in the Shell 2: Innocence*，2004），整部影片中充斥着的浓郁的机器人氛围为其重要组成元素。

外骨骼机器人

Powered Exoskeleton

- 军事化使用
- 无障碍
- 人工骨骼与肌肉

模仿并增幅人的运动的机械

外骨骼机器人，或称动力装甲、动力外骨骼，是一种由人佩戴的机械，通过对人的动作进行模仿，使人能够以比平时更大的力量执行工作。外骨骼机器人一般有以下几种使用方式。

- 搬运或携带人力无法移动的笨重器材或材料
- 对潜水服、宇航服和耐热防护服等重型防护服进行动力辅助，使工作人员即使在高压和高温等人类无法承受的极端环境下也能活动
- 支持腰腿衰弱的老年人和残疾人完成正常生活行为

军用外骨骼机器人

自1959年罗伯特·海因莱因发表作品《星船伞兵》（*Starship Troopers*，1959）以来，在极端环境下使用的军用或民用外骨骼机器人的概念在科幻作品中广泛拓展。在之后的20世纪60年代，以美国通用电气公司为首，进入了一段对这类机械研究非常活跃的时期。不过以当时的技术水平很难实现外骨骼机器人的实用化，因此1970年之后这类研究就暂时淡出了历史舞台。

后来，由于半导体技术的进步，这类外骨骼机器人研究的可行性增强。再加上像横山宏于模型杂志上连载的“S.F.3D ORIGINAL”中出现的“SAFS”等这类角色，其设计独特的圆形外骨骼形象新颖可爱、影响广泛，因此自20世纪80年代中期以来，外骨骼设计和与之类似的主从式操作结构的人形机器在日本科幻作品中频繁出现，特别是在一些漫画、动画和游戏作品中。

即使在现实中，美军用来搬运行李的机器人装置也已经实用化，此外还有像“TALOS”这种战斗用的外骨骼机器人也在开发过程中。像神堂润在作品《红眼机甲兵》（*redEyes*）中说过的情况，如在“事实上飞机无法使用”“雷达无法进行远距离索敌”等制约条件下，这种外骨骼机器人将作为战场上的主角，强制进行有视界近距离战斗，这种强有力的设定会在故事中更有说服力。

民用外骨骼机器人

另一方面，在社会高龄化趋势日渐明显的今天，外骨骼机器人基于社会变化的新应用方式受到广泛关注，例如作为无障碍环境保证的工具等。

人们希望通过支撑腿部等身体部分，使用动力辅助来弥补身体的不自由。特别是在日本，许多房子都是两层的，而且都非常狭窄，人们目前正为了普及这种设备而积极地进行各种研究与开发。

动力源・驱动装置

制约所有外骨骼机器人发展的因素都在于动力源和驱动装置。

由于外骨骼机器人毕竟是由人佩戴的设备，所以为了不妨碍其正常使用功能，研究者们无法随心所欲地对尺寸及重量进行改变，此外还有机器与人的适配性问题，动力必须稳定在一个特定区间内，过大或过小都会对使用者造成困扰。因此，现实中的外骨骼机器人一般采用在骨骼框架内置一个高效且轻便的可充电电池的方式，利用这种电力进行驱动。在科幻作品中，作者们提出了超越充电电池的各种天马行空的想法，包括各种动力源和驱动系统，其内容从通过人工肌肉的化学反应和燃料电池供电，到内燃机的液压马达驱动，再到微缩版的核聚变堆和核动力电池供电，想法新颖，无边无际。

工业用动力外骨骼机器人　　生活护理用动力外骨骼机器人

波束武器

Beam Weapon

波束的种类

波束武器（定向能量武器）是指能够发射定向能量束的武器。

使用何种能量	分类	例子
电磁波	相位等排列整齐、均匀分布	激光器、微波激射器
	相位等排列分布不一致	束状微波
粒子（非光子类）	实际存在	电子、质子、重离子束
	虚构未证实	米诺夫斯基粒子
声波		声波武器

接下来让我们举几个例子。

激光器，通过赋予激光介质高度能量来产生光，并通过相对放置的镜子组整合相位、完成增幅后发射出去。微波激射器也是同样的原理，只不过发射的是微波。

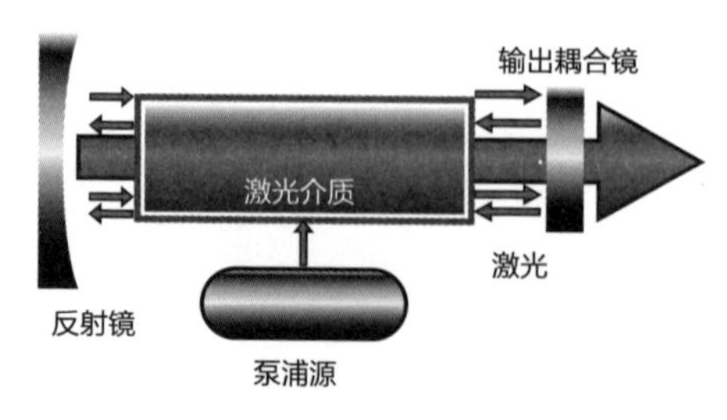

激光器的工作原理

在高能光束的辐射下，着陆点的表面开始蒸发，目标受到损伤和破坏。如果成功二次击中的话，还会产生冲击波。

激光束以光速飞行，因此当你看到它时，它已经击中目标了。又由于这类武器的后坐力非常小，因此也用于掩护而不是杀伤。

通过粒子加速器给电子、质子、重离子等粒子施加巨大的能量，然后使其快速射向目标的粒子束炮的设想已经进入实用化研究阶段。

由于粒子束炮需要加速并发射出质量相对较高的粒子束，所以粒子束炮打击目标所需的时间比以光速行进的激光束更多一些。但人们也普遍认为粒子束炮的破坏力远比实体弹兵器要大得多得多。

不过，无论是激光束还是粒子束炮，在增幅和加速过程中都需要非常大的能量支撑，以此获得巨大的威力。

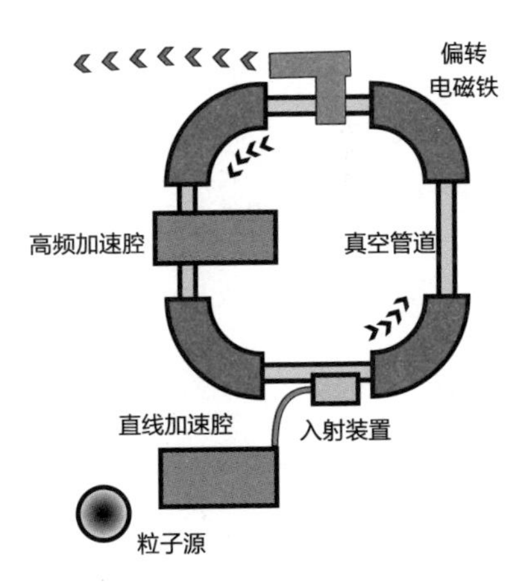

粒子束的工作原理

特别是粒子束炮，作为一种十分强大的粒子加速器，其轻量化和小型化过程困难重重，别说是人能携带的尺寸，就是车载尺寸的研发都很困难。在动画作品《机动战士高达》中，人们设定了一种虚构的粒子“米诺夫斯基粒子”和相应的物理定律，并将其作为基础描绘出一种能够随身携带的粒子束武器。

另一方面，激光束的增幅及震荡方法其实有很多种。例如，利用化学反应实现化学激光束的操作方法具有结构简单，输出强力的特点。利用化学激光束的这一特点，科幻作品中出现了在一次性弹夹中装有化学激光器振荡单元的便携手枪，如神林长平“火星三部曲”的开篇之作《平抚你的灵魂》（1983）中的Nimco#89激光枪。

微波和声波武器可以作为非杀伤性武器使用。微波本身具有使大脑混乱的效用，而大音量的声音也是一种威胁的表现。在科幻小说中也有基于声音的破坏性武器，比如《沙丘》（*Dune*，1965）中的“模块”。

波束武器的弱点

对于使用光或带电粒子的波束武器来说，在有大气等障碍物存在的空间中，如行星等环境，使用时存在一定难点。这是由于能量在前进道路上，容易被雨和烟等障碍物吸收或扩散，威力受天气的影响较大。

另外，激光在使用过程中还会产生热晕效应，即激光穿过的空气被加热而膨胀，继而出现弱透镜效果，导致前进道路弯曲。为此，可以考虑通过使用多个低能量激光在目标地点合流，以减小热晕效应的影响。

在不同的作品中，以此弱点作为突破口对波束武器进行防御的手段，一般有通过在周围展开强有力的偏转力场使攻击偏转或折射出去，有时还可以使其反射回去。这是一种被称为光束盾的屏障手段。

物质传送

Matter Transportation

克隆人
量子遥传
纳米技术

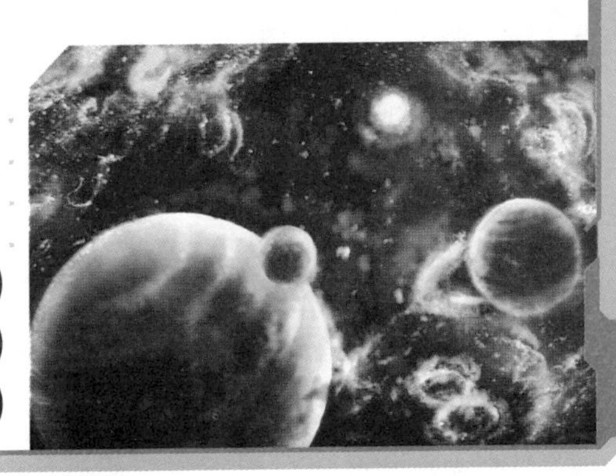

物质解析

物质传送目前还只是一种虚构的技术，它是指将物质转化为信息等形式，并且传输之后在遥远的地方实现重构复原。在此，我们探讨一下这种将物质信息化后再重构的技术。通过传送或瞬间移动等技术，将物质直接传送到远方的情况可以参考 024 “曲速引擎”。

在对物质实施传送的时候，首先要对该物质的成分结构进行调查。如果要传送人，就需要了解人体是由哪些成分构成、如何构成的等信息。目前我们了解人体内部的技术有CT、MRI等，但这些技术在精度上存在根本性的局限。另外，不管是怎样的观测手段，观测精度都受到不确定性原理的限制，对物质传送来说或许需要一个新的假想技术进行支撑。

我们人类需要光才能看到事物，如果需要更细致的观察，我们就需要有更高能量的光辅助。这点在任何观测手段中都是一样的，因此可以认为我们对传送物质的观测也同样需要很强的能量。但与此同时，这种强大的能量也有可能对观测对象造成损伤。这就是物质传送机中所谓的传送损失，即因传送过程中的分析过程而对原件造成的损伤。

另一方面，如果能够实现在无损状态下进行物质数据化的话，事情会变得更加顺利吗？不，那时还会有新的问题出现——只要能够实现数据样本的保存，就可以制作出无数个副本。虽然对于机器和工具来讲很方便，但对于生物来说，特别在对象是人的时候，情况却非常复杂。若是连脑细胞和神经的结构都能够完全复制，那么就可以创造出无数个记忆和能力与本人完全相同的“自己”。甚至可以从自己年轻状态下的数据样本中创造出一个“年轻的自己”。

当物质传送技术被普及，人们可以制作任意数量的自己的克隆人时，社会和人类的内心状态会发生怎样的变化呢？这将成为一个非常有趣的科幻主题。

传送技术的挑战

把解析到的信息进行传送时发生纠纷是科幻故事的常用套路之一。在詹姆斯·布利什（James Blish）根据影视剧《星际迷航》（*Star Trek*）改编的小说《追杀斯波克》（*Spock Must Die*!，1970）中，描述了由于传送事故导致同一个人出现两个个体的情况。作为物质传送主题的经典作品，乔治·朗格兰（George Langelaan）的小说《变蝇人》（*The Fly*）被多次翻拍成电影，讲述了人体传送过程中混入苍蝇的数据信息，并由此导致一系列事件的恐怖故事。

现在，我们的技术可以做到对信息按优先级进行编码存储，这样即使信息传送途中丢失一部分也能大体再现出来。那么，在这种情况下将人类信息化后，应该如何划分优先级呢？传送途中发生信息丢失的状况，不得已采取信息再现的措施时，随之发生的各种事件也值得细细品味。

有一种叫作量子遥传（量子隐形传态）的传送方法非常有趣。它是利用了被称为量子纠缠的两个分离粒子之间相互保存信息的现象来进行信息传递。遗憾的是粒子移动无法达到瞬间移动的速度，所以传送速度当然会受到光速的限制。利用量子遥传手段，传输数个分子状态信息的实验已经成功了。假设这个传输规模大到一定程度的话，生物、各种机器等也有可能变为信息进行传送。

话说回来，即使我们已经能够很好地对物质进行信息化并传送，如何将信息重构复原依旧是个问题。将像人体这样的巨大结构以分子单位重新组装的技术目前还不存在。这也许需要用到纳米技术等先进手段来辅助。而如果是像量子遥传那样通过组装消耗既有信息的形式，则传送过程始终是一体的。否则，一次又一次的组装过程将产生无数个副本。

将物质传送作为故事素材处理时，可以像这样分为解析、传送、重构三个部分。如果能够在此基础上对各个部分可能发生的问题或影响进行深入思考，就更加完美了。

火箭

Rocket

形形色色的火箭

火箭是指用某种手段将搭载的推进剂等物质向与前进方向相反的方向喷射，通过其反作用力飞行的一种装置（反推装置）。

火箭依据作用与反作用定律（牛顿第三运动定律）获得推力，不仅在大气层内，即使是真空中也可以实现推进飞行。此外，根据产生推力的不同方式，科学家们对火箭进行了详细的类别划分。

值得补充的一点是，过去被称为涡轮火箭的喷气发动机，与我们现在叫作火箭的推进装置有着根本性的区别。这是因为虽然喷气发动机推力产生的机制与液体燃料火箭有很多共同点，但喷气发动机的氧化剂是从大气中吸取的，所以在真空中无法产生推力。

现在使用火箭的各种方式

到目前为止，实际制作成功的火箭大致可分为固体燃料火箭、液体燃料火箭和电火箭三种。

固体燃料火箭是像古老的烟花一样的火箭。这种火箭虽然很难进行细微的推力控制，比如点火之后灭火，再二次点火这种操作，或者自由控制推力输出功率等，但其优点是结构简单，可长期保存，并且能够以低成本制作体积小但推力大的火箭。

液体燃料火箭是目前宇宙探索的主流方式。现在使用的液体燃料火箭大多是以在第二次世界大战期间德国开发的V2火箭为基础进行研发的。与固体燃料火箭相比，液体燃料火箭具有更好的比冲（单位重量推进剂产生的冲量）以减少燃油消耗，并且能够相对自由地控制推力和燃烧，后一点非常重要。另一方面，液体燃料火箭的燃油泵、喷嘴和燃烧室等部件结构复杂，并且一般需要使用毒性高的物质或要求低温维持的物质作为燃料，因此液体燃料火箭在制造和维护方面都需要很大的成本。

电火箭是近年才研发成功并投入使用的新型火箭。以成功从小行星采集样品并返回而闻名的小行星探测器“隼鸟号”搭载的离子发动机使推进剂气体电离，再通过带电离子加速喷出的反作用力进行推进，这种离子发动机就是电火箭的代表性例子。电火箭大约可以达到比液体燃料火箭高一千倍以上的比

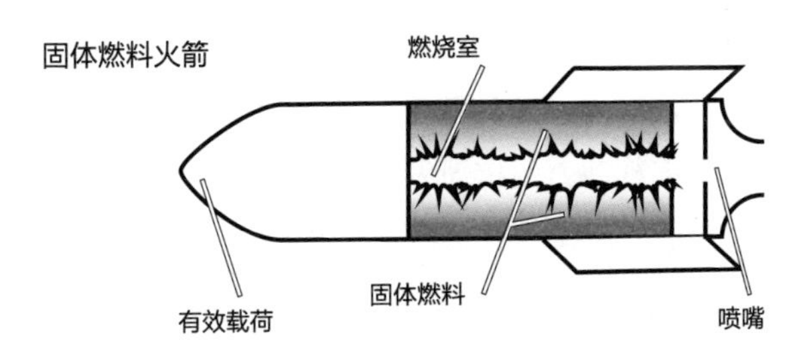

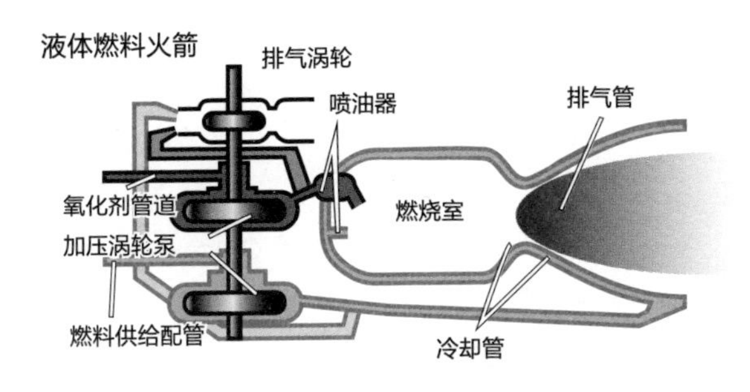

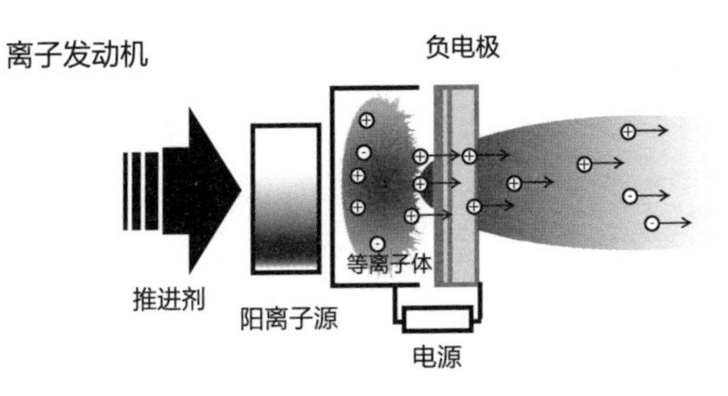

冲，因此电火箭的最终速度也会更高。不过其推力密度和推力产生时的加速度是最低的，只能在真空中使用，适用于缓慢加速且长寿命的探测卫星。

尚未普及的火箭种类

除了以上这三种火箭外，由液态氧化剂和固态燃料共同推进的混合式火箭的研究开发也取得了进展，还有之前被提出的核脉冲推进器及热核火箭等核动力火箭的提案也正在研究过程中。然而刚刚提到的混合式火箭在克服液体燃料火箭弱点的同时，也继承了固体燃料火箭的缺点，与其他火箭相比优势并不明显，因此没能成为主流火箭。而核动力火箭虽然在技术上、理论上可以实现，但由于其存在放射性污染的问题，所以目前还无法投入实用化研究。但是，如果将能够长期稳定地获得大功率推动力的核动力火箭作为动力源来考虑的话，无疑会非常吸引人。因此，就像在杰里·波奈尔（Jerry Pournelle）和拉里·尼文（Larry Niven）的小说《天外覆足》（*Footfall*，1985）中出现的“大天使号”一样，有些科幻作品会将这种核动力火箭设定为强大的宇宙战舰的动力源。

太空推进器

Propeller in Space

宇宙飞船的速度≈推进器的喷射速度？

如果要在真空的宇宙空间中沿任意方向移动物体，就必须遵循作用与反作用定律，即当物体沿某一方向施力时，在其相反方向上也会被施加相同的力。根据这一定律，将飞船上的物质沿某一方向喷出或发射时，飞船本身会在反作用力的影响下沿相反方向前进。在这种情况下，只要喷射物质的角度、速度和质量符合条件，任何物质都可以成为被喷射的对象。但是，如果想要提升最终速度，也就是最高速度的话，那就完全不一样了。

宇宙飞船的速度可以通过由“火箭之父”康斯坦丁·齐奥尔科夫斯基（Koustantin Tsiolkovsky）在1897年发表的齐奥尔科夫斯基公式来确定。

$$v = w\ln\frac{m_0}{m_t}$$

（v：速度；w：推进剂喷射速度；m_0：飞船初始质量；m_t：t秒后飞船质量）

该公式表示，推进器的喷射速度越大，飞船初始质量与加速后的质量比越大，宇宙飞船的速度就越大。也就是说，对于宇宙飞船来讲，能够通过提高推进器的喷射速度或增加质量比等方式增加速度，而实际上通过提高喷射速度可以更加有效率地实现飞船提速。

宇宙飞船推进的各种方法

下面，让我们来看看宇宙飞船推进的各种方法。

首先最容易被想到的是化学火箭推进器。但是，这种推进方式受限于气体的固定膨胀速度，因此无法实现更高的速度追求，再加上燃料消耗很大且难以及时补充，因此不适合长期行动的火箭使用。

解决化学火箭这些问题的方法之一是使用电推进，通过电场力手段而不是推进剂的化学反应来实现加速和喷射推进剂推进。

在这种电推进的方式中，我们可以做到“在电场中释放阳离子，将其加速到负极”“推进剂通过放电加热变成等离子体”“等离子体在电场力的作用下加速喷射”，由此可以获得比化学反应更快的加速及喷射速度，并且可以利用相对少的推进剂进行航行。即使如此，这种电推进方式也会一点一点地消耗推进剂。因此，在中途补给比较困难的恒星间长距离航行中，就需要选择其他方式。

巴萨德冲压发动机被认为是这个问题的解决方案之一。这种发动机通过喇叭形状的电磁捕集器吸取稀薄的星际物质，并通过对该物质加速和核聚变获得推力，被普遍认为是实现载人星际航行的关键装置。

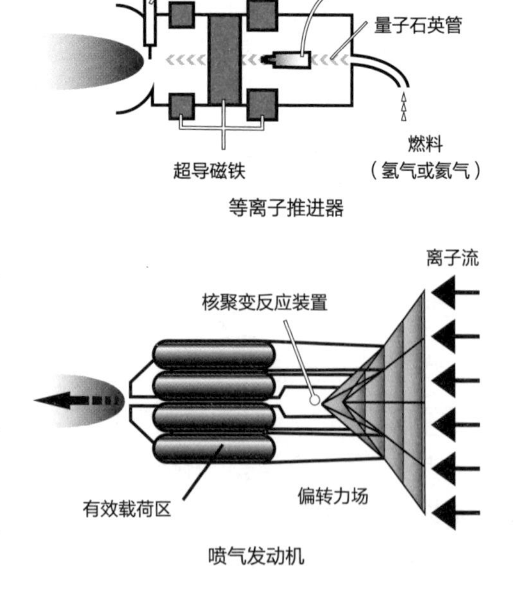

等离子推进器

喷气发动机

此外，作为没有自身动力源的星际航行的手段之一，风帆航行（太空游艇）通过风帆装置接收来自太阳等恒星的能量流实现推进。这是通过一个只有几克的薄帆，在太阳风等作用下推进的方式。此外，还有一种方法是通过激光脉泽从外部向动力系统供给热量和电力，以此来推动飞船前进。

超越想象力的极限

如上所述，现实中已经实现或有望实现的推进器组合已经有很多类型，但遗憾的是目前我们的技术难以保证能满足载人飞船在恒星间航行所需的性能要求。

另一方面，在科幻作品中，从太空歌剧的兴起开始，就出现了许多效率惊人的推进器所用工质，如赫伯特·乔治·威尔斯的小说《最早登上月球的人》（*The First Men in the Moon*，1901）中出现的重力阻断物质“凯维利特”、爱德华·埃尔默·史密斯的小说《宇宙云雀号》（*The Skylark of Space*）中出现的能够将铜完全转化为能量的催化剂X金属等。

宇宙飞船

Spacecraft

星际宇宙飞船

宇宙飞船大体上可以分为两种类型。

一种是原本意义上的宇宙飞船，在行星间或恒星间往返航行。另一种是连接行星地表和卫星轨道的宇宙飞船，被称为轨道飞行器。

首先，在行星间或恒星间往返航行的宇宙飞船，需要配备能够支持长时间、长距离航行的设备和推进器。这种类型的宇宙飞船，就像马拉松选手一样，需要花费很长时间才能达到最终速度，因此需要配备优先使用较少燃料进行有效加速的推进器，并准备充足的生活设备，以确保宇航员能够度过长时间的太空旅程。

这样一来的话，宇宙飞船为了装备足够的居住设施，船体必然会变得十分巨大，其质量也不得不相应变大。此外，符合星际宇宙飞船使用目的的推进器几乎无一例外，都存在不适合大气层内使用的情况。也就是说，在行星地表建造这种星际宇宙飞船需要巨大的能量支撑，而且它很难依靠自身离开行星大气层。

轨道飞行器

那么，另外一种宇宙飞船——轨道飞行器的情况怎么样呢？

美国国家航空航天局（NASA）实际存在，或仍在研发过程中的众多轨道飞行器，都是利用液体燃料火箭或固体燃料火箭以获得离开地球引力圈所需的推力。这些火箭虽然可以在瞬间获得大推力，但在短短几十秒的燃烧时间内消耗的燃料可以高达几吨，甚至几十吨，这是一个极其巨大的消耗。也就是说，轨道飞行器就像短程跑垒员一样，其能量输出特性完全不适合星际宇宙飞船所要求的长时间缓慢推进的使用要求。

另外，轨道飞行器的问题不仅在于脱离大气层的时候，在返回时也存在问题。它在重新进入大气层时，由于大气和机体之间产生的摩擦引发加热，机体表面温度甚至可以超过铁的熔点。

因此，航天飞机通过在机体表面涂上绝热性能高的陶瓷制耐热材料以对抗高热。而在以前的试制实验机中，也曾使用过特制的耐热涂料，该涂料可以在受热蒸发的同时带走热量以保护机体表面。不过这些耐热涂层都需要在每次飞行前后进行充分维护。过去曾发生的哥伦比亚号航天飞机坠落事故，直接原因正是耐热涂层在进入大气层时发生损伤及脱落。由于这种事故的危险性和维修成本较高，不少航天飞机和已经完工的轨道飞行器渐渐没落，不过近年来民间社会也出现了将其改造成宇宙飞船的动向。

真正的万能机

那么，同时具备轨道飞行器和星际宇宙飞船两种功能，从大气层内飞行到星际航行都适用的真正意义上的通用宇宙飞船的制作真的可以实现吗？

从技术层面来讲，我们的结论是“绝不是无法制造，但在运用成本方面的投入与产出不相称，或者说不经济”。

在发动机和导航系统等方面，常常会有一个航天器上同时搭载两个完全不同的系统的情况出现。在这种情况下，搭载着一个无用系统的宇宙飞船，与单系统的星际宇宙飞船和轨道飞行器两种飞船的情况相比，在性能方面总是相形见绌。

不过话说回来，这种区分和制约只是由于现在人类所具有的科学技术水平，特别是推进器相关的技术上的制约而产生的。

因此，在科幻作品中，常有真正意义上的万能宇宙飞船出场。例如科幻电影《星球大战》中出现的韩索罗的爱船——千年隼号，搭载了由目前人类未知的原理驱动的强有力的发动机，可以在行星大气层巡航后，以1.5倍光速在星际间航行。

超光速航行

Faster-than-light Travel

狭义相对论的限制

超光速（Faster Than Light，FTL）是一种速度比光速还快的概念。不过，根据爱因斯坦的狭义相对论，物质无法超越光速，准确来说，是需要无限大的能量供给。虽然只是一种理论假设，但狭义相对论的观点多年来在各种形式中得到了观测和验证。

在爱德华·埃尔默·史密斯的《宇宙云雀号》系列丛书中，虽然出现了只要不断加速，就可以自然地超越光速的设定，但这种简单的超光速航行通常还需要增加如何打破光速壁垒的设定。

即使狭义相对论认为不可能将一般物质加速到超光速，但也无法否认宇宙从一开始就存在超光速物质。这种理论虚拟的物质叫作快子。快子的一个有趣特性是，它总是逆行于时间。

通过将飞船和乘客超光速化后，在目的地返回到正常物质的手段可以实现超光速航行，但这种情况下，飞船将在出发时间之前到达目的地。类似的方法还有，将到达目的地所花费的时间通过时间机器返还回去，实质上近似于瞬间移动的跃迁方法。A.伯特伦·钱德勒（A.Bertram Chandler）的《银河边境》（*Rim Worlds*）系列中出现的曼森驱动系统就是这种类型，启动后移动距离越远就能追溯更多的时间。

同时也有一些人把目光转向光速的定义，希望以某种方式改变目前被普遍认知的光速的定义，即光速是真空中30万千米/秒的速率。在量子力学中，真空也被定义为储存能量的空间，但还存在很多未知的内容。现在，科学界中正在进行关于“不同种类的真空”是否真实存在的研究。这种现状下，也有人设定光速在“不同种类的真空”中不同为前提展开研究。

超光速和超空间

从相对论领域到量子力学领域，光速的存在与宇宙的根本密切相关。因此，即使在科幻作品中，超光速的设定也是关系到基本世界观的重大事项。

一种常见的方法是设定光速与一般情况不同的超空间，例如上面提到的“不同种类的真空”。在早期的科幻小说中，这种空间被称为亚以太。

当我们把视线聚焦在超光速本身时，其中最重要的是设置超空间规则。

比如在森冈浩之《星界的纹章》系列中登场的平面导航就是被设定为二维超空间的世界。在超光速移动过程中，所有舰船都只能在平面移动。因此从最终展现的结果来看，在平面宇宙中的战斗总让人联想起海洋舰队之战。

大规模军队在三维现实太空中完全放开战斗的情况目前没有先例，读者也很难凭空想象，因此科幻作品中关于宏大的宇宙战斗的描写有时难免会变得平面化。森冈浩之的作品则反其道而行之，使用超光速的设定给平面化战斗增添了必然性。

另一方面，也有人在超空间中设立独特的生态系统。在考德维纳·史密斯（Cordwainer Smith）的《龙鼠博弈》（*The Game of Rat and Dragon*，1955）中，飞行员和乘客在超空间航行过程中出现了神秘的发狂现象。造成这一局面的犯人是潜伏在超空间的生命体，从人类的角度看来像一只邪恶的巨龙，给人类带来无法想象、无法抵抗的切身的恐惧。但另一方面，这只龙对猫来说却只像是普通的老鼠。在这里猫和人类联手展开了与龙的战斗。

也有设定超空间通过某种形式与精神世界、内心宇宙相连接，在航行过程中能够将乘客的过去记忆和创伤实体化的类型。举一个例子，山田正纪的作品《艾达》（1994）中提出了“只有故事才能超过光速”的提纲，以及超光速移动和人类所拥有的故事相互干涉的宏大宇宙概念图景。

超空间和普通空间的区别点在于空间和时间、生态系统和精神世界的错位。我们可以通过设置不同的区别点来创造一个个充满魅力的超空间。

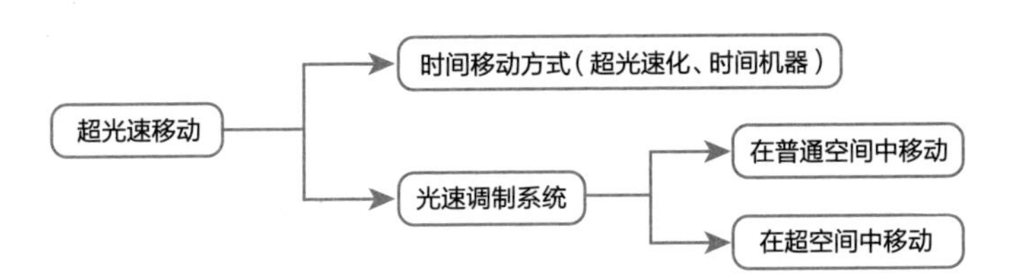

浦岛效应

Urashima Effect

- 双生子佯谬
- 狭义相对论
- 多重时间社会

龙宫的时间流逝

在我们的日常生活中几乎没有人在意，时间的流速其实并不均匀，移动速度更快的物体的时间流速会更加缓慢。物体速度越接近光速，这种变化就越明显。因此，如果你用亚光速火箭旅行一天再返回地球，地球上可能已经过了几十年时间。这种被看作童话一般的时间偏差现象，也被叫作浦岛效应（即时间膨胀）。爱因斯坦在狭义相对论中证明了这一效应的真实性。

浦岛效应也可以看作是由引力场引发的，因为物体在强引力场和弱引力场中所经历的时间不同。此外，浦岛效应不是纸上谈兵的理论，而是科学家们以各种方式实际观察到的现象。在我们的日常生活中，使用卫星的GPS能够检测和修正由于轨道和地面之间轻微的重力差产生的浦岛效应。因引力引发的浦岛效应的大小取决于引力场的强度，例如当宇宙飞船落入黑洞时，对飞船内部的人来说，宇宙飞船是瞬间被吸入的，但在外面的人看来是很长很长的时间。

“浦岛效应”一词由日本学者小隅黎命名。小隅黎曾在以作品《科学忍者队》为开端的日本动漫的黎明时期负责各种科幻作品的考证工作。在欧美地区，有时会用华盛顿·欧文（Washington Irving）的短篇小说中的主人公瑞普·凡·温克尔（Rip Van Winkle）一觉醒来发觉睡过20年时间的情节来替代浦岛太郎游龙宫的故事㊀。

关于浦岛效应的一个重点是它可以通过精确的计算来确定时间的变化量。此处就不对计算过程展开详细说明了，但一句话解释就是浦岛效应可以通过洛伦兹变换等公式进行时间计算，并且速度越接近光速，时间偏差就越大。如果计算结果出现明显的错误数字，无疑会让人十分扫兴。所以在创作作品时，根据作品世界观的不同，应当小心谨慎地对相关背景进行设定。

时间的流浪者

故事传说中出现的浦岛效应，具有在不同个体之间错位时间的作用。

那这些时间会偏离多少呢，几年、几十年、几百年，甚至上亿年？这种偏离是从一开始就被预定好的，还是纯粹因为意外事故导致的呢？类似这样的问题组合在一起，大概就能构成各种各样的电视剧脚本了吧。此外，假如亚光速航行普遍化，那么根据浦岛效应，大量的人会被时间抛在后面。在那个时间之后的人群中会形成一个什么样的社会，这也是故事构建的一个绝佳切入点。

浦岛效应带来的结果不仅只有悲剧和离别，如果是主动引发浦岛效应，它也可以成为一个通往未来的单向时间机器。波尔·安德森（Poul Anderson）的《宇宙过河卒》（*Tau Zero*，1970）就是这样一部作品。在这部作品中，我们目睹了浦岛效应的发展结果，它甚至可以一直延伸到宇宙的终结。

浦岛效应的影响还不仅仅局限于人类。如果有以亚光速移动为常态的其他种族存在，对他们来说浦岛效应就是一种天然的现象。这些种族

㊀ 传说中浦岛太郎因救了龙宫的海龟而被邀请至龙宫参观，几天后当他上岸回家时，发现地上已经过了几百年。——编者注

的时间感和空间感与人类的时间、空间认知之间的差异也能够成为一个有趣的主题。此外，还可以假设有一种生物和生态系统，将浦岛效应本身整合到其生长和繁殖的循环中。在巨大的引力场，如黑洞或中子星，或者以亚光速移动的宇宙飞船等环境中，如果你试着设想在这样的条件下能够衍生出什么样的生态系统，也会觉得非常有趣。

就像这样，如果你试图描绘一个广阔的宇宙，浦岛效应将影响到每一个角落，从人类之间的相互关系到人类与其他种族的互动，从不同的生态系统到各种自然现象，等等。

专栏　双生子佯谬

狭义相对论规定以相对恒定速度运动的物体有同等的意义。假设双胞胎哥哥处在以恒定速度在宇宙飞行的飞船上，那从地球的观测者即双胞胎弟弟的角度来看，时间在慢慢地流逝。若是从在飞船上的哥哥角度来看，在地球上的弟弟的时间也一样地在慢慢流逝。

在这个时候，如果飞船掉头返回地球，就会产生前面提到的浦岛效应。我们会发现，哥哥比弟弟更年轻。

这被称为双生子佯谬，看似相对论被打破了，但实际上这不是一个悖论。狭义相对论的相对性只建立在“以相对恒定速度运动的物体”之间。双胞胎哥哥掉头回来时因为中途减速，速度发生变化，所以相对性条件被破坏了。

曲速引擎

Warp Drive

各种各样的曲速引擎

根据相对论，物体的质量随着速度不断接近光速呈几何级数增加。但物体的速度不能达到光速，更不能超过光速。所以，在以几十万光年的超大空间为背景的科幻作品中，为了避免故事范围受限，作者们设定了包括曲速引擎在内的各种超光速推进系统，以便故事主人公在大宇宙环境中开展故事情节。

不过，虽说都是曲速引擎，根据作品的不同其定义也各不相同。

例如，在《星际迷航》的世界中，飞船被一个亚空间包裹住，虽然飞船本身在亚空间的内部是静止状态，但它随着这个亚空间本身以光速进行移动，实现了光速航行。这种移动方式不与相对论相矛盾。

用亚空间包裹宇宙飞船 → 宇宙飞船停在亚空间里 → 亚空间本身以光速移动

↑

宇宙飞船本身是不会移动的，因此不违反相对论

另外，在动画作品《宇宙战舰大和号》中，采用了将出发点和目的地从空间层面上扭曲，通过“折叠”直接连接起来的航行手段。通过这种方式，物体的实际移动速度并不会超过光速，但在出发点和目的地

之间，它看似以超光速移动。

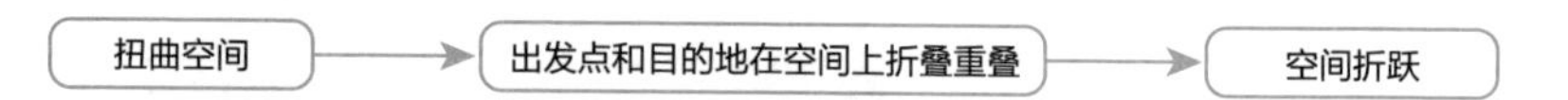

像电影《星际穿越》（*Interstellar*，2014）中出现的一样，使用虫洞进行空间跃迁的例子也并不少见。但这些跃迁手段均尚未在现实层面实现。

星线

《宇宙战舰大和号》中设定的航法是，只要能够在充当出发点和目的地的两个点之间固定直接连接状态，就可以开设像高速公路一样，能够在行星或恒星间一口气大幅缩短路程的超光速航线（星线）。这种航法可以使即使是像小型星际宇宙飞船这样的载具，也可以轻易地移动到数十万光年以外的其他恒星系统。

不仅如此，甚至有像电视剧《星际之门》（*Stargate*）中那样设定在行星地表制作出跃迁通道，人可以活生生地在行星或恒星之间移动的作品。

另外，与持续性的星线相反，像佐藤大辅的作品《地球联邦的兴亡》中登场的“高门”作为“构筑高度文明的未知外星人留下的遗产”出现，或者像迈克尔·麦考勒姆（Michael McCollum）的作品《安塔雷斯的黎明》（*Antares Dawn*，1986）中登场的“折叠线”那样作为“自然存在”出现，类似这样展现“不需要人类开设就已经存在了”的超光速航线的作品也有不少，并且其中大部分作品都是具有军事风格的太空歌剧。

通过使用这样的星线，可以在没有对曲速进行理论性说明的情况下实现超光速航行，并且能够在事前很好地回避了因超光速移动而产生的浦岛效应等各种问题。

不过，像动画作品《星际牛仔》（*Cowboy Bebop*）中出现的“相位差空间门”一样，虽然范围仅仅限定在太阳系内，但也有人类自行开发并依次建设这种星线的情况。动画中描绘了小型宇宙飞船像通过高速公路的私家车一样轻松地通过这种星线的景象。

不管怎么说，在使用这种星线的情景中，只能在有“门”的地点之间进行超光速移动。当出现多艘宇宙飞船同时在门内向相反方向前进时会发生什么结果呢，这也是一个值得思考的问题。对此，可以认为会根据星线的状态，而有可能发生无法移动卡在原地的结果。

不过，在使用这种手法的很多作品中，反而在故事展开中积极地利用了与星线相关的技术上的限制，不仅仅是限制，也有很多作品将其作为故事的重要要素。

低温休眠

Cold Sleep

长期太空旅行

未来旅行

低温工学

太空旅行与对未来的向往

低温休眠是指将人体长时间放置在低温状态下以防止老化的虚拟科技技术。对于需要花费较长时间进行的太空旅行以及星际间移民来说，像这样的技术是必须具备的一种技术。此外，这种技术还可以应用到由于某种原因而进行的单向时间旅行中，尤其是通向未来的单向时间旅行。

首先，让我们来分析一下关于星际旅行及星际间移民的事情。现在普遍认为，即使太空旅行成为现实，在空间跃迁等超光速航行方法未能实用化的限制下，即便是太阳系内部的移动也至少需要几个月的时间。因此可以推测，如果是星系间移动的话，可能需要数百年甚至数万年的时间，并且在这段时间内，用于维持乘客及机组人员生命体征的食物、水等必要资源将是一个巨大的数量。而且在此基础上还必须准备在宇宙旅行中维持健康与体力所需的设施，以及用于消遣娱乐的设施，等等。

其次，宇宙飞船的运行维护与船上的乘客或将进行移民的人毫无关系。甚至可以说，在大多数情况下他们反而会妨碍飞船的顺畅运行。因此，让这些乘客像动物冬眠一样陷入沉睡，可以充分节省飞船上的补给与空间。更何况，目前普遍认为低温休眠状态可以抑制老化进程。再进一步，如果彻底冰封直到抵达目的地时再解冻的话，则有可能完全不会老化。这就是目前认知中的低温休眠。

低温休眠的应用范围不仅仅局限在太空旅行一个方面。出于存在现阶段医学水平无法治愈的疾病等理由，人们可以考虑将身体置于低温休眠状态，保存到科学进步的未来时刻。在这种情况下，选择低温休眠将成为一种赌博手段，因为在找到该疾病的治愈方法之前，人体不会被解除休眠状态。

此外，在低温休眠期间，还会有某种原因导致陷入休眠的人数据丢失的风险，也有可能发生不但医疗技术没有进步，甚至连文明都衰退了的状况。这样想来的话，低温休眠可以说是一种相当危险的赌博手段了。

低温休眠的操作风险

低温休眠分为近似于冬眠的休眠以及冷冻保存两种类型。

其中近似于冬眠的类型，适用于像太阳系内部航行这样的短期旅行。不过，这种低温休眠状态有可能导致休眠者在航行途中出现健康问题。最先考虑到的是，休眠空间处于无重力条件下，休眠者有可能出现肌肉萎缩，甚至骨骼萎缩的情况。那么可能会有人说，只要有重力就好了。在重力条件下，长时间保持同一姿势休眠，则有可能会引发褥疮等健康问题。

另一种冷冻保存的类型则需要考虑到细胞内部的水分是否会在冷冻时膨胀，从而破坏细胞本身这一情况。也就是说，对于冷冻后能否再生复苏是一个疑问点。

即便是在克服了技术问题的世界中，由于进行低温休眠而在精神或肉体上出现不良影响的情况也并不少见。许多科幻作品中就有类似的情节。

除了以上这些健康问题之外，低温休眠还可能产生其他的问题。比如在低温休眠期间，休眠者的身体自由被完全委托给他人，自身毫无抵抗力。哪怕是落在恐怖分子或罪犯之手，也无法进行任何抵抗，甚至有可能完全意识不到发生了什么事。因此，在选择低温休眠之前，休眠者必须考虑到针对意外情况的预防措施。

专栏　低温生物学

低温生物学（生命冷冻学）和低温休眠一样，是通过冷冻保存人体，以期待未来医学进步能够使其复苏的一种尝试。不过不同的是，低温生物学一般用于保存刚刚死亡的遗体。另外，低温休眠是一种虚拟科学技术，但低温生物学则已经能够在现实中实现。

低温生物学的想法提出于20世纪上半叶，但直到1967年才实现了最初的低温生物学保存技术。在那之后，美国出现了多家低温研究及实践团体，并有100多人的遗体因梦想着复活而被保存下来。

只是，对于未来能否实现复活这些人所必需的再生技术，大多数人持悲观态度。即便如此，低温生物学的支持者们依旧主张："大多数人的死亡即是终点，而我们拥有再生的可能。"

控制论

Cybernetics

诺伯特·维纳

超人化

人性丧失

基于生物与机械的信息处理的整合

控制论本身是一个古老的词，起源于古希腊语，而现在作为众所周知的学术概念，指的是在生物与机械基础上对通信、控制、信息处理三门学科的整合。这一概念是第二次世界大战结束后，由美国著名的数学家、哲学家诺伯特·维纳（Norbert Wiener）提出的，维纳也因此被称作“控制论之父”。而他所提出的观点认为，包含人类在内的生物也同样能够被看作一种机械，更能够作为机械控制下的反馈中心，充当信息处理的核心。这一观点非常具有创新性。

所谓的反馈中心，指的是能够依据输入进行输出反馈的一种结构。例如，当我们用手抓东西的时候，会根据抓取物的重量及硬度改变抓取时手上的力量输出。也就是能够将通过输入（抓）得出的输出（重量及硬度），反馈给输入（抓），从而改变输出的力量（抓取力）。此外，反馈中心能够给出用于放大输入信号的正反馈，以及用于缩小输入信号的负反馈两种反馈方向。通过对这两种反馈方向的正确组合，可以实现恰到好处的目标控制。

从以上的例子可以看出，反馈在生物的日常活动中大多是在无意识状态下进行的，即便如此也依旧是一种效率极高的手段。与力的反馈一样，信息同样可以通过反馈这种方式实现稳定的控制。

也就是说，控制论是一种将信息反馈控制作为核心，将生物与机械整合于一体的野心勃勃的构想。

在20世纪40年代，将人类并入机械系统并实现整合的想法并不少见，尤其常见于以军队的武器体系为中心的系统中。

维纳自己也曾在二战期间参与射击控制设备的研究，包括美军使用的防空高射炮的自动跟踪装置。

原本射击这一行为本身就只有建立在反馈技术的基础上才成立。尤其是在当时的高射炮对空射击的情况下，由于预测敌机位置十分艰难，因此只有在人与机械双方充分实现连接与协调的基础上，才有可能成功。

也就是说，作为一门学科，控制论在合适的时间及合适的情况下，终于得到了其诞生的重要契机。

控制论＋有机体＝半机器人

就像将人类与机械双方的信息处理、控制和通信整合在一起诞生了控制论一样，以控制论的构想为出发点，让有机体重组融合进基于反馈中心的自动机械，由此就诞生了半机器人的技术。

通常情况下，人体内的脏腑等器官受损时，只能从其他途径移植同等的器官，除此以外再没有别的办法可以替代。

半机器人的技术可以使用具备同等功能的机械或电子零件等人工物体替代受损的器官，由此被广泛提倡。该技术伴随着20世纪50年代末高分子技术的进步以及电子技术戏剧性的进步等迅速发展，并且人们以其为核心开发出了人工器官、人工耳蜗、能够将肌肉运动转换成电信号进行操作的肌电假肢等系列产品。现如今，多样的半机器人技术已经能够在医疗实践中发挥重要作用。

另一方面，在众多科幻作品中，这样已经实现的医疗工程技术被进一步发展，开发出了更加高度化及高机能化的半机器人。20世纪60年代以后，将具备更强健的肌肉、更好的视力与听力等条件作为创造超人的一种手段，半机器人成为各国科幻作品中的常见设定。然而，赋予人类这样大到甚至能够破坏人体平衡的超能力，并不一定会带来好的结果。事实上，它们在实际操层面存在动力供给或维护困难、自重过大等严重问题。不过，对于在人体大小的空间内承载巨大的战斗力及攻击力的半机器人来说，即使面临着因人类与机械一体化而导致的人性丧失等深刻议题，也依旧在科幻动画和电影中大受欢迎。而近年来，脑机接口这种能够实现读取脑电波操纵机械、通过大脑刺激的方式传递影像等目标的设想正在逐步成为现实。

计算机

Computer

量子计算机
大型计算机
互联网

计算机的历史

计算机虽然也是机器控制的计算机器的一种，但通过给出的被称为程序的运行手册，能够在无人介入的状态下进行运算，这与计算器等单纯进行运算的计算机器非常不同。

例如，19世纪的查尔斯·巴贝奇（Charles Babbage）设计出了差分机和分析机这样的机械式计算机。这种计算机通过对数量庞大的高精度齿轮及杠杆等进行组合，能够实现非常复杂且大规模的计算。后来人们在此基础上进行改进，使得这种装置能够通过蒸汽机关进行驱动。

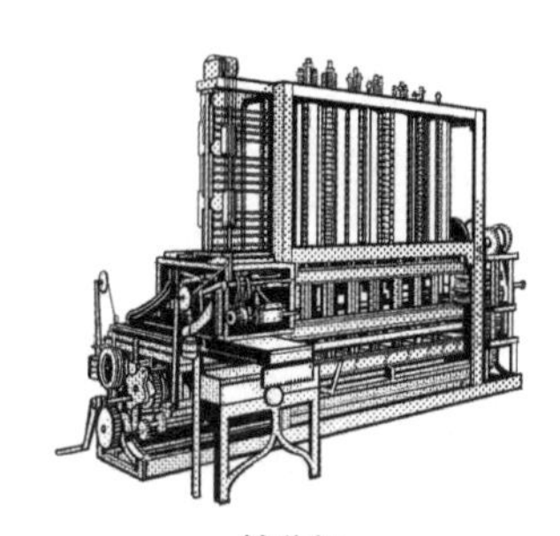

差分机

此外，在第二次世界大战期间由美国制作完成的阿塔纳索夫-贝瑞计算机（ABC）及电子数值积分计算机（ENIAC）等最初的电子计算机群组，将当时最先进的开关装置-真空管作为运算元件，以巨大的电力消耗为代价，能够实现比之前的机械式计

ENIAC

算机更加高速高效地进行复杂的演算工作。

这样一来，之前各个时代最先进的计算机群组，都给人们留下了其无视巨大的能量消耗，单纯通过蛮力进行超高速计算的印象。

在当时的计算机上，为了输入支持运算的程序，必须要先翻阅特殊的穿孔卡片，然后从专用的终端输入由特殊符号构成的指令。即便是现如今的程序设计，也远超出一般人的理解范围，因此这实在是一种门槛很高的工作。出于以上种种表现，这种巨大的计算机和其操作人员们之间的关系，就像一位全知全能的神与接受神谕的神官们之间的关系一样，带有某种特别的神秘感。人们的这种印象，后来还被众多科幻作品用于塑造计算机形象。

计算机的普及和互联网的扩散发展

可是，自从1995年电脑和互联网向个人普及之后，科幻作品中涉及计算机的相关观点也随之迅速改变，脱离了原本神秘的中央集权式的模式。原本作为即使在核战争中网络被切断的情况下，也能维持情报网络的手段而设计出的互联网，提出了一种新的计算方式，即通过将小型计算机分散放置在各处不同的场所，再串联在一起进行分布式计算。

此外，在21世纪，通过互联网提供软件和其他服务的云计算也已经得到了普及。另一方面，关于能够进行超高速运算的超级计算机的开发竞争也愈加激烈。

量子计算机

近年来，随着计算机性能的成倍增长，与之相关的摩尔定律指出的局限性也愈加明显。这一问题现已成为众多相关人士关注的焦点。

基于此，应用量子力学原理制造出的量子计算机备受瞩目。与以往的计算机器不同，量子计算机通过灵活利用量子态叠加，不仅能够实现密码相关的质因数分解及能够用于人工智能的机械学习，还有望在化学合成方法、新材料的探索等广阔领域中显著提升相关性能。虽然量子计算机经常被描述成所谓的最强计算机，但事实上它也并不一定是万能的。只不过，在肥料的生产方式等与生活密切相关的方面，它能带来创新的可能性。

量子计算机的算法有量子门算法和量子退火算法两种，退火算法虽然适用范围有限，但开发速度却很快。

信息记录

Information Recording

存储的信息不可逆转地损坏或丢失

近年来，对于CD-R和DVD-R等媒介，经常听说“几年前存入数据的光盘无法读取/读取出的数据损坏无法使用”或者是“使用频率较高的USB存储器和SD卡等突然无法存入数据”等各种纠纷。即便是制作公司宣称寿命长达十年的记录媒介，也有可能因为品质低劣、环境影响或数据的导入及改写过于集中等多种原因，出现在较预期短得多的时间内数据丢失的情况。

信息存储介质	预期寿命
石板或金属板	6000 年以上
黏土板	5000 年以上
纸莎草纸	2300 年以上
微型胶卷	100 年
酸性纸	50 年
磁光盘（MO）	50 年
BD/DVD/CD-R/RW 等	10~30 年
闪存	5~10 年
软盘	2~10 年

当然，如今的数字存储介质通常会考虑到局部的异常或不良反应，在记录信息时就增加强有力的错误修正功能，但这并不是万全之策。

如何读取数据?

有问题的并不仅仅是存储介质这一方面。在信息被记录保存之后，由于读取时方式不当，也有可能发生信息丢失的情况。无法被读取的信息存储介质就像上锁的宝箱一样，在找到合适的读取方法或重新进行制作之前，就只是一堆无用的垃圾罢了。即使到现在，由于驱动器类别停止生产以及之后的劣化等原因，已经有不少存储介质出现读取困难的现象。

如果没能将信息的读取方式、信息的记录格式或者在进行信息记录时的加密-解密过程完整恰当地传递下去的话，我们极有可能在未来的某个时间，将该信息的存储介质当作垃圾，在毫不知情的情况下处理掉。举个极端的案例，对于记录在纸上的信息来说，如果书写信息的文字本身或该种语言失传的话，就和加密状态没有什么区别。就像罗塞塔石碑一样，即使使用了后人能够破译的语言，如果没有发现用同种语言记录的文本等资料的话，也无法正确进行翻译。

在无尽之河的尽头

就像这样，对信息的记录保存来说，时间跨度越长，存在的问题也就越多越复杂。作为克服以上问题的手段之一，在近年来的网络奇幻小说中，经常出现类似“物品箱”的设定，通过让物品箱内部时间停止等手段来阻止存储介质老化现象发生。再有像异世界转移/转生等作品中，还会出现使存储介质本身生物化，或使用预期有超长寿命的材料或物体充当存储介质等操作。

第一种情况因为相关例子特别多，就不多说了。第二种情况的代表例子有长谷川裕一的作品《星际终结者》（*Maps*）中由神帝布尔带领的银河传承家族。在这部作品中，我们可以直观地看到，当人类利用某种超大型的生物计算机长时间进行信息记录保存或信息收集等工作时，会遇到哪些问题。此外，还有在谷甲州的《航空宇宙军史》系列中出现的射手座引力波源（SG），也可以作为第三个例子呈现给大家。它是一个大尺度装置，通过一个100立方米大小且不断旋转的黑洞组群来进行信息的保存和传递工作，并通过几兆赫的引力波将内部信息向外输出。不过，在以上第二和第三个例子中，作品里有很多暗示都在说明信息的变质、缺失及劣化无法避免。在《航空宇宙军史》系列中，正是这些问题给故事带来了悲剧性的结局。

黑客技术

Hacker

黑客≠溃客

最初，黑客（Hacker）指的是熟练掌握计算机及各种技术信息，并且能够有效地利用这些信息解决问题、应对问题的人。与此相对，溃客（Cracker）指的是虽然同样熟练掌握计算机及各种技术信息，但却利用这些信息来做坏事的人。确实这两者之间有相似的部分，甚至某些行为一致到难以区分，且从历史上来说溃客是从黑客中分化出来的，但两者有着本质上的不同。不过，大多数情况下，两者还是容易被混为一谈。在社会上，“黑客＝犯罪者”几乎成了一种公众性的普遍认知。而造成这种混乱的原因之一，便是溃客常常以黑客自称。因此，目前社会上普遍提倡将“好黑客”称作“白色黑客”。

“黑客”一词的英文来源于动词hack，指的是“用斧头和柴刀等劈砍、切割”“开辟通道”的意思，由此就产生了“采取粗略但恰当的应对”这样的引申义。例如，能够完成“用冰箱里现有的东西快速制作一顿午饭”这样的事情的人也被称作“黑客”。

人们普遍认为，这个单词和计算机产生交集的最早时间是在20世纪60年代初，来自麻省理工学院（MIT）的铁路技术模型俱乐部（TMRC）的一群电气工程发烧友们的对话。

当时，数字设备公司向麻省理工学院捐赠了一台名为PDP-1的小型计算机，它以其高性能和低价格在市场上掀起了一场风暴，并对后来个人电脑的发展产生了重要影响。TMRC的发烧友们开始迷恋这台计算机，并开发了有史以来第一款电脑游戏《太空大战》（*Space War*，1962）。像这样，通过一些灵感和技巧的积累创造出前所未有的成功的他们，才是真正开辟道路的人，才真正符合“黑客”这一名称。像这种，将每一个人小小的想法结合在一起，碰撞出一个巨大的结果，充溢着彼此之间的互助精神和创造性的文化，由此对一代又一代的人产生重要影响。目前世界上所使用的UNIX兼容系统和C语言，以及在两者基础上发展出来的各式软件等，都是基于这种开放互助的文化发展起来的，这种文化精神至今依旧不断被继承着。

破解系统和信息战争

另一方面，现在被称作溃客的人们以“嘎吱船长”——约翰·德雷珀（John Draper）为第一代代表。

他在1972年发现，如果用一种叫作“嘎吱船长”的麦片上的赠品哨子向着听筒鸣哨的话，就能够入侵美国AT&T电话局中交换机的系统，并且能够免费拨打长途电话。之后他通过进一步研究这种声音的频率，制作出了一种叫作“蓝盒子”的非法免费电话设备，并且迅速在美国各地流行开来。这种“蓝盒子”对以创造了苹果公司的史蒂夫·乔布斯（Steve Jobs）和斯蒂芬·沃兹尼亚克（Stephen Wozniak）为首的、在此后的计算机发展史上发挥重要作用的人才们产生了巨大影响。

从“嘎吱船长”事件开始，在计算机网络上利用各种非法且不正当手段获利的人不断涌现，甚至连因犯罪行为被捕的人都自称黑客，由此黑客一词的误用扩散开来。

虽然黑客们经常被描述为社会秩序的破坏者，但现代黑客大多是站在国家角度开展维护秩序的活动。

有不少国家致力于将黑客的知识与技术应用于安全措施方面，发挥积极作用。进行这类工作的黑客伙伴们也会被称作“白色黑客”。另一方面，也有不少国家在尝试灵活利用黑客的能力，将他们作为一种对外公开的信息战争的“战斗力”。

不过，也有通过信息技术的操作，妄图实现对国家不利的政治意图的“黑客主义”。特别是匿名公开各国机密信息的“WikiLeaks”，已经成为一种挑战国家利益、公民利益、法律以及善恶标准的存在。

计算机病毒

Computer Virus

网络

潰客

安全保障

计算机病毒的历史

计算机病毒是一种未经授权的程序，它试图改写计算机中任意一份文件的一部分并将自身复制到其中，当满足“打开该文件”之类的条件时，就会不断创建和传播该文件的副本。

计算机病毒的感染动作与在生物中传播的病毒的复制机制非常相似，因此同样被命名为病毒。这种程序最开始是作为人工生命研究的一环，早在个人电脑的诞生之前就已经存在了。但是，本应该发挥正向作用、在一种善意的前提下开发出来的程序，却在个人计算机通信开始普及的1980年以后发生了巨大的变化。在那之前只能通过软盘等存储介质进行传播的私人制作的软件，已经能够在叫作BBS的电子公告板上轻易实现大范围的传播。通过秘密混入一些貌似有用的实用程序中，病毒开始扩散。早期的计算机病毒即使感染，也只是会尽可能地在特定条件下显示特定的信息，都是一些无关紧要的东西，远不至于造成严重的影响。

但是，围绕着病毒的一系列状况随着Microsoft Windows 95系统的出现以及互联网连接环境的一般化发生了很大转变。这些事物的普及使得我们能够更加轻易地接触到世界各地的信息，同时也在无形之中帮助病毒在世界范围内扩散。再加上扩散开来的病毒被人加以改造或模仿，世界各地都有扩散更加凶猛且数量繁多的病毒出现，因此病毒的侵害范围迅速扩大，而且侵害的影响也变得更加严重。特别是，随着互联网上信用卡经济的普及，能够盗取个人信息的病毒所带来的危害也变得更加深重且影响范围更广。这种病毒的出现，也暗示着病毒的制作者从单纯测试程序水平的目的转变为非法得利的目的，身份也成了实施犯罪行为的罪犯。

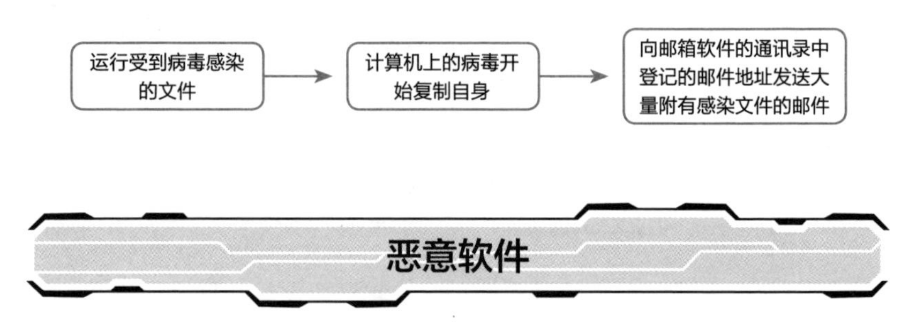

恶意软件

虽然病毒一词经常被用于指代所有的恶意程序，但从专业性的角度上讲那些程序应该被称为“恶意软件”。狭义上的计算机病毒指的是恶意软件中的一个类别。

以下列举部分恶意软件。

分类	内容
病毒	将被感染一方的程序的一部分改写为自身增殖程序的加害方式
蠕虫	能够在没有宿主的情况下，实现自我增殖扩散的加害方式
特洛伊木马	能够伪装成有效实用的程序侵入受害计算机的加害方式

当然，各操作系统厂商为了应对这些状况，实施并推进了各种安全措施。此外，用于检测和清除这些病毒或蠕虫等的杀毒软件也受到促进，相关的软件开发和销售也不断发展。

不过，与这些对应方案背道而驰的不当软件经常出现，它们的运行及感染方式等变得愈加复杂。现在，随着计算机性能的提高和互联网的高速发展，病毒的性能和功能也得到了强化。再加上现如今有越来越多之前没有使用过计算机的人以各种各样的方式参与到计算机社会中，例如使用各种家电产品等，我们受到病毒侵害的可能性也相应增加了。

此外，在计算机病毒的威胁变得司空见惯的现代社会中，还存在着反向利用它的谣言病毒，如“有xxxx.exe这样后缀的文件就是病毒”这类的谣言。它们大多数都是用来哗众取宠、扰乱秩序的信息，实际上并不一定代表病毒真的存在。如果听信了那些谣言，一不小心删掉记录重要信息的文件的话，甚至会导致操作系统无法正常运行。

网络空间

Cyberspace

电子王国

所谓的网络空间，又称信息空间、赛博空间，从广义上讲是指人类访问计算机时的假想空间，同时也可以指社交网络服务（SNS）等。但在科幻作品中，很长一段时间内它都以一种异空间的印象出现。比如，在威廉·吉布森（William Gibson）的作品《神经漫游者》（*Neuromancer*，1984）中呈现的网络空间就十分有名，同时这部作品还成为一种被叫作赛博朋克流派的作品群的开端。

在网络空间等异空间内，用来代表玩家的符号被称为化身（avatar）。这个词起源于印度神话中的神灵的化身（阿瓦塔），于1985年的网络游戏《栖息地》（*Habitat*）中首次出现。在阿瓦塔出场的作品中，通过描绘现实中的黑客与网络空间中的阿瓦塔行动的高度重叠性，能够向人们展示出这种一体感。

说到与网络空间的连接，由于人类大脑的神经系统一直处于持续不断的变化中，因此并不能直接连接到计算机。作为其解决方法的一种，在格雷格·伊根（Greg Egan）的《正交宇宙》三部曲（*Orthogonal series*）中，通过在大脑内布置纳米机器群的媒介手段，实现网络连接及各式人格、肉体的控制。

网络空间的魅力之一，就是其超越现实的瑰丽风景。在电影《电子世界争霸战》（*TRON*，1982）和其续作《创：战纪》（*TRON: Legacy*，2010）中所描绘的，由三原色的光与暗影相互交错所形成的三维空间，成了此后一个很好的图像源。

作为网络空间的"原住民"，拥有与人类相匹敌、有时甚至拥有超越人类智能的AI（人工智能）群等，几乎成为固定的设定。事实上，即使是在现实中的网络里，也有网上机器人、病毒等许多程序在不计其数的服务器上活动，它们共同构筑了一个复杂的生态系统。在未来，这些自动程序有可能会进一步发展。这对网络空间的设定及描写等也有一定的参考价值吧！

现实的变化

网络空间本质上指的是大脑所显示的错觉，并非是现实本身。但是，网络空间与神经系统连接得越紧密就越能改变现实。

赛博朋克科幻中常有捕捉大企业重要信息的黑客们的活跃表现，也有财富并不存在于现实的一侧，而是存在于网络空间这种主次逆转的描述。

此外，正如工具是人类肉体的延伸一样，计算机也可以说是人类大脑的延伸。当人类意识通过驱使强大的计算能力与无数自主程序，扩大到能够吞噬整个世界的程度时，人还能够被称作人吗？当网络空间内铺展的各种程序占据主导地位时，人类的大脑难道不会被认为只是附属于这个强大主体的一部分不良零件吗？从这一观点出发，在许多赛博朋克科幻作品中，出现了将精神数据化、舍弃肉体在网络空间内自给自足的居民形象。

像这样将网络空间作为一种居住环境而进行移居的情况下，究竟会发生什么呢？在网络空间内，一般的物理法则并不能发挥作用。因此那个地方既没有天灾，也没有疾病，无论什么愿望都可以通过程序实现，无论什么都可以作为数据进行复制，保证其长生不老，不死不灭。也就是说，网络空间将成为从物质的限制中解放出来的理想乡。

但是，即使作为理想乡存在的网络空间，也有计算处理能力及存储量等限制。还有，能够被现实空间的动作破坏服务器这点也是其弱点之一。如果想要扩张网络空间的话，就需要在现实层面有更多的服务器和电力支撑，因此也有可能造成两个空间之间的对立。或者可以考虑为了从现实层面避难，将所有的存在数据化后转移到网络空间的可能性。最终有可能诞生出一片所有的资源都被分解，只有充满不计其数的服务器的死亡荒野。动画作品《泽加佩因》（*ZEGAPAIN*）中就描绘了一幅全人类成为服务器上的AI的未来景象。

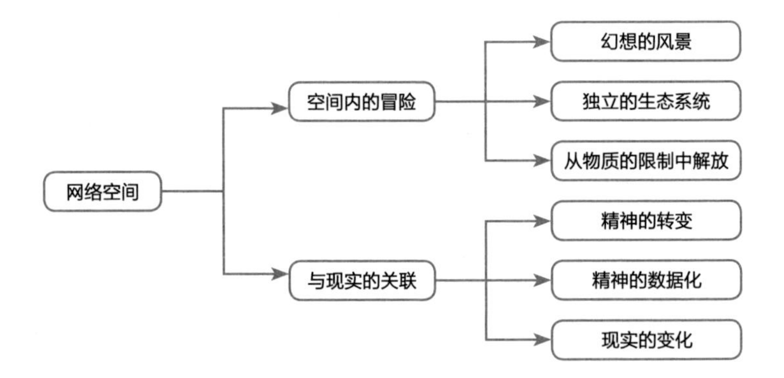

虚拟现实

Virtual Reality

VR和AR

所谓虚拟现实（Virtual Reality，VR），指的是将计算机等设备生成的虚拟空间，通过某种机械装置投射到人类的五感中，使人类产生一种接近现实的感觉的技术。“现实”本身意味着“事实性”“实质性”等含义，而“虚拟现实”意味着“虽然不是真的现实，但实际上等同于现实”的含义。

如果说网络空间是作为一种进入计算机的手段出现的话，那虚拟现实就可以说是一种为了将网络空间代入现实而出现的手段。

近年来，随着Oculus以及PlayStation VR等VR技术的兴盛，VR成了只要带上VR眼镜就可以轻松体验置身于360°虚拟空间的感觉的亲民技术。同时，增强现实（Augmented Reality，AR）技术也不断发展，它能将虚拟空间叠加到现实中，而不是单纯地访问虚拟空间本身。我们可以通过取景器窥视现实街角的方式，发现当地的广告、信息，以及到达目的地的路线等；或者也可以展现一些美少女角色或者巨大的机器人，在现实的街道上阔步行走的幻想的景色。以上这些程序功能已经完成了实用化开发，并且受到了广泛好评。

目前的情况是，在佩戴VR眼镜或通过取景器信息窥视街景时，还需要一定的缓存时间。但随着科技的进步，这些器械之间的连接会变得更加紧密，AR也会变得更加贴近我们的生活吧！如果从科幻的角度来思考的话，有可能通过投射全息影像或让软件常驻在大脑和视网膜等人体器官上加以控制的方式，实现完全抹去现实和AR的分界线的未来。

从建造房屋、开始耕种、建设城市的过去来看，可以说人类历史从一开始就是通过物理手段改变现实的历史。依据信息改变现实的AR技术也是通过物理手段改变现实的一种，甚至能够称其为一种革命性的技术，让全世界随着每个人的想法进行超高速的现实的改变。

外渗、进入、侵占

虚拟现实与现实之间的融合是科幻领域内探讨多年的主题。在埃德蒙·汉密尔顿于1937年发表的作品《费森登的世界》（*Fessenden's Worlds*）中，登场了一位创造并支配虚拟宇宙的疯狂科学家。在这位随意实验虚拟宇宙的疯狂科学家消失在大火中之后，主人公开始担心自己所生存的宇宙是否也是某个人的创造物。

在《费森登的世界》这部作品中，微型宇宙确实在实验室中被创造了出来。但随着计算机的发展，通过计算机将虚拟现实再现出来成为普遍的情况。此外，再现虚拟现实并不需要创造整个宇宙。这是因为，与巨大的世界相比，人类能够通过自身的五感所直接接受、获取到的信息非常少。反过来说，只要我们能够拥有至少“满足一个人五感所需程度”的信息，我们就可以从这一点入手构筑出一个世界或一个宇宙。也许我们仅仅是被困在玻璃缸中的一部分脑髓（缸中之脑），通过神经与外界实现数据连接。这样的可能性永远无法被否定。

从这些疑问中，诞生出了像《黑客帝国》（*The Matrix*）系列一样将我们的现实视为“假想”，在现实之外所存在的广阔空间才是“真正的现实”这种故事。由此再进一步思考的话也可以认为，所谓“真正的现实”也可能是一种“假想”，世界正是像这样由无数的“现实”层层嵌套着的存在。主人公认识到这种世界模式，并且不断与之对抗可以说是王道的主题。

虽然“缸中之脑”只是一种极端假想，但虚拟现实作为一种成熟的技术，已经能够根据个体差异创造出不同的现实。一方面，它拥有扩大个人见闻及认识的可能性。另一方面，它也可以作为编集“不想见到的东西”“只想见到的现实”的技术供人使用。因此有可能出现每个人都退缩在虚拟现实的壳中，借此逃避现实的未来。我们所认知的“社会”说到底其实也是由个人体验和各种媒介共同构筑的一种虚拟现实，对虚拟现实的描绘也就是在描绘这种技术与社会之间的关系或变化。

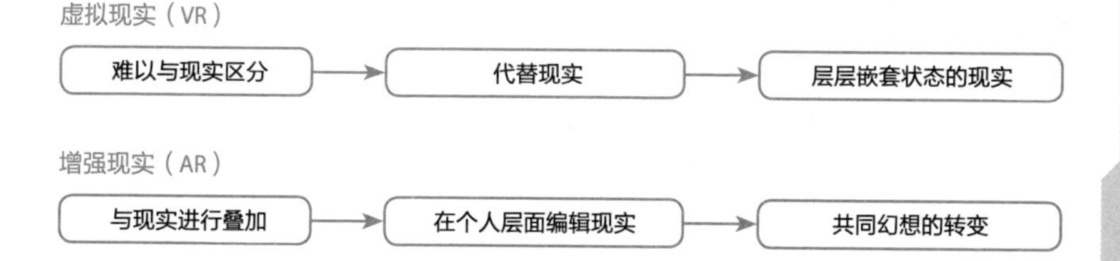

经济

Economics

经济与人的意志

科幻作品中经常描绘一些与我们现实社会有所不同的社会结构，但无论如何构成社会的最重要的要素之一就是经济。虽然以经济为主题的科幻作品并不多见，但从一些描绘因为未知技术而导致市场发生变动的科幻作品中，也可以看到一些关于架空经济的间接性的描写。所谓经济，指的就是物品与服务如何诞生、如何运转、如何使用等过程以及这其中所形成的社会关系，是一个非常宽泛的概念。

“现代经济学之父”亚当·斯密（Adam Smith）认为只要每个人都在追求自身的利益，经济就能够实现增长，并且用“看不见的手”来比喻这一点。虽然经济是被人类创造出来的概念，但人类却无法完全理解或控制经济。在很多科幻作品中都有对这一方面进行非常灵活的设定，比如描写经济活动本身就拥有意志的小野寺整的小说《文本9》（*テキスト9*，2014）、描写通过对拟人化的资产进行投资从而发动魔法进行战斗的金融街的动画《C》，等等。

此外，从与金钱流动相关的职业中也诞生出了一些令人意外的科幻作品。比如，增元拓也的作品《触碰迈达斯》描写了在诞生了与金钱相关的各种各样的超能力的世界中，超常经济犯罪被取缔的景象；宫内悠介的作品《宇宙空间金融道》描写了关于宇宙规模的讨债者的故事；柴田胜家的作品《世界·保险》描写了守护承载着巨额保险的秘密金瞳的保险受理人的故事，等等。无论哪部作品都是将金钱作为焦点之一，从中引发作品的紧张感。

为了向现行的社会体系提出问题而写作的，基于架空社会进行经济经营的科幻作品也有很多，甚至有时会被单独分为“社会派科幻”或“政治幻想小说”类型。

货币和可兑换性

在经济活动中，作为能够与各种物品进行交易的流通媒介是货币。过去，作物和家畜也具有这种可兑换性，并且被普遍用于交易和征税等流通过程中。但说到具备“正是因为用于交易，其本身才有价值”这一鲜明特征的，应该是硬币或纸币了吧。因为在人类社会中，普遍使用的货币体系是通过货币的数量来表示价值的高低，所以即使没有“能够用于食用”这样的直接价值，货币本身也能够作为价值的尺度发挥作用。

近代社会中，货币被分为法定货币和其他货币两种类型。

法定货币指的是在各国国内用于偿还款项时对方无权拒绝的货币，如日本的一万日元纸币或十日元硬币等。非法定货币如电子货币，在能够用于交换别的物品或服务的系统中，也像货币一样流通并发挥作用，比如一些企业发行的积分。

电子货币

电子货币的典型例子有作为“虚拟货币”或“加密货币”被人们熟知的比特币。而比特币如此知名，正是因为有一个专门支持它的被称为“区块链”的分散式网络系统。在这个网络系统中，没有类似于银行或公司这种专门管理交易及交易记录的机构组织。因此任何一个人都可以直接和其他人进行交易，这些记录也会被分散保存。在相应记录增多的情况下，为了防止数据被篡改或损失，可以在网络上进行完整性验证。不仅仅在金融方面，区块链还被考虑应用在医疗、房地产等多机构间的信息流通的环境下。

描写货币脱离国家管理的状况的作品有藤井太洋的《地下市场》。该作品描绘了在税金上调和移民流入的背景下，通过虚拟货币构筑了免税的地下经济圈的日本社会。

另一方面，小川哲的《乌托尼卡的这一方面》（2015）描写了一个通过个人信息流通及管理而具备价值的社会。这部作品的背景是一个小镇，居民们通过向信息银行提供自身的“感觉信息”“位置信息”或“生活记录”等情报，换取高质量的生活供给。科利·多克托罗（Cory Doctorow）的作品《魔法王国受难记》（*Down and Out in the Magic Kingdom*，2003）则描绘了一个信任变成金钱一样的存在的社会，向我们展示了一个可以预见的由“点赞”构成的SNS社会。

电子货币的出现，使得货币变得更加多元化。随着未来科技的发展，具有新属性的货币有可能改变社会。就像这样，对货币的描绘有助于我们从更广阔的视角重新审视社会。

纳米技术

Nanotechnology

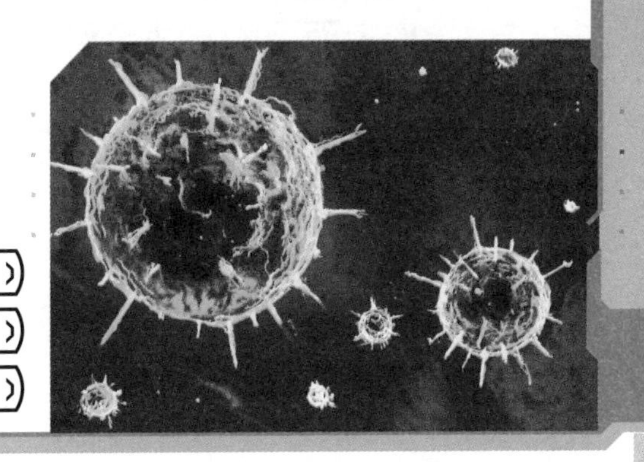

十亿分之一米下的世界

到了1纳米，也就是十亿分之一米的规模下时，物质的运动和性质可能与我们知道的一般情况完全不同。

纳米技术是利用物质在纳米水平上的性质变化，在原子或分子层面对物质进行加工，从而制造出具有按以前的化学或物理手段无法获得的功能和性质的物质或机器的技术。

纳米技术始于1959年美国著名物理学家理查德·费曼（Richard Feynman）在美国物理学会的一次演讲，他预言“未来可以通过一个一个地堆叠原子的方式来制造物质”，他发明了一种史无前例的量子化方法，并以费曼图描述基本粒子的反应而闻名。而在当时，分辨率可以达到单原子水平的扫描隧道显微镜（STM）还不存在（发明于1981年），它是确认纳米技术成果所必需的设备。1974年，在日本举行的国际生产技术会议上，时任东京理科大学教授的谷口纪男博士预测“2000年将达到纳米级的加工精度”，纳米技术的概念在这里首次被提出。

自上而下的方法与自下而上的方法

目前世界上最先进的半导体生产技术已经能够通过逐步缩小电子回路的尺寸的方式，实现单位规格在10纳米以下的半导体生产，虽然目前尚未实现谷口博士所预测的纳米级加工精度，但纳米技术已经来到了我们的身边。就像这样，通过不断提高材料加工技术的精度、逐步缩小产品尺寸的方法，期待最终能够实现纳米级材料加工目标的方法被称作自上而下的方法。

而另一种方法正好与此相反，是一种以 1 个原子作为起点，先组装小部件，再将众多小部件组合成复杂且规模庞大的物体的技术。这种技术也被称为自下而上的方法。这种方法通过使用被称作化学合成器或分子组装器的组合机械，以及光敏树脂等，进行了“生产以当前的化学合成方式难以实现的具有特殊结构的分子”“组装在纳米级层面制作完成的齿轮等零部件，制作被称为纳米机器的分子机械装置，或将如此制作的机器应用于医疗方面”等研究。

不过，以目前的科学水平来说，这种方法本身就由于加工耗时过长难以实现量产。如果将使用激光与光敏树脂的零件成型工作单拎出去，只集中于富勒烯、碳纳米管及纳米颗粒等纳米级材料的化学合成部分，从工业化量产角度来讲已经需要我们竭尽全力了。但是，作为纳米机器基础的一部分，在分子层面进行设计并制作的齿轮和马达等零部件，近年来通过科学家们的不断研究，将生物学领域的最新成果吸收进来，逐步成为现实，例如参考某种细菌的鞭毛马达结构来设计。就像木城雪户在作品《铳梦》（*Gunnm*）中描写的那样，物质可以通过纳米机器在原子层面分解后，再重新组合成完全不同的物质。这种技术虽然

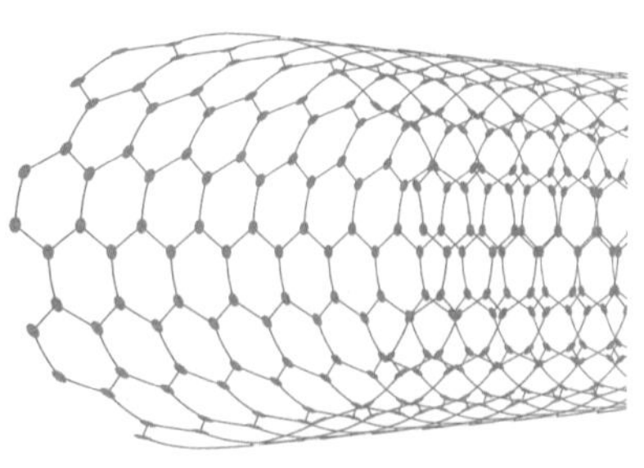

碳纳米管的结构图

在程度和规模方面离应用还有相当的差距，但就理论层面来讲，已经不是完全不可能的事了。

纳米技术的风险

另一方面，近年来纳米技术一直被人指责其相关产品具有致癌风险，有可能对人体健康和自然环境造成不良影响。此外，之前所列举的一系列纳米机器也被部分相关人员指责具有失控的风险，如果我们没有在必要时采取切实可行的、能够及时制止正在运行中的纳米机器的防护手段的话，它们有可能会像病毒或细菌一样给人类带来爆发性的可怕灾害。纳米机器有可能导致的最危险的灾难是，一个不断自我繁殖的机器将整个星球变为灰色的黏土，而一切文明与希望将彻底消失。

低科技

Low-technology

当人类失去技术时

现代社会中，科学技术蓬勃发展，已经成了当前社会不可或缺的重要部分。可是，如果这些高科技手段不复存在，而只靠低科技的话，这个世界会变成什么样子呢？首先让我们来思考一下科学技术为什么会消失。

几乎所有的技术都需要在使用过程中实现磨炼发展和传承，因此当一种技术不再被需要、也不再被使用时就会以很快的速度消失在历史长河中。

比如在10世纪左右，中国北宋时期所制作的汝窑青瓷，其色调之美即使以当今的技术手段也无法再现。日本中世纪左右出产的名刀也同样如此。再比如在18世纪时，瑞士天才制表匠亚伯拉罕·路易·宝玑为法国王后玛丽·安托瓦内特制作了“宝玑No.160”怀表，这块怀表结构复杂，是非常难得的精品。可惜它已经遗失在历史中，并且在很长一段时间内被认为无法复制。在科幻领域中有一个术语叫作失落技术，主要指的是在古代文明中超越当时技术水平的精巧作品，当然也可以用来指代像这样存在于我们身边的历史精品。

这些技术既是秘传，又作为一种传统工艺与匠人自身的存在发展密切相关，这都可能成为以上技术失传的原因之一。而能够公开、透明化地进行信息交换，又能够准确被语言所记录的技术是难以失传的。退一步讲，即便失传，也应该非常容易再次复原吧。这里我们顺便提及，之前所讲到的“宝玑No.160”怀表复原项目于2005年开始，且已于2008年完成。

与科技发展相伴随的黑箱化同样也是技术失传的原因之一。例如，在早期的PC使用过程中，用户需要自己设计电路，而现在用户已经不需要完成这些步骤了，因此也无须具备相关知识。不过，近年来随着Rapsberry Pi等电子领域DIY文化的蓬勃发展，低科技催生了巨大的风险投资潮流。

还有一些科技由于其危险性而被废弃。即便是一些具有公害风险的技术，也会在无可替代的情况下根据实际需要，综合考量各种利害关系进行使用，但一旦发现更加安全的方法，这些技术将会被废弃或封存。

低科技世界与传统工艺

设想一个与现代社会相比发生了巨大改变的世界时，我们需要思考哪种技术是相对来讲更为重要的存在。说到给社会带来重大变革的技术的话，首先应该是引发工业革命的动力技术。内燃机和电气等技术极大地推进了社会发展，当然在此基础上通过电力和无线电波进行信息交换的技术也非常重要。

如果这些重要技术因为某些原因丢失或没能持续发展，那么低科技社会就由此诞生了。停止发展的原因可能是这个世界刚好缺乏机械文明所必需的金属。此外，低科技社会可能拥有一种能够像现代社会中的电气或内燃机等技术一样支撑社会发展的特殊技术。如果要创造一个低科技世界，那么魔法、超能力或源于生物的技术将是很好的主意。我们还需要考虑到，由于巨大自然灾害或全面核战争等灭世类灾难导致的现代科技的失落。战争等因素也是科技在大多数情况下被定义为危险的理由。也就是说由于巨大的灭世战争的创伤，科学技术及科学知识等可能被视为危险因素进行封存。

像这样诞生的低科技社会如果持续发展的话，也会逐渐接近高科技社会的样子，但在故事中进行讲述时就必须依据低科技的特点实现发展。其重点就在于工匠精神。技术无法用通俗易懂的语言表述，也无法实现公开透明的交换，只能依靠匠人们的艺术精神和素质，这就是所谓的低科技特征。这样的技术当然无法通过书本等方式进行教学，只能通过学徒制或师徒制，徒弟在日常生活中观察师父一举一动的方式实现传承。

如果想要让低科技实现发展，那不妨将其中身体性的部分作为突破点深入研究。在幻想世界中，一个英雄或魔法使足以抵御千军万马。在那种情况下，战斗相关的技术并不是依靠数量取胜，而是强烈地依附于个人技能发展。不仅是战斗相关方面，其他个人技术的研究，也可以通过描绘其个人发展的巨大广度和力量来表现低科技社会的特征。

反过来说，古代技术的传承者也有可能在高科技发展的未来社会中大放光芒，这种题材的电视也可以被考虑。对于古代人或现代的我们来说，一些司空见惯的技术有可能在未来社会中被遗忘。到目前为止我们所失落的技术和即便现在拥有但会逐渐被遗忘的技术，对这些内容进行一些调查之后，就应该能制作出不少以上题材的电视剧。此外，一些既不是为了竞技比赛也不是为了精神修养，单纯为了杀人而存在的武术等也是低科技社会中常见的特征。

心理潜水

Psycho Dive

精神世界

神经连接

内世界

向灵魂深处潜行

将人的内心看作一个世界的思想，可以追溯到非常遥远的古代。在庄周梦蝶的故事中，梦中变成蝴蝶的庄周怀疑自己才是蝴蝶在其梦中的化身，可以说这里已经存在将内心的梦当作一个世界的看法。

心理潜水指的就是像这样潜入他人的梦境或内心世界中，获取对方精神世界里的各种记忆等信息，并且对其进行修改等操作的架空技术。这个理论构思的来源之一是20世纪出现的精神分析学。弗洛伊德和荣格认为梦境是人类的一种精神活动，可以通过对梦境进行捕捉和分析来揭示患者隐藏的欲望，最终实现治疗目的。特别是荣格将人类精神世界看作一个有各种各样的神灵、英雄或怪物形象登场的神话世界，这激发了作家的想象力。从此以后便诞生了通过各种机器或超能力等手段，将人类精神世界影像化或侵入其中的设想。

罗杰·泽拉兹尼（Roger Zelazny）的作品《光明王》（*Lord of Light*，1967）是一部依据心理潜水概念诞生的精神分析物语，它以一种神话般的视觉感受描绘了在精神世界中的黑暗战斗。

菲利普·K. 迪克的作品《天空之眼》（*Eye in the Sky*，1957）则是

一个偶发性的心理潜水的例子。在故事中，一台粒子加速器发生故障，使得被卷入其中的各个参观者精神连接在一起，其中任何一个人都能随意在全部人的精神世界中巡游。结果，参观者们一个接一个地体验了那些看起来温文尔雅的人们内心所拥有的可怕世界。

受这些作品影响，日本作家小松左京的短篇小说《戈耳狄俄斯之结》（1978）凭借从心理潜水和心理学、超自然现象到宇宙论的联结以压倒性的姿态登场。此外还有后来的梦枕貘《狩猎魔兽》系列作品，将传奇生物动作与心理潜水融合在一起，博得了很高的人气。

克里斯托弗·诺兰（Christopher Nolan）的电影《盗梦空间》（*Inception*，2010）则以心理潜水为根本，将间谍活动作为主题，为观众展现了一个虚幻与现实不断交错的世界。

在现实社会中，对人类大脑活动的调查研究也在不断进步。从过去的脑电图开始，现在人们已经可以通过MRI（磁共振成像）等手段，实时且详细地检测大脑的哪些部分在活动，以此为基础也进行了关于复现人类想法或梦境的相关研究。

越境的精神世界

从上面列举的几部作品来看，在文学创作中的心理潜水可以看作是心理学、神话和超能力等多种题材组合在一起的复合题材。因此在创作过程中，也可以应用基于这些题材的一些设定或问题意识等。

题材	内容
控制论	说到对于心理潜水来说所必需的技术，那一定是能够向人类的脑神经系统进行信息输入及输出的控制论。能够将神经系统的信息转换到肉眼可见的世界中的是网络空间技术，而进入精神世界则必须具备虚拟现实技术

（续）

题材	内容
超能力	虽然也有依靠机械装置实现心理潜水的先例，但将心理潜水设定为心灵感应能力之一的情况也并不少见。如果将人类的精神世界看作超能力的源泉，那心理潜水可以说是一种能够直接接触超能力之源的能力，因此从作家的角度来讲，描绘精神世界的心理潜水与以精神为源泉的各种超能力之间相性非常合拍
心理学	通过心理潜水进入精神世界的相关描写，基本都来源于包括通俗常见的一些解释在内的各种各样的心理学知识。在相关描写中，心理创伤能够转化成实际存在的伤口并不断流血，幻想的怪物也能够像实际的怪物一样阻挡前路。荣格心理学或各种与之相关的资料对创作这样一个充满吸引力的精神世界很有帮助
超自然	当代心理分析学出现之前，在形式多样的宗教、巫术和神秘领域中，梦境并不是一种单纯的幻觉，它被看作是一个展示深层内在精神的世界。例如，美国土著人在进入成年时需要经历一种叫作“灵境追寻”的旅行仪式。参加仪式的少年会在梦中与某种动物相遇，并按照它的指引完成自己的成年旅行。心理潜水的妙趣之一正在于观察这种传统的、神奇的世界观如何与未来世界融为一体

欧帕兹

Out Of Place ARTifactS

超古代文明

失落的技术

皮里·雷斯的地图

不合时宜的物品

OOPARTS这个词来源于英语中的“ Out of place artifacts”，意思是“不合时宜的加工物”，音译成欧帕兹，或称时代错误遗物。它主要指的是在考古学等领域中出土的、与已设想的时代下的科技不相符的、难以制造或根本无法制造完成的物品。不过这并不是一个正式的学术用语。它由美国博物学家伊万·桑德森（Ivar Sanderson）提出，是那些相信亚特兰蒂斯等超古代文明和外星人远古入侵起源论等学说、热衷于研究超自然现象的人们所追捧的概念。

欧帕兹的典型例子是在古代壁画或雕塑作品上描绘的像飞行器一样的东西。此外，一些再现了与人类诞生之前存在的恐龙十分相似的形象的陶俑和画作也被认为是欧帕兹的经典例子。在科幻领域中，斯坦利·库布里克（Stanley Kubrick）的电影《2001：太空漫游》（*2001: A Space Odyssey*，1968）里出现的黑色石板大概也可以被看作是欧帕兹。关于欧帕兹的出处，研究者们普遍认为有以下三种情况：

- 在超级遥远的古代存在着比现在更加发达的文明（比如亚特兰蒂斯和穆里亚等）
- 在超级遥远的古代由外星人带来地球

⊙ 被从未来回到过去的时间旅行者所遗忘

不过在现实生活中，大多数被认为是欧帕兹的物品其后又被指出有可能可以由当时的技术制作出来或根本就是误解弄混的情况。所以在现实中为一件物品打上欧帕兹的标签时，还是先经过周密的调查及慎重考虑才好。

在以下表格中，我们为大家总结了一些较为知名的欧帕兹的例子。

代表性欧帕兹	
皮里·雷斯的地图	由16世纪的土耳其海军皮里·雷斯（Piri Reis）所绘制的地图。据说上面记载了当时尚未被人们认知的南极大陆的准确信息。但是，有人对此提出了“其实是南美大陆被误认为南极大陆”的反对意见
巴格达电池	在巴格达地区出土的陶罐。有科学家认为它可以作为电池使用，在再现实验中，它也确实可以作为电池使用
秘鲁纳斯卡地画	被描绘在秘鲁高原的大地上、有动物等形象的地画。由于地画范围过于巨大，只有通过飞机等手段才能捕捉到全貌。它同时也是世界遗产之一
卡布雷拉石	在秘鲁地区发现的刻有恐龙形象的石头，以其持有人的名字卡布雷拉（Cabrera）命名。现在基本已经被证实是造假欧帕兹
阿坎巴罗雕像	在墨西哥阿坎巴罗村附近出土的与恐龙形象非常相似的雕像，也被用来作为证明人类与恐龙曾经共同存在的证据。然而，除了这些与恐龙形象非常相似的雕像之外，还出土了其他虚拟生物形象的雕像，因此有人们认为这些雕像与恐龙形象相似只是偶然巧合
科索人造物品	出土于美国的科所山脉，被称作“从50万年前的化石中发现的，与火花塞十分相似的人工产物”。照片鉴定的结果显示，这确实是一个真正的火花塞，因此非常有可能是恶意捏造的欧帕兹事件
中国古代的铝	据报道，在四世纪左右的武将墓中出土了在19世纪才被制造出来的铝合金碎片。然而，有不少观点认为这些碎片是在近代混入墓中的

（续）

代表性欧帕兹	
安提基特拉机械	1901年，人们在地中海地区安提基特拉岛附近海域的一艘沉船中发现了一部分结构极其复杂的齿轮式机械。有观点认为，它与公元前三世纪的数学家、发明家阿基米德有关
哥伦比亚的黄金飞机	在哥伦比亚遗址中发现的一种形状与飞机非常相似的黄金制品
火星人面岩	存在于火山上的一座看起来与人脸非常相似的岩山。虽然一度被认为是“宇宙的欧帕兹”，但天文学家们都认为这只是“自然形成的地貌”
黑色石板	在电影《2001：太空漫游》以及亚瑟·查理斯·克拉克（Arthur Charles Clarke）的同名小说中登场，是由地外生命设置的，黑色、四角、柱状的神秘物体。它拥有促进生命进化等能力

超古代文明

Ultra Ancient Civilization

亚特兰蒂斯大陆

外星人

文明崩溃

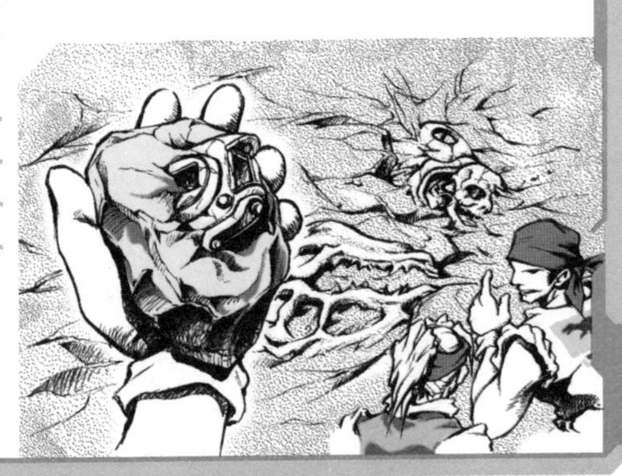

对亚特兰蒂斯的憧憬

所谓的超古代文明指的是存在于我们所熟知的四大大河文明诞生之前，比现代文明更加优秀，但不知因何原因灭亡的文明。（可参照下表）

名称 / 地点	描述说明
亚特兰蒂斯大陆	一个据说曾经存在于大西洋之上的失落大陆。传说中，这片大陆被一个巨大的军事国家所支配，后来因入侵希腊而受到神罚，最终沉入大海
穆里亚大陆	一个据说曾经存在于太平洋之上的失落大陆。这片大陆被认为是包含日本在内的环太平洋各国文明的起源，但缺乏有效的证据证明这一观点
超古代印度文明	有一种说法认为，这片大陆从很久以前开始就有繁荣昌盛的文明并不断延续，但很多我们未知的从太古时期就存在的文明都因为核战争灭亡了
南极大陆	在霍华德·菲利普·洛夫克拉夫特（H.P.Lovecraft）的作品《疯狂山脉》（*At the Mountains of Madness*，1936）中，描写了一种存在于南极大陆、由在人类诞生之前入侵地球的外星生命体所构建的文明

亚特兰蒂斯大陆的故事可以说是与超古代文明相关的种种传说的源头，而这个故事最早可以追溯到古希腊时期。在那之后，包括穆大陆文明在内的各种超古代文明传说开始泛滥开来。最终在1968年，埃利希·冯·丹尼肯（Erich von Däniken）发表了关于外星人建立超古代文明的假说。从那时起，各种与超古代文明相关的假说在科幻等领域被提出并应用其中。此外，在《勇者莱汀》等动画作品中也出现了超古代文明的设定。

文明崩溃的原因

凌驾于现代文明之上的超古代文明之所以崩溃，人们设想了各种各样的原因。

- **天地异变**：超古代文明因地壳变动等原因瞬间崩溃的说法，被认为是亚特兰蒂斯和穆里亚等失落大陆灭亡的原因
- **超古代的核战争**：存在于超古代的优秀文明因核战争崩溃的说法。传闻现代文明也是由超古代文明的幸存者从头开始重新构建起来的。据说对那场灭世核战争的恐惧感以各种神话或传说的形式流传于世界各地
- **燃料熔融**：不是由核战争，而是以支撑超古代文明的核反应堆失控为契机，整个超古代文明走向崩溃的说法。根据作品的不同，有类似于异次元能量等超越核能的虚拟能量设定，就是这些能量引发失控
- **入侵者**：作为一种科幻性的设想，也有因为宇宙或异次元的空间出现入侵者而导致文明崩溃的模式。例如在永井豪的漫画作品《魔王但丁》中，就有地球原住民被来自高度文明社会的入侵者毁灭，从而转变成恶魔的情节
- **气候变化**：冰河期等气候变化导致文明逐渐衰落直至灭亡。在实际历史上，确实许多文明都因气候变化而衰退甚至灭亡
- **文明衰退**：文明发展到极限，最终产生对于发展的颓废和无力感等，并因此导致文明逐渐衰退甚至无法维持
- **外星移民**：超古代文明的领导者们因气候变化等原因决定离开地球向外星移民，从而导致地球上遗留下来的人们无法维持文明发展而逐步衰退。在这种前提下，我们可以创作以人类进入宇宙之后与超古代文明的后裔相遇或发现并探索宇宙中超古代文明遗迹等为主题的剧本

◎ **回归外星球**：超古代文明的领导者们及奠基人们都是外星人的说法，在20世纪下半叶，被埃利希·冯·丹尼肯等人所提倡。基于这个假说，我们也可以认为超古代文明及其继承者们并没有灭亡，而是出于某种未知的原因离开地球返回了他们的家乡。在这种前提下，我们也可以创作以人类进入宇宙之后与超古代文明的外星人后裔相遇为主题的剧本

在超古代文明的主人们因某种未知原因离开地球前往宇宙的时候，可以考虑在地球或月球周围放置一些用以监视地球人成长的东西。以亚瑟·查理斯·克拉克的短篇小说《前哨》（*Sentinel*，1948）为例，很多相关作品都有关于像这样的监视物的描写出现。

专栏 科幻用语集

经典力学

艾萨克·牛顿（Isaac Newton）总结了描绘从小石块到大天体等各种物体之间运动和力的关系的牛顿运动定律和万有引力定律。基于牛顿这一系列物理定律诞生的物理体系被称作牛顿力学或经典力学。经典力学与经典电动力学、经典热力学等被统称为经典物理学。

量子力学

到了20世纪，随着在原子结构等领域研究的进一步发展，微观粒子的运动规律在经典力学上无法被完全解释。终于，由埃尔温·薛定谔和维尔纳·海森堡（Werner Heisenberg）所构筑、能够处理微观物体的运动关系的新物理学——量子力学——出现了。量子力学大大打破了以往的常识，并由此启发了各种各样的科幻新想法。

拉普拉斯妖

所谓的拉普拉斯妖，指的是一种能够观察宇宙间一切事物并且知道其未来状态的假想性存在。基于经典力学原理，理论上我们可以对任何物体的运动进行严格计算，因此只要掌握了所有原子的运动信息，就完全可以通过计算得知之后发生的事情。法国的数学家皮埃尔-西蒙·拉普拉斯（Pierre-Simon Laplace）假设有这样一种能够预知未来的存在，并将其称为拉普拉斯妖。后来，量子力学否定了拉普拉斯妖的存在。

薛定谔的猫

在量子力学中，科学家们认为粒子在被观测到之前以各种不同的状态同时存在。埃尔温·薛定谔设想了一只“被放入根据粒子不同状态会产生毒气的箱子中的猫”作为模型，他断言“在箱子闭合期间，里面的猫既活着同时又死了”。在科幻小说中，这个词也被用来指代真实存在性尚未确定的幽灵般的存在。

第二章

巨型建筑

太空电梯

Space Elevator

太空电梯 = 同步卫星

太空电梯又叫作轨道电梯，它是一个巨大的直接连接行星地表和卫星轨道的柱状人造结构，一个巨大的“同步卫星”。之所以被称为“同步卫星”是因为这个巨大的人工造物会始终停留在行星地表上空的固定位置，以与行星自转相同的速度围绕行星旋转。太空电梯最好从赤道正下方向上建设。

太空电梯的建设方案之所以会被提出，是因为现行的火箭及航天飞机中使用了太多一次性零部件，运行成本过高。

第一位提出太空电梯方案的人是苏联科学家、“火箭之父”康斯坦丁·齐奥尔科夫斯基。他在1895年发表《大地和天空的梦想》（*Dreams of the Earth and Sky*）的文章，指出在地球赤道表面建设一座能够抵达地球静止轨道的巨塔的可能性。

太空电梯和空中都市

虽然被称为“电梯”，但太空电梯并不像我们日常中的普通电梯一样作为一种滑轮和笼子的组合结构用以运送货物。一般情况下，它会像磁悬浮列车一样成为一个同时承载多辆运输车沿着导轨超高速移动的系统，或像一个索道一样成为承载多个吊舱往返的通道。

考虑到太空电梯可能成为连接行星地表与卫星轨道之间的运输装置，它与一般的运输火箭等手段相比有以下几个主要优势：

- 通过电力等能源到达卫星轨道的车辆或吊舱等容器能够获得很大的势能，在返回地表时可以通过势能发电或增设电力再生制动器等手段，回收在上升过程中消耗的大部分电力能源
- 运输过程中所必需的电力能源可以通过运输容器的表面实现太阳能发电作为保障手段
- 运输容器本身并不需要安装推进器，因此也无须装载危险的化学燃料
- 从卫星轨道返回地球表面时，也无须考虑如何进入大气层的方案

也就是说，我们可以通过太空电梯实现低成本且安全地运送物资或人员等目的。

科幻作品中的太空电梯从1979年开始便不约而同地相继出现，比如在查尔斯·谢菲尔德（Charles Sheffield）的作品《世界之间的网》（*The Web Between the Worlds*，1979）和亚瑟·查理斯·克拉克的作品《天堂的喷泉》（*The Fountains of Paradise*，1979）中，几乎是各自独立地提出了基本相同的设想，它们可以作为太空电梯出现的最初的例子。

在那之后，从地面直达天际的巨大柱状物给人留下了深刻又直观的印象，因此在动画《宇宙航母蓝色诺亚》和《机动战士高达00》等描写未来宇宙的日本科幻作品中，太空电梯成了让读者们熟悉的固定装置之一。

存在的问题

虽然太空电梯有前述的众多优点，但一方面因为技术限制，另一方面出于安全考虑依旧有以下问题存在：

- ⊙ 太空电梯的结构本身从高强度方面考虑需要硅晶须和碳纳米管等材料，但以目前的技术手段难以生产合适尺寸的零部件
- ⊙ 虽然在卫星轨道上已经存在宇宙空间站等基础设施，但如果在卫星轨道与地球表面之间没有足够的运输需求的话，从成本上来讲是不值得建太空电梯的
- ⊙ 因其巨大规模而有可能成为恐怖袭击的对象并且现阶段难以拿出合适的对应方案
- ⊙ 难以抵御空间碎片或陨石的撞击
- ⊙ 因为事故或恐怖袭击等原因被摧毁后，可能会对坠落点造成前所未有的灾难

以上问题无论哪一个都是对于突破常规的巨大人工建筑物来说难以避免的问题，而且以目前的技术手段来说难以得到合理充分的解决方案。即使在科幻小说中，金・斯坦利・罗宾逊（Kim Stanley Robinson）的作品《火星三部曲》系列里也有描绘为了火星移民而构建的太空电梯被不断摧毁和重建，并因此造成了巨大破坏的情节。

空间站

Space Station

巨大的人工建筑

宇宙开发

宇宙飞船港

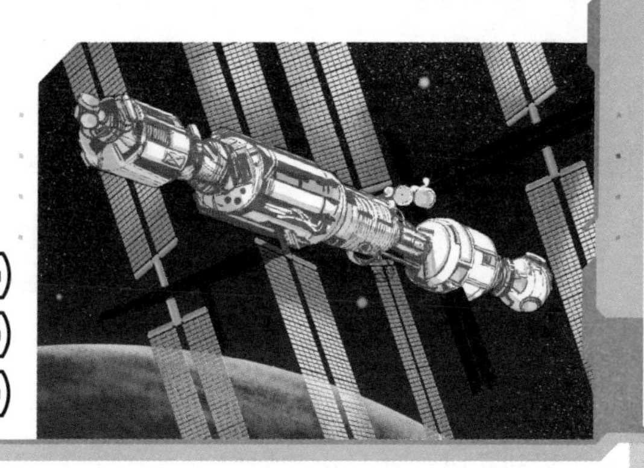

慢慢下落的空间站

空间站是安装在行星的卫星轨道上的人工建筑。从现实层面讲它的主要用途是供人类居住、观测天体、生产在无重力状态下可能生成的物质等，但在科幻作品中它的主要用途是作为宇宙飞船在前往其他星球时的出入港口。

事实上，迄今为止人类建造的每一个空间站都在地球的卫星轨道上，它们通过围绕地球旋转产生的离心力抵消引力影响，借此漂浮在太空中。

因此，在引力和离心力相互平衡的情况下，空间站必须位于距离地表足够遥远的轨道上，而且即便如此也会由于大气阻力等原因一点点下落。因此我们必须通过定期喷射火箭发动机等方式，维持空间站所需要的轨道高度。

现实中的空间站

现实中的空间站包括由世界各国通过火箭发射的、各种不同的宇宙飞船船体的组合。不过在这种类型的空间站中，长期处于失重环境下的工作人员会面临骨骼内的钙质大量流失的问题。而为了让人体再次吸收到足够的钙质，则需要在地表停留相当长一段时间，因此以目前的技术手段来说，只能限制工作人员在空间站停留的时长。

另一方面，在过去曾构想过的空间站方案中，空间站主体可以成为像甜甜圈一样的环形结构，通过其旋转产生的离心力可以人工模拟出重力，以此来解决上述的钙质流失问题。

但这种设想由于空间站形状和大小的关系，只能考虑在地表制作其各模块部件再通过火箭发射上太空进行组装，而要实现这一组装过程就目前来讲是极为困难的。我们尚未实现在太空环境中建造空间站本体的目标。现实中真正存在的部分空间站如下：

空间站	所属国家	发射时间	解释说明
礼炮一号	苏联	1971 年	世界上第一个空间站
天空实验室	美国	1973 年	它是利用阿波罗计划剩余的零部件建造的一座空间站。由于太阳活动变得活跃，它在服役短时间后就坠毁了
和平号	苏联 - 俄罗斯	1986 年	它是礼炮计划的后续项目，由被废弃的联盟号飞船改建而成
国际空间站	世界各国	1998 年	它是一座由世界各国共同建造的空间站
天宫空间站	中国	2021 年	这是一座由中国自主研发并建造的空间站

补给和垃圾处理的问题

在维持空间站运行方面，最困难的点在于一边应对没有大气遮挡而无情倾射过来的宇宙线，一边要对人类生存所必需的食物和水等物质资源进行补给并处理与人类生活共存的各种垃圾等问题。

虽然空间站运行所必需的电力能源可以通过太阳能发电板来确保储存足够量，但饮食的供给在没有设置自给模块组件的情况下只能通过地面供应来维持储备。此外，特殊的水资源即便能够通过污水净化实现回收再利用也无法避免过程中必需的消耗，因此同样需要地面定期补给。更何况，从空间站内部的卫生管理方面来讲，长期滞留的空间站成员们也不可避免会面临到衣物，尤其是内衣裤的更换问题。而由于运送仅仅一杯水（200ml）的成本就高达20万日元，所以像洗衣服这种活动从成本上来讲是完全不能被接受的。为此，国际空间站（ISS）采取了将使用过后的衣物和生活垃圾填入用于运送物资补给的专用运输机中，然后在进入大气层时将其焚烧的粗暴手段。

在度过太空站充当进出宇宙时的前线基地的时期后，如果能够成为像系列作品《星际迷航》中出场的“深空九号”或《巴比伦5号》（*Babylon 5*）中出场的“巴比伦5号”一样，按照字面含义将空间站真正发展成“车站”一般的物流及交通中转点，那么这些问题大体上都会得以解决。但反过来说，在那样的中转运营进入正轨之前，如果不花费巨大的成本解决补给和垃圾处理问题，空间站就无法维持下去。

宇宙都市

Space Colony

漂浮在宇宙中的人类栖息地

因动画作品《机动战士高达》而被人们所熟知的宇宙都市（又称太空居民点、太空岛），原本是由美国物理学家杰拉德·奥尼尔（Gerard O'Neill）博士在一次与普林斯顿大学的学生们讨论交流时，受学生们的想法启发而提出的一种内部包含人类可居住空间的宇宙人造结构。

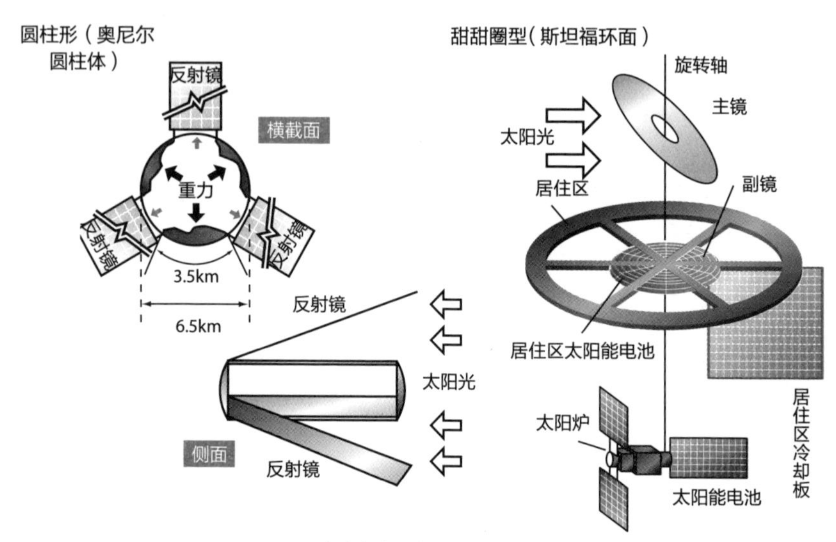

宇宙都市的各种设计方案

关于宇宙都市的形状，人们提出了圆柱形、球形、甜甜圈形以及小行星形等多种设计方案。除了小行星形以外，它们都是试图通过自身旋转的方式在内部产生离心力来模拟重力。这种离心力的大小取决于旋转部分的直径和旋转速度。因此宇宙都市中的“伪重力”可以通过调整旋转速度的快慢来实现自由调节。由于需要维持直径几千米甚至几十千米的巨大人造结构稳定旋转，因此在旋转控制系统、结构体本身强度的保证以及对结构体自身的维护等方面都需要花费很大的成本。此外，为了让巨大的人造结构稳定存在，宇宙都市最好设置在地球与月球的5个拉格朗日点上，即地球与月球的引力互相平衡的区域。

如右图所示，除了L1点（第一拉格朗日点）之外，其余4个点都位于地球与月球连线的外侧，这些位置对于物资运输甚至宇宙都市本身的建设来讲都比较困难。但考虑到除地球和月球以外其他天体引力所产生的扰动影响等，一般认为与地球、月球形成三角结构的L4、L5两个拉格朗日点是较为理想的宇宙都市建设用地。

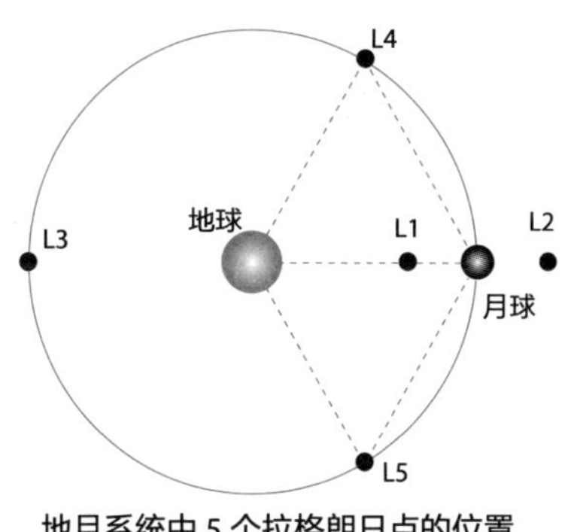

地月系统中 5 个拉格朗日点的位置

建造和维护中的各种问题

建造和维护一座宇宙都市的最大阻碍在于期间产生的成本问题。

举个例子，宇宙都市的建筑材料、供给人类生存居住所必需的大量水和氧气等，都需要从其他地方运送补给。虽然在《机动战士高达》中有描写这样的情节：从木星上采集氦气后通过船队送进宇宙都市，再从小行星带中采集较大的岩块作为宇宙都市的建筑材料，但如果不具备进行这种程度作业所需的技术水平的话，宇宙都市的建设工作基本毫无指望。

更何况，为了使人类能够在宇宙都市中生存下去，还需要在都市内构建自给自足的食物系统、生活废水的回收-净化-处理-再利用系统等，无论哪个系统都需要大量的水资源供给。此外，为了让数以万计的居民们能够在没有遮蔽的宇宙空间中安全存活，我们还必须在保证能够获取到充足的太阳光的同时，完全屏蔽掉对人体有害的宇宙线。再者，应对陨石和太空碎片、宇宙垃圾等危害的措施也必须得到长久有效的执行。

虽然宇宙都市需要巨大的建造及维护成本，但在科幻作品中也经常出现这样的设定。例如在克拉克的《与拉玛相会》（*Rendezvous with Rama*，1973）系列作品中，一个由外星人建造的圆柱形宇宙都市“拉玛”从外太空两次进入地球圈，并与地球人接触。

戴森球

Dyson Sphere

弗里曼·戴森

环形世界

超级技术

戴森教授的设想

戴森球是由理论物理学家弗里曼·戴森（Freeman Dyson）假想出的包围母恒星的超巨大球形结构。戴森教授本人也因其比科幻小说家更开放的思想而被人们熟知。

戴森教授注意到太阳系中最大的能量源——太阳所产生的太阳能几乎都被浪费在广阔的宇宙空间中。为了能够最大限度地使用这些能源，戴森教授提出了通过建造无数人造行星的手段将太阳严密包裹起来的想法，后来这个想法被人们理解成一个包裹着太阳的外壳。这个天马行空的想法对科学家们和科幻小说家们都产生了巨大影响，人们逐渐称其为“戴森球”。

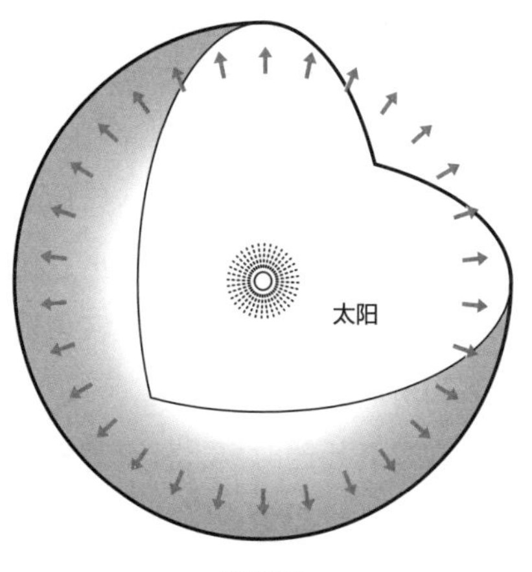

戴森球

制造戴森球需要花费大量材料。据说要想成功建成戴森球，必须将太阳系最大的行星——木星拆卸利用。而等科技发展到能够真正开工建造，也将是很久以后的事了。

戴森教授也同样认为，以人类目前的技术来说还远不到建造戴森球的水平。但他同样认为，应该有一个高度发达的地外文明，出于类似的思考可能正在建造戴森球。

戴森球也存在着缺点——由于高效储备太阳能，其内部会积蓄大量热能。因此人们认为有必要通过向外界辐射红外线等手段释放部分能量。戴森教授则主张可以通过探测非自然的红外线辐射来寻找正在构建戴森球的地外文明。

事实上，包括日本在内，世界各地天文台都曾探索过构建戴森球的文明是否存在，但目前尚未找到任何能够支持戴森教授假说的证据。

环形世界：戴森球的发展形式

拉里·尼文在其科幻作品中创造了一个巨大的环形世界作为戴森球的一种发展形式。尼文认为戴森球作为一种居住空间具有很大的缺陷。一方面，居住在戴森球内部时看不到夜空；另一方面，戴森球内部很难创造出重力环境。

因此尼文想到将戴森球切割成环形建筑，从而创造出了环形世界。在尼文的设定中，环形世界应当是一个宽约160万千米，直径几乎与地球公转轨道相等的环形建筑。并且在建筑两个边缘都建有高达1600千米的墙壁，以防止空气逸出。此外，还能依靠环形世界的旋转创造出人类所需的重力环境。

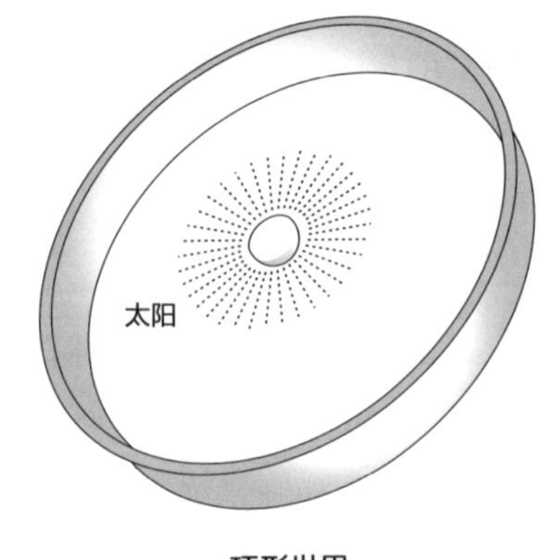

环形世界

在最开始的时候，戴森教授提出戴森球的设想是为了能够最大限度地活用太阳能资源，而不是将其作为居住空间考虑的。而与戴森球不同，在环形世界的建筑里会有非常多未经利用的太阳能资源逸散到宇宙中。因此，尼文对戴森球的设定可以说是与戴森教授原本的出发点相去甚远了。

即便如此，像环形世界这样的空间结构作为宇宙冒险的舞台简直再合适不过。更何况，虽然这种巨大的建筑物一般是由地球上的人类建造出来的，但也可能会遇到由外星人建造的情况。比如，尼文提出的环形世界就是一种由外星人在远古时期建造的巨大建筑。在这种情况下，建造环形世界的外星人的真实身份和目的等谜团也可能成为与剧本主题息息相关的主干设定。

地下都市

Geofront

城市开发

巨型建筑

末世

建在地下的巨型城市

地下都市作为一种城市开发的方式，指的是在从未使用过的极深的地下挖掘出巨大空间并在那里建设与地面相同的城市。

在过去，泡沫经济发展到顶峰的日本曾制定了一部名为《大深度地下公共使用特别措施法》的法律，并于2001年开始实施，它被视为一种能够解决首都地区用地困难的特别手段。从那以后，虽然还未达到建造地下都市的程度，但地下通道及公共沟渠等地下40米或更深层空间的公共建设得到了充足的发展。

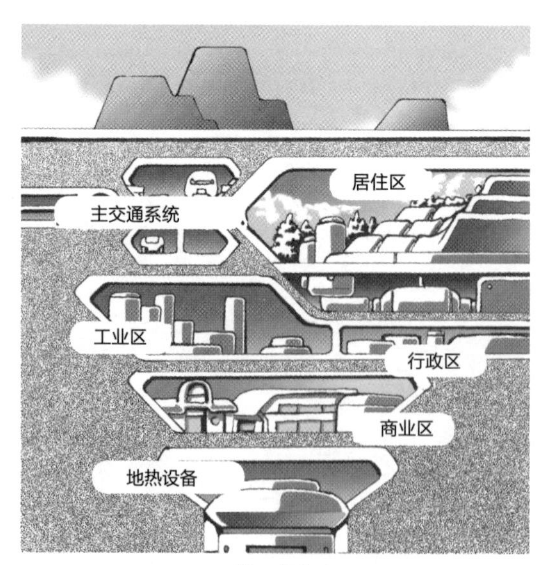

地下都市

在美国和苏联发生激烈冲突的时期出现的科幻作品，如动画《宇宙战舰大和号》和手冢治虫的漫画《火之鸟·未来篇》等，都描绘了一种类似于地下都市的核避难所。在那之后，1989年美苏冷战宣告结束，像这种描绘核避难所主题的经典地下都市类科幻作品也销声匿迹，潮流转向了像动画《机动警察》一样以一种更加积极的方式探索地下都市开发计划的故事情节。在近些年来世界各地涌现出的大受欢迎的科幻作品中，也有像休·豪伊（Hugh Howey）的《羊毛战记》（*WOOL*，2011）这样的作品，它描绘了地下144层的人类生活，地下都市成为废土世界中人类最后的堡垒。

围绕地下都市的诸多问题

就像这样，顺应时代发展及事物状况的演变，人们对地下都市的印象也发生了很大转变。目前大众印象中的地下都市应当具备以下设备：

- ⊙ 由金属部件组合而成的，能够承受超高土压的空间结构
- ⊙ 为应对不断渗出的地下水和外界流入的雨水而准备的强力排水泵
- ⊙ 促进地下空间内部通风和空气循环的大型换气系统
- ⊙ 由使用光纤的光导装置和强力电灯等构成的内部照明系统

为了保证城市的正常运转，地下都市往往需要产生比地上都市更多的能源消耗，并且需要在任何情况下维持稳定且充足的能源供给。在失去太阳光照射又难以依靠植物光合作用进行能源交换的地下空间内，能够稳定供给新鲜空气的换气系统与防止地下空间被从墙面和地表渗入的水淹没的排水泵一起构成了保障生命的重要设备。此外，又因为地下空间无法受到太阳光的直射，所以有必要构建昂贵的照明系统，如以某种形式全天开启的电灯，或通过光纤从地面导入太阳光。

除此之外，对于地下都市来说垃圾、污水及地热的处理也很麻烦。在极深的地下，原本因地压产生的热量就很高，再加上人类活动也会产生相应的热量，为了维护人们的居住环境，这些热量必须以某种恰当的

形式释放到地表。还有垃圾和污水在地下处理的成本管控也非常困难，即便选择到地表处理的方式，从地下运输这些数量庞大的垃圾及污水污泥等到地表的成本也不容小觑。

当然，以人类目前的技术手段，地下都市的这些问题都可以在一定程度上得到解决。但是解决过程中，会在能源消耗及人工费用等方面产生沉重的成本负担。因此无论在现实层面还是在科幻作品中，对于一个大规模地下都市的建设及其存续，都需要给出充分的理由使人们接受前期昂贵的建设成本，以及后期不菲的维护成本。

海上都市

Floating City

人工岛

超大型浮体结构

波力发电

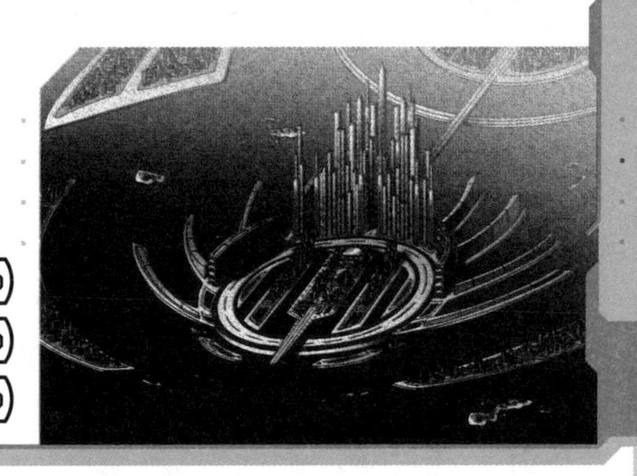

城市和港口的再开发

对于因过度开发和密集化发展而陷入用地困难的港口城市来说，作为再开发对象的港湾区域被称为滨水区。城市对滨水区进行再开发时，会先在近海建造人工岛，然后在人工岛上建造能够替代滨水区所承担的各种功能的海上城市并迁入其中，最后再对成为空地的滨水区进行二次开发。人们能够对大型船舶难以入港且无法应对新型货物流通的滨水区进行升级，使其实现更加高效的发展；此外在人工岛建设的基础上还能够对滨水区的土地进行二次开发，以获得大面积的发展用地。

因此，人工岛和海上都市相结合的再开发方式已经作为港口城市的再生手段被广泛使用。下表列举了几处有名的人工岛：

名称	位置	建造方法 / 特点
六甲人工岛	日本	填海造地
三光岛	韩国	浮岛结构
朱美拉棕榈岛	迪拜	填海造地

在这些人工岛，尤其是六甲人工岛的开发建设中，除了有通过人工岛和港湾再开发手段确保用地之外，还将采集完人工岛填埋所用沙土的山中采石场遗迹开发为大规模住宅用地，这是一个以确保城市用地为目标的一石三鸟的大胆项目，甚至对之后全世界的港口城市再开发项目产生了深远影响。

说到滨水区，人们的印象往往是不再使用的旧仓库，这恰好反映了在这种港口城市再开发过程中将主要设施转移到人工岛的结果，也就是说此前一直使用的旧港湾区域这一“仓库”变得不再被人需要了。

另一方面，科幻作品中的海上都市并不是由沙土填埋建造的，它们一般由巨大浮体模块组合连接，构成一种可移动的超大型浮体结构。

超大型浮体结构在现实中是我们正在研究和进行实证实验的技术。这种建筑方式的优点是移动以及模块单位间的组合、分离相对容易，并且与填海造地相比也更容易应对地基下沉的问题。

因此，科学家们也考虑到通过各浮体模块之间的浮力调节等方式，使其更容易保持水平，更容易建造跑道。利用这一点，可以使其具备机场和宇宙港的功能，或成为太空电梯连接地面一侧的终点，减轻太空电梯建设过程中所面临的压力问题。

海上都市的动力源

关于海上都市或人工岛等建筑的能量供给源，日本正在进行实用研究的有利用海面波浪产生的势能落差进行发电的波力发电、利用潮涨潮退进行发电的潮汐发电以及风力发电。

⊙**波力发电**：具有一定的限制，如果没有将发电站建设在有一定高度以上、波浪不断涌来的地方的话，就无法获得持续稳定的电力。但是在相同面积的前提下，它具有与太阳能发电相比高出数十倍的发电能力，因此即使在面积狭小的小型人工岛上，也可以利用岸壁部分和防波堤等优势地形获得非常大的电力，这也是它最大的优点

- ⊙ **潮汐发电：**因为将月球引力作为动力源，所以具有能够根据月相变化准确预测当日可获得电量的优点
- ⊙ **风力发电：**与太阳能发电相比，具有在相同面积下发电能力更大的优点。而且在不容易受地形影响随时可能刮大风的海上都市中，还可以期待比一般陆地上风力发电装置更加稳定的发电效果

当然，在海上都市也可以使用太阳能发电。只不过为了展开巨大的太阳能电池板需要有充足的建设面积，并且存在应对恶劣天气能力弱等问题，只能作为辅助性的发电手段。

海底城市

Undersea City

海洋牧场
机器人
海洋污染

比太空更恶劣的环境

海底城市，正如名字一样，指的是建在海底的城市。

海底的水压随深度增加而不断加强并且几乎无法被太阳光照到，原本是非常不适宜人类居住的地方。但这里可以利用海底火山等地热能和上下层海水的温差进行发电，同时也是便于采集和利用海洋资源的场所。

特别是在海洋面积较大的类地行星上，有时海洋比陆地更便于采集矿物资源，因此也可以考虑在海中设置开采基地。而像这样建设的海底城市或海底基地，在供给人类居住的建筑上必须全部使用特殊的耐压结构。如若不然，就会被高水压和洋流等产生的压力冲击，最终因压力引起的变形和金属疲劳等原因导致结构损坏。在这样的建筑中，内部气压管理也是一个难题。进出口使用的气阀必须具备耐压和防止漏水的功能，而在进出海上设施时还需要能够调整气压的特殊设备。

更何况，在海底环境下只要有一处漏水就可能出现致命危险，因此有必要在应对渗水、漏水的方案中足够敏感。以潜水艇为故事背景的电影作品里，有很多在战斗中因零部件松动等原因导致各个管道和阀门不断喷水的描写，这绝不是夸大其词。举个例子，在1000米深的水下，每平方厘米都需要承受相当于100千克的巨大压力。

也就是说，乍一看比太空更亲近的海洋作为人类生存环境，实际上有着远比太空更残酷的一面。

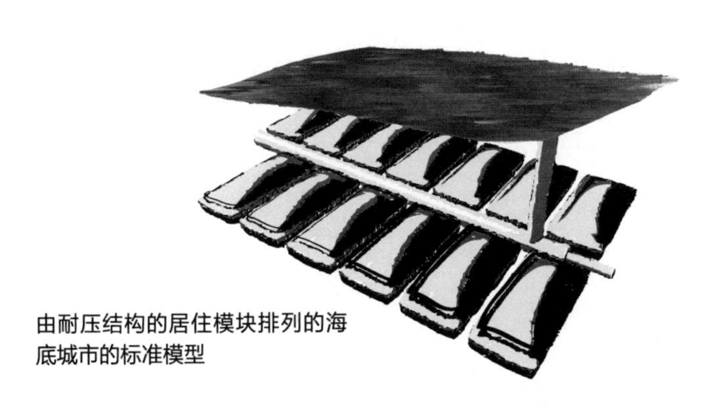

由耐压结构的居住模块排列的海底城市的标准模型

海底城市中的设备	具体说明
气阀	用于分隔外部和内部的区域
耐压黏胶	连接模块的结合处等部位的密封材料
海水淡化装置	通过过滤海水来提取人类生存所必需的淡水
太阳能聚光传输装置	将海上建筑中收集到的太阳光通过光纤传输到海底
制氧装置	通过电解水等手段制备氧气
二氧化碳吸收装置	通过化学反应等手段对二氧化碳进行吸收和固定
气压调节室	在海上或海底城市中移动时，用于调节身体压力差

科幻中的海底城市

在科幻作品中，以海野十三的《海底都市》（1947）和亚瑟·查理斯·克拉克的《深海牧场》（*The Deep Range*，1957）为先驱，以海底城市为背景的作品在1960年到1970年间盛行开来，如光濑龙的《宇宙年代纪》系列，其中出现了漂浮在木星海洋中的“浮游生物城市”。这些作品大多描绘了依靠海洋牧场解决粮食问题等光明正向的未来。话说回来，在这一时期的作品中也有不少描绘人类通过肉体的机械化，实现用鳃呼吸和承受高压等可能性，以此来适应残酷的海洋环境的情节。

与之相对的是，1980年以后描写海底城市的作品大多转向了反映1970年之前各种海底混乱开发的后果，有关海洋污染及破坏的作品亦有所增加。

天空之城

City in the Sky

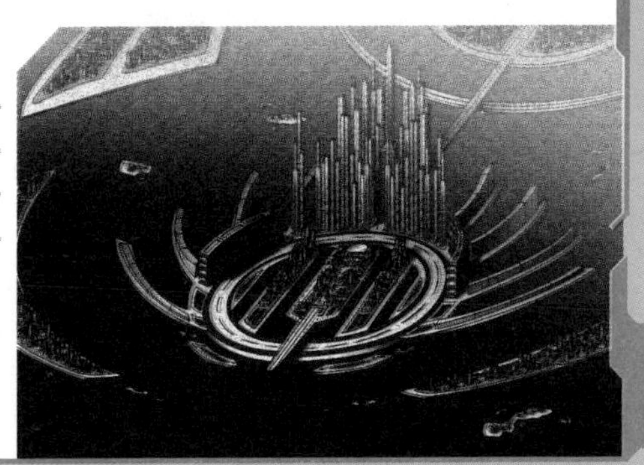

反重力

太空电梯

选民思想

飘浮在空中的城市

在乔纳森·斯威夫特（Jonathan Swift）的《格列佛游记》（*Gulliver's Travels*，1726）中有所描写，其后又在众多作品中登场过的天空之城，无论从技术角度还是从经济角度来看，都是一个极难实现的城市幻想。

如果要解释原因的话，无论是让一座巨大且沉重的城市结构漂浮在大气中，还是使其移动或停留原地，所有这些都需要花费大量的能量。

在科幻作品中，作为使城市悬浮空中的手段有以下几种：

- 将气囊（气球）和城市结构连接在一起，利用浮力使城市上浮
- 在城市下方使用柱状结构进行支撑
- 通过反重力装置等动力结构，使城市在不借助外力的情况下实现上浮
- 通过太空电梯等方式，从卫星轨道上将城市结构悬挂下来

第一种使用气囊（一个注入比空气轻的气体的气球）的方案在可行性上比其他几种更为有利，因为它使用的是人类现有的技术和设备。但是，受气囊浮力的限制，使用这种方式对建筑物自身的重量有严格要求。

第二种方案从某种意义上来说是由技术出发的正面解决方案，但对

于基础部分的构造、柱子的强度以及柱子的数量等方面还需要投入大量研究。

第三种方案则可以实现一种非常理想的天空之城的状态。但以目前的科技水平来说，我们没有一种足够强劲的动力源用以支撑一座城市长时间地悬浮在空中。

第四种方案指的是将城市上浮的锚点放在太空电梯本体之上，也就是比静止卫星轨道更高位置的一个大质量中心，并通过其产生的离心力使城市实现上浮。这种方案的一个极大的优点在于，只要太空电梯建成，就不再需要除了修正和维护自身以外的能源消耗。也就是说，城市的高度是由太空电梯上方连接的锚点所产生的离心力与地球对整个太空电梯作用的引力相互影响、相互抵消后决定的。由此可见，这种城市由太空电梯拉起的方式，几乎不会在城市上浮中产生能源消耗，是最合理的一种解决方案。

此外，以天空之城为背景的作品中有一个明显特征，那就是城中住民们的选民思想，即看不起地面居民认为自己高人一等的想法。但是，这种选民思想无论在哪部作品中都无一例外地被颠覆了。

以下列举了部分以天空之城为背景的著名作品：

城市	作品	动力类型
拉普达	《天空之城》	飞行石
云城	《星球大战》	反重力装置
萨雷姆	木城雪户《铳梦》	悬挂于太空电梯
空中都市阿特拉斯	池上永一《香格里拉》	建筑结构的下方支撑
巨型都市巢穴	长谷川裕一《钢铁猎人》	在树上建构的都市群
空港	菲利普 · 雷夫《移动城市》系列	悬挂于巨大气球之下

树上都市

作为天空之城的变种之一，树上都市是一座建造于超巨大的树上的城市。

不过，地球上无法自然孕育出能够成为一座城市基础的超巨大树木。因此，如果想要让这种城市在现实中出现，那一定需要应用到某种生物技术的产物。

在科幻作品中，虽然少但还有一些未来世界的设定将大树作为主体，地球因战争等原因促使大树进化填满了地表，人类不得不转移到树上生存。

移动城市

Movable City

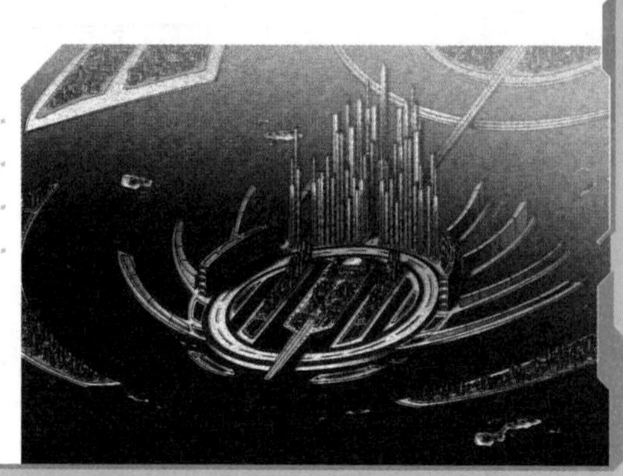

（末世）

（穹顶城市）

（隔离环境）

自行走城市

虽然在科幻作品中描绘了不少奇形怪状、构造迥异的未来城市，但其中最为特别的应该还是移动城市。这种类型的城市建构于由金属或混凝土材料打造的人工地基上，又在这些人工地基之下安装各种各样的行走装置，使城市具有能够在陆地上移动的能力。

不知是否由于这种异样的光景总能刺激到作者内心，从很久以前开始就不断有各种各样的作品以未来世界为背景尝试描绘移动城市的姿

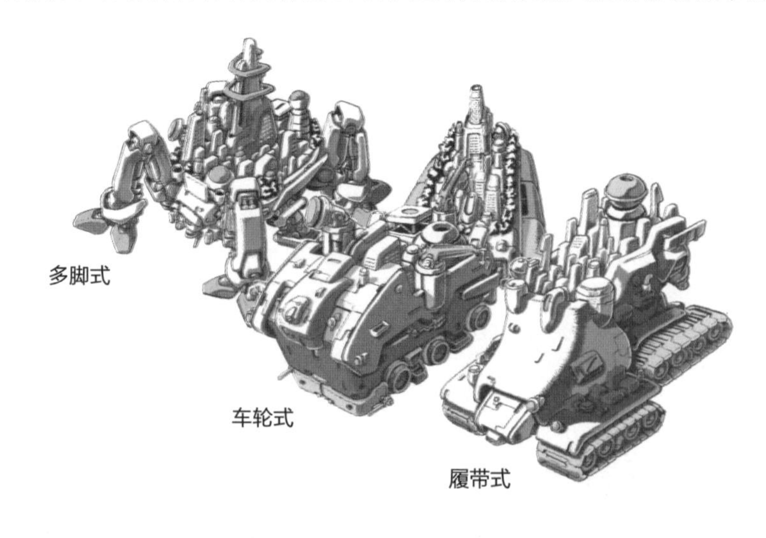

态。而这些作品几乎无一例外，都选择了因长期战争等原因而极度荒废的世界作为故事背景。

为了逃避成为荒土的地表环境和各种自然灾害，也为了寻求稀少的生存所需资源或出于通商贸易的必要性，移动城市被描绘为一种能够环游世界的流动庇护所。

不过，根据作品不同这些城市的移动方式千差万别，具体例子如下所示：

- 通过铁轨，平均每年移动58.7千米（克里斯托弗·普瑞斯特《颠倒的世界》）
- 乘着无数的履带进行移动（菲利普·雷夫《移动城市》）
- 通过“多脚结构”走遍世界（雨木秀介《钢壳都市雷吉欧斯》）
- 通过一种叫作剪影引擎的装置使城市结构上浮，再通过一种叫作剪影猛犸的装置牵引城市移动（动画作品《帝皇战纪》）

科幻作品中出现了齿轮、履带、多脚移动腿和浮力等各种手段，几乎穷尽人类想象。而产生这种极端多样结果的原因之一是，在现实生活中，我们几乎没有建造流动城市的可能和需求，因此作者想象力不受任何现实中的实际存在或计划的影响。此外，作品中不仅描绘了城市的移动方式，还对城市的自身构造做了很多设定，比如将封闭式穹顶城市置于人工地基之上进行移动，或者将普通的高楼及住宅等置于人工地基上，有的甚至将整个移动城市描绘为一个巨大的整体建筑，形式多样，纷繁复杂。在大多数以移动城市为故事背景的作品中，这种城市的异样感与日常生活的平凡感之间形成的反差，正是故事发展的重要推动之一。

科学文明发展到巅峰期的产物

对这种移动城市进行描绘时，最大的问题在于动力源。想要使一个质量为数千吨、数万吨甚至数百万吨的城市在陆地上移动，再加上城市中粮食生产系统和维持城市生活环境等所需的能源消耗，其动力源必须能够持续且长期地提供庞大的能源输出量。因此，许多作品选择能够长期恒定地供给大功率能源的核反应堆作为动力源。移动城市的背景多被设定为世界大战后的末世荒土，其动力源被视为战前人类科学文明发展到顶峰时的先进技术产物，由于其生产技术及设备已经丢失，尽管可以用“现在”的技术进行维护，但无法复制或再现其主要构成部分。有些作品中还描绘了某种荒废的无人移动城市，由于某些事故或设备老化等原因失去了动力源，城中居民因传染病而全部死亡。

穹顶城市

Dome City

防护城市

环境污染

反乌托邦

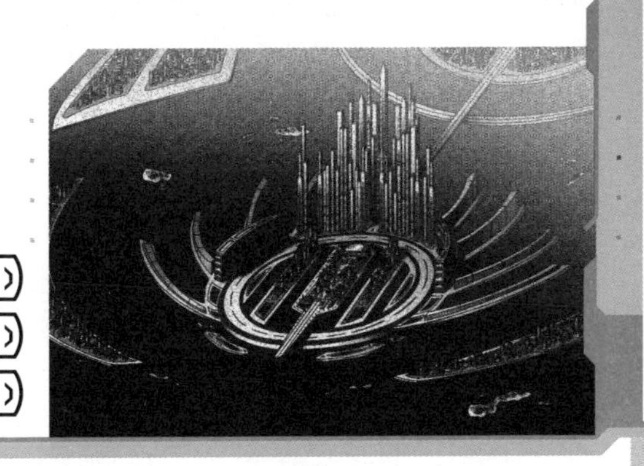

被封闭的城市

穹顶城市指的是将主干部分封闭在一个或多个圆顶结构中的封闭城市。

追究其根源可以找到虽然穹顶没有覆盖到整个城市，但在城市外围用层层城墙包裹以防御外敌入侵的古代中国或中世纪欧洲的城堡城市。

在科幻作品中，像艾萨克·阿西莫夫的《钢穴》（*The Caves of Steel*，1954）和罗伯特·布洛克（Robert Bloch）的《偷窥预告》（*Sneak Preview*，1959）一样，建造穹顶城市的目的是为了防止未发现治疗方法也无法预防的病毒侵入城市或为了保护人类和人类文明免受因核战争污染而发生剧烈变化的自然环境侵扰，这是一种诺亚方舟式的危机隔离模式。还有像萩尾望都的《银河娇娃》一样，建造穹顶城市是为了在地形不合适或开发十分困难的行星上为人类提供早期的居住空间，这是一种进取式的开发模式。这

开拓行星上的穹顶城市

两种模式是科幻作品中对穹顶城市进行塑造的常规模式。特别是第二种模式，我们可以在动画《超时空要塞7》和《超时空要塞F》中看到巨大的移民宇宙飞船在穹顶城市中被建造出来，又在到达目的地降落后就那样作为一座新的城市使用或通过将其拆解再利用的方式迅速建造一座新的穹顶城市。从这一点可以看出，无论穹顶城市是否具有推进器，它都是一个具备循环处理系统、能源系统和严格气密系统等类飞船结构的封闭环境。

被打破的壁垒、被眷恋的安宁

就像禽流感病毒和口蹄疫等家畜传染病是新闻报道的热点话题一样，一座没有设置特别屏障和隔离的普通城市实际上不可能完全隔绝候鸟等野生鸟类和小动物们携带的细菌及病毒等病原体。

想要完全防止细菌和病毒的入侵，除了从物理层面将城市自身与外界彻底隔离，构建密封结构，用多层过滤器过滤完空气和水之后，再用紫外线等手段对其进行彻底的灭菌处理以外，没有其他可靠的处理方法。

因此在科幻作品中，防疫问题往往是故事背景里建造穹顶城市的动机。不过在这类作品中，长期贪恋安宁的后果往往是这种被视作铜墙铁壁的屏障因疏忽大意和失误而被打破，导致细菌和病毒在城市内疯狂蔓延。此外在另一种从剧变的自然环境中保护居民的作品模式中，也有描写因保护过于完美，居民在城市内部耽于享乐、贪图安宁，最终导致对外部世界变得不感兴趣，从而丧失人类作为生物物种的活力这种情节。

也就是说，一个完全封闭的穹顶城市有可能成为保护濒临毁灭的人类文明的最后堡垒，另一方面也可能由于其居住环境的舒适性和完美的封闭系统，导致其成为剥夺人类物种活力的最糟糕的乌托邦或反乌托邦世界。

电影《僵尸世界之战》（*World War Z*，2013）中层层叠摞的僵尸最终越过屏障，谏山创的漫画《进击的巨人》（*Attack on Titan*）中原本保护人们不受巨人伤害的城墙突然被特种巨人打破，像这类故事中“墙”被很灵活地赋予各种含义，为故事情节发展带来了紧张感。

另一方面，为开拓行星而建造的穹顶城市即使在城市结构方面与上述例子相同，其性质也与它们有根本性差异。

这是因为，那些为开拓行星而建造的穹顶城市是人类的新开发基地，是人类不断扩张和前进的开拓线，是人类向整个被开拓星球积极进行开采和开发的基点及大前提。虽然为了保护生活在未开发行星环境下的居民，这些城市也同样构建了封闭的环境系统，但从本质上讲，这些城市是人类离开原星球进行探索和传播文化的设施，而不是被封闭在原地的保护装置。

世代飞船

Generation Ship

移民飞船

低温休眠

超光速

脱离太阳系

世代飞船是以向太阳系外进行移民为目的建造的移民飞船。太阳系外有一个未知的广阔空间等待我们探索，而移民飞船正是向其他行星系统进发的手段。

然而“脱离太阳系”说起来容易做起来难，其他恒星距离地球实在过于遥远。即便是最接近太阳系的比邻星（半人马座α星C）也有约4光年之远，那意味着即使以每秒能绕地球7周半的光速前进也需要4年的时间才能到达。以人类目前的技术水平来说，需要几万年的时间才能真正抵达比邻星。

就像这些描述一样，星际移民需要跨越的距离往往以天文数字进行计算，如果人类的科技水平能够实现虫洞跃迁等超光速航行，那毫无疑问移民飞船也能够轻松抵达其他恒星了。只不过这些宇宙航行方法在现阶段科学体系中，从理论层面上依旧被认为是不可能的。而与此相对，让宇宙飞船的飞行速度无限接近光速则有可能实现。在这种前提下，花费几年甚至几十年的时间也可以抵达其他恒星，实现人类宇宙旅行的梦想。然而，宇宙飞船的运行同样需要庞大能量支撑。而且在接近光速的情况下，一旦宇宙飞船与太空中其他物体相撞，可能会导致飞船受到严重损伤。

除了这些采用超高速航行的飞船，还有被称为世代飞船的移民飞船。这种飞船能够承载数千名移民，然后花费数百年甚至数千年的时间向目的地航行。当到达目的地时，飞船上的船员们已经不知是第一代船员的几世子孙了。因此这种需要以跨越几代人为前提进行航行的宇宙飞船被称为世代飞船。

虽然在世代飞船中承载着数千名船员，但在正常进行太空航行时可能并不需要那么多船员同时操作。因此在低温休眠技术成熟时，大多数移民船员会在低温状态下休眠，不知不觉中随飞船一起向目的地前进。

太空孤儿

世代飞船可能产生各种各样的问题。例如，在这种隔离空间中生活很长时间的数千规模的人类之间，很可能会发生权力争夺。另外随着世代的船员更迭，飞船维护等方面的技术有可能失落。最糟糕的情况下，那些在世代飞船中生活的船员后代们可能会忘记自己是在宇宙飞船上，而相信只有飞船内才是真正的世界。罗伯特·海因莱因的小说《太空孤儿》（*Orphans of the Sky*，1963）正是描写这种文明崩溃后的宇宙移民飞船主题的作品。

采用低温休眠的宇宙飞船同样也存在问题。在大部分乘客休眠时，机组人员会以几年为单位轮流执行任务，但在一趟到达目的地需要数百年时间的旅程中，机组人员可能会在乘客休眠的时间里结婚生子，从而产生新旧机组人员的交替更迭。以此为前提，也可能会因为机组人员更新换代而导致相关技术逐渐失落。此外，休眠的乘客们和已经交替数代后的机组人员之间也可能产生想法或认知上的差异，不过这个问题应该在抵达目的地之后才会出现吧。罗杰·泽拉兹尼在小说《光明王》中描绘了移民飞船在到达目的地后，机组人员凭借技术，以神灵一样的姿态君临乘客的画面。

在世代飞船和采用低温休眠技术的移民飞船之间有一个共同的问题，那就是与地球的技术差距。在移民飞船启航之后，地球上可能因技术发展将虫洞跃迁和超光速等航行方法投入现实。当这些飞船花费数百年时间终于抵达比邻星时，可能会发现凭借地球上后来研发的各种超光速航法，星球附近已经有后出发但先到的移民们构建起的移民城市。我们不得不考虑到这些一代移民飞船上被时代抛弃的人们何去何从等各方面的问题。

移民飞船有如下所示分类：

名字	特征及问题点
超光速宇宙飞船	可以通过跃迁等超光速航行方法向远距离目的地运送移民。虽然能够实现短时间移民航行，但是否能够实现还尚未可知
亚高速宇宙飞船	以接近光速的速度将移民送往目的地。虽然在现实层面实现的可能性很高，但正如文中所写，其各种危险性也很高
世代飞船	需要花费很长时间，经过数代更迭实现运送移民的目的。正如文中所写一样有各种各样的问题存在
冬眠宇宙飞船（低温休眠宇宙飞船）	需要花费与世代飞船一样长的时间，不过大部分移民都是在低温休眠状态下完成旅行。其问题点可以参考 025 “低温休眠”所写内容
基因运载宇宙飞船	以遗传基因信息或冷冻受精卵等形式运送移民，然后在目的地重新发育为生命体。这里除了伦理问题以外，还存在许多生物学领域的技术问题

专栏 科幻用语集

麦克斯韦妖

这是一个由英国物理学家詹姆斯·麦克斯韦于19世纪提出的虚拟存在，它拥有降熵的能力。在被分成两个区域的相同温度的容器中，放入能够观测分子运动的麦克韦斯妖控制隔板，只允许速度快的分子通过并利用这种方式产生温差实现降熵目的。但事实证明，仅观测分子运动这一步骤就会产生能量消耗和熵增。

狄拉克之海

这是保罗·狄拉克（Paul Dirac）为了解决量子力学中出现的矛盾而引入的一种假设，他假设真空环境中充满了携带负能量的粒子，也就是说狄拉克之海指的是一个充溢着负能量粒子的真空环境。但以现在的量子力学发展水平来说，人们已经不再需要这个假设了。在光濑龙的《百亿之昼、千亿之夜》和动画《新世纪福音战士》等众多作品中都出现了这一设定。

夫琅禾费谱线

太阳光可以被光谱仪分解成多种颜色的光，这被称为光谱。约瑟夫·冯·夫琅禾费（Joseph von Fraunhofer）则在太阳光光谱中发现了暗线，也就是夫琅禾费谱线。柯南·道尔（Conan Doyle）在小说《斑点带子》（*The Speckled Band*, 1892）中以笼罩在夫琅禾费谱线上的阴云为主线，描绘了一场悲剧故事。在那之后，夫琅禾费谱线以一种宇宙异变前兆的形象被众多科幻作品采用。

斯特金定律

科幻小说家西奥多·斯特金（Theodore Sturgeon）发明了这样一个定律，他认为“无论什么东西，90%都是没用的”。实际上，这句话是对当时认为“科幻作品大多写得很垃圾”这一观点的回应。他以“评论家们拿9成的垃圾作品定义科幻作品是垃圾，但所有的文学、艺术中不都是有大概9成的垃圾吗”这种回应拥护科幻作品的地位。而现在这一定律出现了一种更加积极的解释，那就是只有在9成的平凡作品和失败作品的创作环境下，才可能诞生剩下那1成的名作。

第三章

生命

DNA 与基因

DNA and Gene

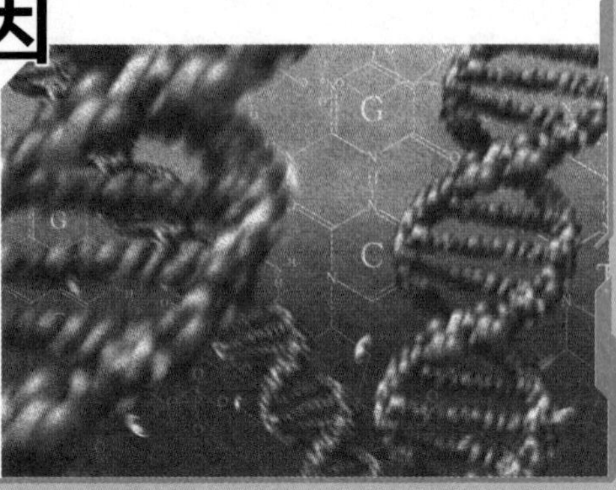

- 氨基酸
- 线粒体夏娃
- 基因突变

遗传物质 DNA

所谓的遗传因子指的是能够承担遗传信息传递功能的某种功能体，也就是我们常说的基因。人类在很久以前就知道有这样的功能体存在。那么，在众多生物体内承担这项功能的究竟是什么呢？自19世纪末开始，这一问题就成了生物学领域的重要课题。

细胞内的细胞器及各种各样的物质一直被认为是遗传信息的承担者，直到20世纪中期，奥斯瓦德·西奥多·艾弗里（Oswald Theodore Avery）利用肺炎链球菌进行了性状转换实验；阿弗雷德·赫西（Alfred Hershey）和玛莎·蔡斯（Martha Chase）利用以大肠杆菌为宿主的病毒——噬菌体进行了一系列生物学实验，这些实验证明了细胞核中包含的DNA（脱氧核糖核酸）才真正承担着遗传信息传递的作用。

众所周知，人类的DNA是一个能够延伸至两米的长链分子结构，并且呈现双螺旋结构。这两条双螺旋长链中，每一条长链都由五碳糖、磷酸和4种碱基即腺嘌呤（A）、鸟嘌呤（G）、胞嘧啶（C）、胸腺嘧啶（T）结合而成。这4种碱基的结合序列正是承载遗传信息的主体，它们中的任意三个连在一起表示的信息被称作密码子，代表一种氨基酸。严格来讲，生产氨基酸的并不是DNA上的密码子，而是从DNA上转录出来的称作mRNA［其中胸腺嘧啶（T）被尿嘧啶（U）取代］的中间物质上的密码子。而生物体内用到的氨基酸种类有限，仅有20种。由于四种碱基以三个组合并列的情况能够表示4×4×4共64种密码子结构，因此用来表示20种氨基酸已经足够。

线粒体夏娃

众所周知，DNA的碱基序列几乎会定期发生突变反应。根据这种突变加入DNA序列的历史信息，可以推断任意两种生物共同祖先的存在时间（即两者的分歧时间）。这种推断方式叫作分子钟。

分子生物学家艾伦·威尔逊（Allan Wilson）等人组成的研究小组通过分子钟对随机抽取的不同人种、地区、民族的147人进行了实验，结果找到了10万~15万年前在非洲的一位共同女性祖先。1987年1月刊登在权威科学杂志《自然》（*Nature*）上的这篇研究论文中指出，分子钟实验使用的不是核DNA而是线粒体DNA（作为细胞器的线粒体被认为曾经是一种独立生物，后被混入生物细胞内，因此拥有独立的遗传信息，而这种遗传为母系遗传），因此这位女性也被称为线粒体夏娃。

但这并不代表着线粒体夏娃是第一个人类。由于线粒体DNA只能由母亲传给孩子，因此即使有其他女性与线粒体夏娃身处同一时代，只要这些女性没有女性子嗣，她们的线粒体DNA也会消失。

线粒体夏娃仅仅代表了一位女性系子孙不断延续直到现代的幸运女性，除此以外再无其他。因此也有一部分人开始改称她为“幸运母亲”。

民族与基因

研究者们一般认为，以语言和文化进行区分的民族与基因遗传之间的关系是非常复杂的。虽然也有鼓吹纯血统主义民族论的人，但只要有其他民族的人生活在附近，就会有混血儿的诞生。最终，生活在没有地理隔绝的区域内的各民族之间，就应该不会产生比文化、语言等方面差异更大的基因差异。但英国的一项调查却推翻了这个结论。根据这项调查，英格兰人和威尔士人之间的基因差异确实非常大。实际上，这种避免与不同民族之间混血的观念意外地根深蒂固。

生物进化

Evolution

查尔斯·达尔文

DNA

中性进化学说

进化与变化

所谓进化（evolution）其实是指生物物种发生某种变化，从而诞生不同的物种，又称演化。

在现实的生物学领域中，这意味着生物在世代繁衍的过程中逐渐发生变化，最终经过漫长的时间成为另一种完全不同的新物种。

在任天堂游戏《宝可梦》（*Pokémon*）中，皮丘进化成皮卡丘再进化成雷丘，其种族值发生了改变，在某种意义上也可以称之为进化。

进化的综合学说

现在，生物学领域中研究进化的标准理论叫作现代综合进化论，又称现代达尔文主义。

现代综合进化论对进化过程的描述如下：

（1）发生基因突变；（2）这种基因突变在群体中发展；（3）这种基因突变的范围发展到足够大时使得该物种发生转变，成为一种与之前截然不同的物种。

与过程（2）相关的内容被称作“自然选择”。

自然选择是一种过程，这种过程有时也会被描述为“物竞天择，适者生存”。基因突变所引起的外在表现有可能会对生存产生不利影响，也有可能会对生存有益，这些有益的突变会随着后代繁衍保留下去。这种自然选择是查尔斯·达尔文（Charles Darwin）的进化论的核心思想，它也是至今几乎未被否定的一种进化的基本原理。

其他进化学说

进化这种想法并不是达尔文的独创。达尔文的祖父伊拉兹马斯·达尔文已经有了关于“生物由不同形式进化而来”的认知。当然更系统地描述这一认知的是法国博物学家让-巴蒂斯特·拉马克（Jean-Baptiste Lamarck）。拉马克提出的进化论（拉马克主义或拉马克学说）的理论基础是“获得性遗传”和“用进废退说”。该理论认为生物会自然复杂化地向前发展，在生命活动过程中经常使用的器官会更加发达，而变得更发达的器官的性状会被传递给后代。当然拉马克主义几乎被遗传定律完全否定，但生物向前发展这一概念却作为定向进化理论被古生物学家们继承。由于大角鹿的角过于巨大，对该物种生存尤为不利，因此有人认为除了自然选择之外，生物还具有明确的进化方向。后来人们又认为自然选择也能充分证明这一点，因此上述说法被否定了。定向进化理论的继承者中较为知名的有今西锦司，他提出了在种群社会需要发生变化时，该种生物自身开始转变的分栖共存理论。

还有一种进化理论是中性进化学说。基因突变并不总是给生物物种带来变化。现在我们已经通过研究了解到大多数基因突变都是“中性”的，几乎不会对生物生存造成影响。这就是中性进化学说。这种基因进化的中性学说衍生了一种叫作“分子钟”的测量方法（参考 050“DNA与基因”）。中性进化学说与自然选择学说并不矛盾，因为大多数基因突变对物种既不会产生有利影响，也不会妨碍生存，只有少数会产生巨大的影响。

表观遗传学

在过去的进化理论中，研究者们普遍认为“后天获得的性状不会遗传”，但近年来随着对表观遗传学这一领域的深入研究，上述观念逐渐被颠覆。即使生物细胞中的 DNA碱基序列并没有发生变化，细胞自身也会根据与基因表达调控相关的后天变化要素状态而发生改变。科学家们发现这些要素状态可以遗传。因为这一领域还被谜团层层包裹着，所以在科幻设定中有很大的发挥余地。

突变体

Mutant

新人类

环境污染

辐射

突变

突变体指的是携带突变基因的个体。

突变意味着表达出与亲本不同的遗传性状，这一概念最早由荷兰生物学家雨果·德弗里斯（Hugo de Vries）提出。德弗里斯在黄花月见草的栽培实验中发现有的个体遗传信息发生了变化，产生了一个新的物种，他将这种变化命名为“突变”，并于1901年开始主张这种突变是进化的原动力。德弗里斯的观点被总结为突变进化学说并引起众多争论，但现在已经被主流进化论所吸收。顺便补充一点，现在我们已经研究清楚，德弗里斯观察到的变化并不是“突变”。

1946年，美国的赫尔曼·约瑟夫·穆勒（Hermann Joseph Muller）发现可以通过X射线照射果蝇的方式，人为地引起突变。后来在遗传学领域中，这种人为引起突变并且进行观察的实验，作为一种研究方法被确定下来。

近年来，人们已经发现除了放射线以外，化学物质等影响也会导致突变的发生。随着公害污染等导致的自然环境恶化，容易发生突变的生物也逐渐增加。

自然产生的突变体将这种突变传给后代，又经过一代一代的积累，最终转化为另一个物种，这就是进化的过程。然而，突变差异较大的个体有时并不具备繁殖能力，这种突变的影响此时仅以单个个体终结。如果发生突变的不是生殖细胞而是其他体细胞，也不会传给下一代。此外，即便突变个体拥有繁殖能力并且成功繁衍后代，其突变基因也并不一定会遗传。再者，突变体与同种的其他个体相比，在生命力和体力上也存在劣势，因此很难在自然界中生存下去，这种情况并不少见。

人类社会与突变体

根据穆勒的研究，可以推测放射性辐射也会催生突变体。在某些科幻电影和漫画中，这些在放射线或宇宙线辐射下发生突变的动物及人类被视为怪物。这类作品在20世纪50年代一度盛行，但现在已经在各种原因的影响下逐渐式微。在描述核战争或环境污染恶化后的世界等末世内容的科幻作品中，突变体一向作为固定的怪物角色登场，但在这种惯俗开始之后不久，从突变体角度出发，讲述他们的苦恼和社会偏见的作品也出现了。这类作品的代表之一有漫画《X战警》，它还衍生出了相关电影。虽然突变体面临着来自社会各方的歧视和镇压，但他们依旧提出了突变体与正常人类社会共存的理想，同时与试图镇压突变体的坏人角色和滥用超人能力的突变体等进行战斗。

科幻作品中出现的突变体除了因环境及放射线等影响导致发生突变以外，还有作为人类新进化的表征或军队的遗传基因工程的成果而诞生的。与之相关的话题还有超能力者及新人类等，但超能力者及新人类在大多数情况下会抱团成为一个新的集体。与之相对的突变体也许是因为“突变”这一出身，人数很难达到能够形成集团的程度。虽然也有类似于X战警这样的突变体群体，但每个成员之间的突变都各不相同，差别极大。突变体与正常人类之间的差异具有一定方向性，这点与新人类或超能力者有很大不同。因此，突变体这一角色常常会伴随着没有伙伴的孤独感。在科幻作品的创作中，如果能够在突变体角色登场时以孤独为关键词进行描绘的话，大概能增色不少。

专栏　身为半人类的突变体

有些科幻作品表面上是像J.R.R.托尔金（J.R.R.Tolkien）的《霍比特人》（*The Hobbit*）和《指环王》（*The Lord of the Rings*）一样的奇幻作品，但实际上却只是将故事背景设置在遥远的未来星球，不过看起来像另一个世界。进行这种有趣设定或在故事情节中加入奇幻元素的作品并不少见。比如在《BASTARD!!暗黑破坏神》这类的作品中，精灵和矮人等奇幻经典的半人类种族是通过对人类等生物进行基因改造而有意催生出来的，或是因环境变化而发生突变的突变体。还有一些像以赛博朋克为题材的TRPG《暗影狂奔》（*Shadowrun*）一样的作品，将故事背景设定在近未来的科幻世界中，随着古代魔法的复苏而出现了精灵、矮人、兽人等奇幻种族。

辐射影响

Radiation Health Effects

放射性

突变体

遗传基因

目不可见的污染之物

构成世间所有物质的原子由原子核和围绕原子核旋转的电子组成。有时原子中会包含不稳定的原子核，如果对其放任不管，该原子就会崩溃（衰变），同时释放出电磁波和其他粒子。此时被释放出来的物质被称为辐射或放射线，辐射来源被称作放射性物质。通过人工、连锁地对原子核衰变过程进行干涉，可以获得大量能量。这正是核反应堆和核武器的原理。但是，在获得能量的过程中也会出现大量辐射，这一问题从各方面来讲都会成为阻碍。

辐射有很多种类。

- **阿尔法射线**：由氦原子核组成。由于携带电荷，渗透力低，容易防护
- **贝塔射线**：由高能电子组成。由于携带电荷，渗透力低，容易防护
- **伽马射线、X射线**：电磁波。不携带电荷且渗透力强，可以用重原子（如铅等）进行防护
- **中子辐射**：由中子组成。不携带电荷且渗透力强，可以用轻原子进行防护

辐射所拥有的这种穿透物质的属性能够用于探测生物体内部结构的X光片和CT扫描，以及从外部破坏体内病灶的放射线诊疗手段和消毒等方面。此外，在核医学检查中，可以通过将含有放射性物质的药品注入

生物体内，再对放射性元素进行检查的手段，追踪到该物品在体内如何运动以及在哪里积累等信息。

放射性碳测年指的是利用碳-14的半衰期对物体年龄进行测定的方法。由于日常生活中充斥着来自宇宙的辐射，所以我们呼吸的空气和食用的物质中都含有一定量的放射性碳。如果生物体死亡，就会停止吸收这些辐射，那它体内的放射性碳就会越来越少。通过将其减少量与半衰期进行比较，我们就可以知道该生物体死后经过了多长时间。

与辐射有关的单位

与辐射有关的单位有以下几种：

- **贝可勒尔（Bq）**：指每秒内衰变的原子核数，是放射性活度的计量单位
- **戈瑞（Gy）**：单位质量的物体所吸收的电离辐射能量
- **希沃特（Sv）**：用于衡量辐射剂量对生物组织的影响程度。胸部CT扫描为2.4~12.9毫希沃特，X光片为0.6毫希沃特

基因损伤与修复

生物体内容易受到辐射影响的是在细胞中承担重要作用并且具有异常复杂、易碎结构的遗传基因。基因损伤带来的影响有很多种，但在科幻作品中，大多会将超自然力量的觉醒和肉体层面的变化等描绘为突变体或其他带来进化的东西。事实上，因自然界中存在的辐射而导致遗传基因发生改变，也是被不少人认可的人类进化原因之一。虽说如此，在现实中仅仅因被放射线照射就导致个体发生突变，也过于夸张了。

另外，在科幻电影《它们！》（*Them*，1954）中出现了巨型蚂蚁和特摄的哥斯拉怪兽等角色，这些因放射线诞生的巨型生物虽然离谱，但多少也有依据，那就是多倍体。

多倍体指的是细胞内拥有多组基因的个体，常见于高等植物中，大多数多倍体植物都比一般品种的体型更为庞大。由于多倍体个体拥有多组基因，因此更能承受放射线影响。有报道称，三里岛核电站事故后，当地长出了巨大的蒲公英等植物，这一情节在黑泽明的电影《梦》（*Dreams*，1990）中也有出现。当然，现实层面中的巨大化是有限度的。

此外，地球上因宇宙或大地散发的放射线及大气中存在的氡等原因，全世界平均存在着约2.4毫希沃特的自然放射性物质，这些放射性物质每天以空气和食物等形式进入人类体内。再加上其他损伤遗传基因的因素，综合起来每天都会有百万次以上的遗传基因损伤出现。即便如此，人类仍能够安然无恙。其原因在于人体本身具备了非常高明的修复机制。即便是人工放射线造成了影响，也能够在同样的修复机制下得到恢复，而是否会造成大的不良影响则与辐射剂量有关。

新人类

Transhumans

- 生物进化
- 迫害与斗争
- 超能力

下一个是谁

从人类的祖先出现在地球上开始，至今已经有数百万年。在此期间，人类一直在进化，直到现在仍有一种观点认为进化依旧在持续。

经过进化，人类建立了物质文明并且成为地球上的最强物种。最后，人类称呼自己为“万物灵长”，认为自己是所有物种中最优秀的存在，并且将包含人类和猴子在内的物种称为“灵长类”。

科幻作品使万物灵长的人类再次进化，出现了应该被称作新人类或超人类的角色。他们大致可以分为三种。

- 通过生物学手段实现进化，是现实人类的后继者
- 适应环境污染等问题后的产物
- 适应宇宙中不同生活环境后的产物

新人类的诞生会对人类未来造成怎样的影响呢？在人类攀登新的进化阶梯时，新人类的诞生是必然的吗？在以生物学手段实现进化的前提下，诞生的新人类让人对未来充满希望这种情况更为多见。

与之相对，适应环境污染等问题诞生的新人类以及适应宇宙中不同生活环境诞生的新人类，无论哪一个都会让人产生一种对人类未来的悲

观印象。

突变体一般是单独出现的，而新人类则代表了具有一定规模的群体。因此当意识到自己是新人类时，先寻找伙伴才是正确的做法。在有关的科幻作品中，新人类角色登场时，都会将寻找伙伴作为关键词进行描绘。

与旧人类之间的对立

在科幻作品中，新人类往往会受到来自旧人类社会的强烈镇压。

这是因为所有的社会性动物，包括人，都有在自己的社会中排除“异类”的倾向。旧人类出于本能地讨厌新人类，并试图消灭新人类。

另外，如果旧人类知道了新人类是比他们更为先进的生物，也可能会由于万物灵长的地位受到威胁，出于恐惧而试图消灭新人类。

新人类在使用超能力、智力和体力方面，从个体对比的角度出发远超旧人类。但由于旧人类的数量具有压倒性优势，因此无论如何新人类都会被推到不利的地位。

作为这类作品的经典之一，A.E.范·沃格特（A.E.Van Vogt）的《斯兰》（*Slan*，1946）便描绘了一个拥有超能力和触角的新人类少年在旧人类迫害下为生存而战的故事。这部作品让主人公站在了被当时社会所压迫的科幻迷们的立场上，因此得到了当时读者们的狂热支持。约翰·卡朋特（John Carpenter）的电影《魔童村》（*Village of the Damned*，1995）也非常有名，他将在英国的一个贫寒村庄中出生的令人毛骨悚然的怪异孩子们，描绘成了旧人类眼中的恐怖存在。

此外，荷兰的解剖学家博尔克就人类进化提出了胎儿化学说。该学说认为，人类成体与猴子的胎儿特征一致，如无毛、皮肤和眼睛等部位缺乏色素、枕骨大孔位置在前、脑重量比大等。

在保持着幼体特征的前提下成为成体的情况被称为幼态成熟或幼态持续。随着人类幼态成熟化的发展，未来的新人类可能具备现代人类胎儿的某些特征。有趣的是，这种形象与灰人（外星人的一种）非常相似。

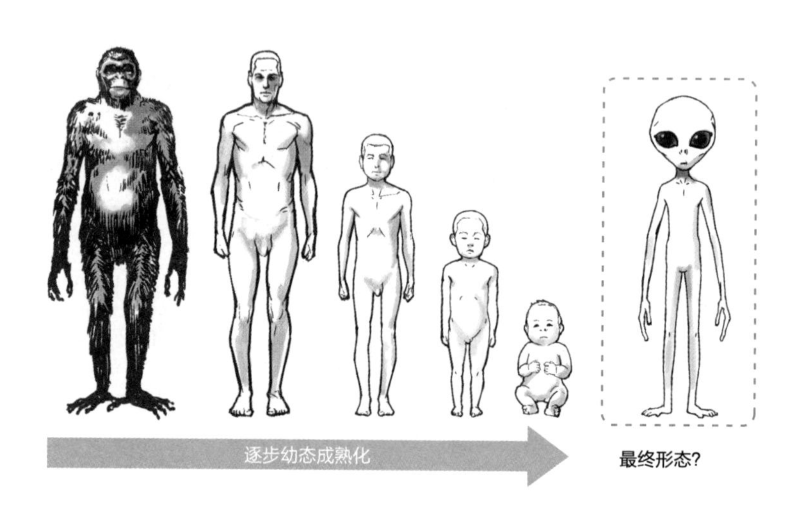

病毒与细菌

Virus, Bacteria

生物危害

流行病

进化的导火索

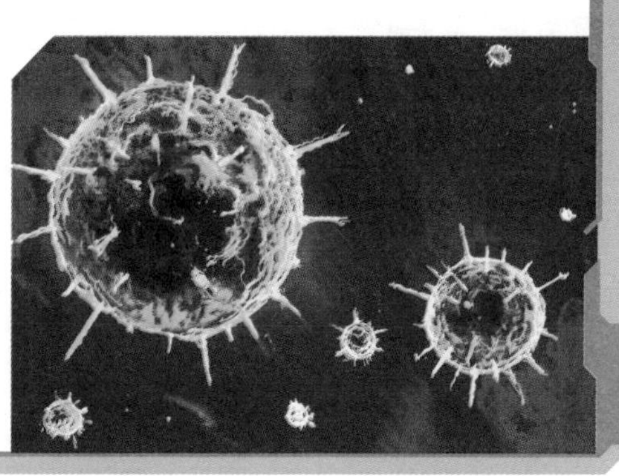

病毒是生物吗?

现在几乎所有人都知道病毒和细菌正是各种感染症状和传染病的根源。但这些病毒的大小、感染机理以及各自的主体结构都不尽相同，因此一直被认为不属于生物范畴。

但细菌，严格来说指真细菌，在包含人类在内的真核生物与古细菌的远古时代发生了分化，成为拥有细胞核、通过自体细胞分裂而增殖的单细胞生物。

即便统称为细菌，也分为通过发酵等手段产生的对人类有益的菌种和炭疽菌、霍乱菌等具有强感染性的有害菌种，范围广泛，彼此之间千差万别。而能够成为致病原因又能够分泌致死性高的毒素的菌种，只不过是其中很少一部分。细菌的大小以微米为单位，我们可以通过光学显微镜等手段观测到其结构和组织。

病毒与细菌不同，由于不具备细胞结构，按照目前对生物的定义无法将其归入生物范畴。但是病毒体内也含有自我复制所需的遗传基因，在进入宿主体内后，通过依附并侵入生物体细胞的手段破坏宿主细胞的基因复制机制，再利用细胞的代谢机制实现自我复制，从而迅速产生大量的病毒。也就是说，与自主活动的细菌不同，如果没有作为宿主的生

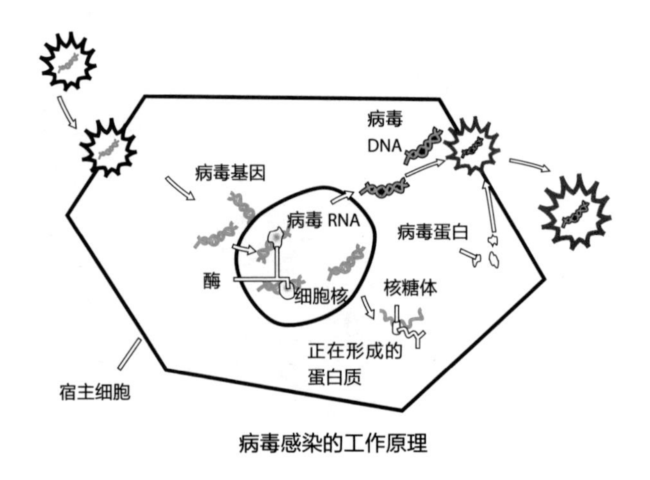

病毒感染的工作原理

物体，病毒就无法增殖和活动。

正是由于病毒这种侵入宿主细胞、“窃取”宿主细胞各类机能的行为引发了各种疾病。简单来讲，就是宿主生物体为了维持自己的生命活动和生殖活动所储存的能量及材料等，被入侵体内细胞的病毒以其他目的随意使用、大量消耗，使得被感染的宿主细胞死亡。

实际上，在感染病毒的宿主细胞内，由于细胞的各种功能被病毒窃取，大量复制的病毒被释放出来，使得被感染的宿主细胞死亡，且该细胞所具备的细胞膜等细胞结构均被破坏的情况不在少数。在迈克尔·克莱顿（Michael Crichton）的《天外来菌》（*The Andromeda Strain*，1969）中，就出现了能够使宿主血液凝固而导致其立即死亡的可怕病毒。

话说回来，即使从病毒的角度出发，肆意利用宿主细胞复制自己，最终却导致宿主死亡、自身灭绝，这作为增殖计划来说也不是什么高明手段。因此在一般情况下，即便病毒侵入宿主细胞内，也不会盲目地进行自我复制，而是试图通过将自我复制的速度控制在低于因病毒感染而导致的宿主细胞死亡速度的范围内，保证能够长期且稳定地实现自我复制。

病毒的尺寸以纳米为单位，一般是细菌的千分之一大小，而可见光的波长在300纳米以上，因此几乎无法用光学显微镜等手段观测病毒。在病毒的观察及确认过程中，会使用比可见光波长更短的电子束照射观察对象，通过其渗透率的差异及来自观察对象的反射电子束等取得图像。这一过程中需要使用到的仪器叫作电子显微镜。

病毒与细菌的大小

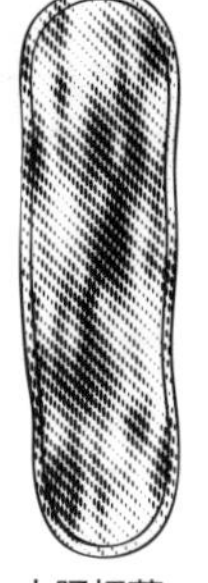

与细菌相比，病毒非常小

病毒与进化

也有不少研究指出，大多数病毒对宿主细胞造成严重损伤的同时也会对宿主的进化产生不可忽视的影响。

被病毒入侵的生物会在其细胞内产生对抗病毒的抗体，并且宿主细胞有时会与病毒一起毁灭，从而形成阻止病毒扩散入侵的免疫机制。此外，由于病毒入侵导致宿主细胞的基因被改变或破坏，有时还会引发突变现象。

就像这样，病毒的活动在物种的进化及衰退过程中产生了非常重要的影响。

活化石

Living Fossil

子遗种的五个分类

活化石指的是保有原始特征的现代生物（子遗种）。

1. **数量性子遗种：**指那些曾经拥有大量种群但现在数量已经大幅减少的生物物种。各种濒危动植物通常都属于这一分类。
2. **地理性子遗种：**指那些曾经广泛分布但现在仅生存在少部分地区的生物物种。银杏和水杉属于这一分类。
3. **系统性子遗种：**指那些在进化中发生较早，繁衍至今几乎没有改变面貌的生物物种。从舌形贝和蟑螂这些分布广泛的物种到飞蜥蜴和肺鱼这些珍贵的稀有物种，系统性子遗种有很多分类。这正是我们常说的活化石形象。
4. **分类性子遗种：**指的是过去近缘物种群曾非常繁荣，但现在近缘物种大幅减少的生物物种。像犀牛这种大型奇蹄类生物都归在这一分类。
5. **环境性子遗种：**指的是即使生存环境发生改变，但形态保持不变的生物物种。淡水生活的个体和海栖个体之间形态几乎没有变化的贝加尔海豹就是典型例子。

一般提到活化石时，对于只满足条件1和条件5的物种人们几乎没有什么印象。同时满足条件3及条件4的基础上，再附加条件1或条件2的物种在感觉上更像一般人所说的活化石。而能充当活化石代表的物种，是一种叫作矛尾鱼的鱼类。这种鳍内拥有骨骼的鱼数量正不断减少，栖息地也仅限定在一小块区域，从古至今几乎没有改变过面貌形态，近缘物种几乎全部灭绝而且从浅海到深海的生存环境变化也没有改变其面貌形态，几乎可以称得上是一种完美的活化石物种。

就在身边的活化石

在日本人日常生活中所能遇到的所有生物里，蟑螂和银杏都被归入系统性孑遗种分类。

令人难以置信的是，蟑螂竟然在3亿年前的石炭纪登场，并以几乎没有改变过的面貌形态一直存活至今。然而，蟑螂并没有给人一种它就是活化石的印象。可能原因在于其至今仍有庞大的个体数量，分布区域广泛，拥有包括白蚁在内的众多近缘物种且从古到今栖息环境覆盖整个陆地，没有大的生存环境转变，不符合除系统性孑遗种以外其他孑遗种分类的定义。蟑螂的面貌形态和其生态可以说是一种通用设计。

银杏也是和蟑螂差不多同时期登场的物种。作为胚珠没有子房覆盖的裸子植物种类之一，银杏曾经和其他裸子植物一起繁荣发展。但可惜，银杏是存活至今的唯一一种裸子植物。虽然还未研究清楚银杏具体的原产地，但已经可以确定是中国境内的某个地方。因为其长有奇特的扇形树叶并且能够产出可供食用的果实，所以银杏树在中国人观念中很被重视，被移植到了市内街道。银杏于平安时代后期或镰仓时代以后的某个时期传入日本，以佛教寺院为中心进行拓展。由于其出色的防火特性和强大的抗空气污染能力，银杏作为行道树被广泛应用在各种环境。

活化石的大陆——澳大利亚

肺鱼和鸭嘴兽也是经典的活化石物种，它们是查尔斯·达尔文第一次提到“living fossil”（活化石）这个词时使用的例子。肺鱼和鸭嘴兽的共同点在于它们都是澳大利亚的生物物种。另外，仅在澳大利亚广泛分布而在其他大陆几乎灭绝的有袋类物种也十分繁荣。这些有袋类物种可以说是另一种接近活化石的存在。

那为什么澳大利亚能成为活化石的宝库呢？这与澳大利亚大陆早期就与其他大陆分离开来有关。由于过早地与其他大陆分离，在其他大陆进化而来的具有更高效机制的生物无法进入当地。因此这些保留着古老形态的生物物种没有被淘汰，一直繁衍至今。

星种

Star Seed

泛种论

DNA

超主

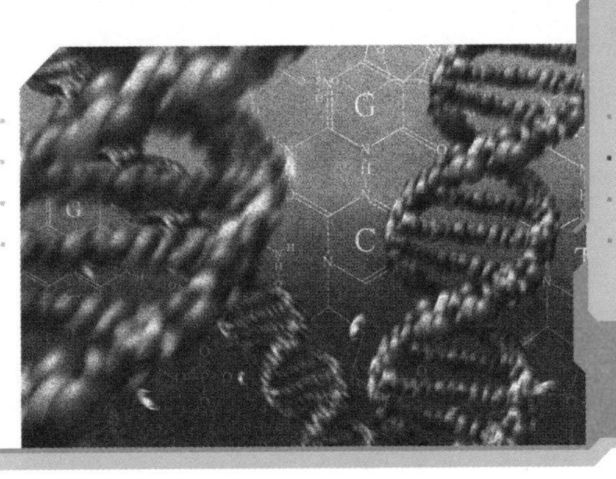

进化与生命的起源

星种指的是横跨宇宙的生命物种。当星种附着在彗星或陨石上穿过广阔的宇宙空间时，会在其碎片所到达的行星上成为生命的萌芽。

地球上的生命以宇宙漂流过来的物种作为起源的想法由来已久，早在公元前五世纪的古希腊就已经有一位哲学家阿那克萨戈拉提出这一观点，也就是后来被称为泛种论的假说。还有一种说法认为，在地球上诞生又在后来逐渐进化为各种生命的原初生命体实际上也起源于星种，来源于广阔的宇宙空间。

另外还有一种观点认为，可能有其他与地球起源生命不同的异星生命被星种带来地球。昆虫宇宙起源假说就认为昆虫的外观与生命属性都与地球上的其他生命有很大不同，因此很可能是入侵的宇宙物种。话说回来，原本这一观点就单单是从人类角度来观察的，虽然在人类看来昆虫似乎与众不同，但如果仔细调查昆虫结构与其他各种生物的进化过程，不难发现昆虫的确属于这一进化洪流。不光是昆虫，任何其他在某种程度上更为复杂怪异的异星生命只要出现在地球上，以现在的分子遗传学方面的手段应该很快就会发现吧。

有一种更具有说服力的假说认为，病毒等物质以星种的形式降落在地球上。病毒中有一种叫作逆转录病毒的种类，它可以在感染其他生物体后，对该生物体的遗传基因进行改写。这种通过生殖以外的方式手段传递自己基因的方法，被称为“水平基因转移”。因此我们不能完全否认“地球生命体的遗传基因中可能混入了外星生命体的部分遗传信息”这一假设。

更何况还有人猜想，正是这些混入的外星生命体的遗传信息影响了地球生命体的DNA，从而成为地球生命大进化的契机。话说回来，关于这些假说，目前并没有现实的确切依据证明它们的正确性。

从遥远的外星到地球

即便星种真实存在，也会伴随着各种各样的问题。这份来源于某个未知星球的星种首先需要面对的问题是，如何摆脱该行星的重力飞向宇宙。其次还必须在经过长时间的真空宇宙内的极低温和辐射之后，在抵达地球或其他行星时，承受住进入大气层摩擦产生的高热，不被化为灰烬。

关于第一个脱离重力影响的问题，实际上坠落在地球的众多陨石中，有一些被认为来自火星，有可能是火星上发生了某种碰撞而甩出一些碎片，碎片通过陨石的方式在行星间移动。

或者也有可能作为星种的生命分子并不是在行星上诞生，而是在广阔宇宙空间的某处形成的。事实上，人类曾在默奇森陨石中发现了非地球起源的有机物——氨基酸。

关于在真空的宇宙空间内承受极低温和辐射的问题，现在地球上已经发现了能够在正常生命无法承受的极限环境中生存的微生物群，被统一称作“极端微生物”。在这些微生物种群中有一些种类对高热、低温和辐射等具有超强耐受性，因此也不能排除星种在严苛的条件下进行漫长宇宙之旅的可能性。除病毒之外，菌类的孢子也对环境变化有很强的耐受性。

此外，有研究表明陨石在进入大气层时，其内部并不会变得很热。虽然陨石表面会受热并不断蒸发，但正因如此，陨石表面摩擦所产生的热量无法传递到内部。因此我们也可以假设星种以陨石等作为外壳，屏蔽掉在宇宙空间移动时的极端环境，以此方式实现星际间的转移。

在认可星种起源理论的前提下，也可以假设它们是与地球生物相似的外星生物。但原本地球上的生物也在进化过程中发生了很大的转变，即使来自同一起源，现在也发展出千差万别的独特性。从科幻的角度来看，也可以认为是一个超凡的种族有意播下了星种。在这种情况下，人为的相似性就不足为奇了。

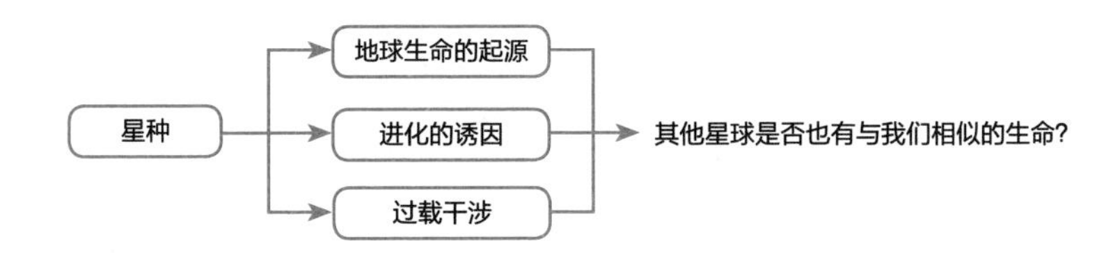

硅基生命

Silicon-based Life Form

半导体

人工生命

极端环境

四价元素

现在生活在地球上的生物基本都是以碳元素为基础的碳基生命体。而碳元素的常见化合价为+4价，这意味着它有可以和其他元素组合成共价键的四只“手”的特征。

通过共价键将多个碳原子连接在一起，再连接一些其他元素到碳链上，就可以构成氨基酸、醇、脂肪酸和糖等各种有机化合物。而将这些有机化合物以恰当的方式组合在一起，就可以构成在地球上生存的生物体组织的重要材料——蛋白质和脂质。

关注到碳元素的这些特性后，在科幻作品中也将与碳同族且同样拥有四只可以用于组合共价键的“手”的硅元素作为构成生命的基本元素，也就是描述以硅为基础的硅基生命体的存在。

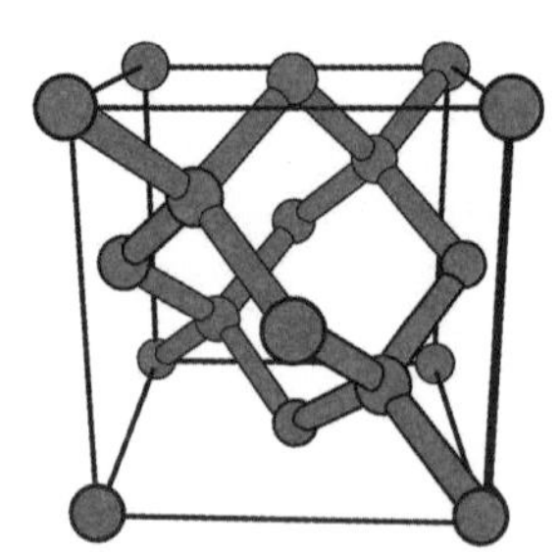

四价元素的结构

在地球上，大多数硅化合物都是以氧化后的二氧化硅的形式，作为一种稳定矿石的形式存在。因此在有硅基生命体出现的科幻作品中，通常会从硅元素及硅化合物的特性出发，设定成如长谷川裕一的作品《星际终结者》中一样“正常状态下的活动速度比作为碳基生命体的人类慢很多”“在高温高压的岩浆等环境中诞生和繁衍”“肉体像岩石一样坚硬”等形象。

硅基生命体的可能性

那么，就像连接多个碳原子能够组合成高分子有机化合物一样，硅元素能否构成进行生命活动所必需的高分子有机化合物呢？以目前人类的技术水平，确实能够将有机化合物分子结构中所包含的碳元素替换成硅元素，也就是说通过人工手段有可能制造出硅基的有机化合物——“有机硅”。

由于硅原子之间的共价键具有比碳原子之间的共价键更高的键强度，因此有机硅具有更高的耐热性，且几乎不会发生氧化和分解等化学反应，是一种极其稳定的物质。因此，有机硅在工业领域内被大量生产，用于作为导热材料的“有机硅润滑脂”等方面。

原本硅原子之间的共价键强度就比碳原子更高，再加上硅原子用于与其他原子键合的“手”之前的角度更大，因此比起单单使用碳原子进行连接的有机高分子化合物来说，使用硅原子替代碳原子后的有机化合物不仅会变成螺旋状结构，而且原子之间的共价键很难被切断，即便处于活跃的化学反应中也很难发生置换。

再者，在以碳原子为基础的情况下，可以轻易获得具有复杂结构的有机化合物，包括两个原子之间有两个或三个“手”键合的双重或三重链。而硅原子因其键强度和键角的关系，很难通过人工干预的手段制造出含有双重或三重链的分子。此外，在地球这样的环境下，即便有这种以硅原子为基础产生的双重或三重链分子，也很难长期稳定地存在。

从以上各个角度出发，我们认为仅仅用硅原子取代地球生物体内部组织中的碳原子的硅基生物，至少在拥有如地球这种环境的行星上不太可能诞生或存在。

由此，以有机硅化合物为基础构成身体组织的硅基生命体存在的可能性几乎被全盘否定。然而，关于这种以硅元素为基础成型的生命体，现在又有另一种猜想。那就是以硅单晶为基础，通过形成绝缘层的方式构成开关元件重要组合结构的半导体，具体是指以目前广泛应用的硅材料半导体为起点，通过庞大而复杂的运算电路链组合而成固体电路生命体，也就是可能出现的硅基的电子人工生命体。

这种电子人工生命能否被认定为生命体还存在争议，但在以硅为基础的情况下确实有可能出现智能体。

人工生命

Artificial Life

人工智能

向神发起的挑战

自我进化

人工生命的定义

所谓的人工生命指的是利用计算机程序、电子电路和各种人造微生物等人类的力量模拟生命系统这一概念。

人类真正开始对人工生命进行研究是在1987年9月，美国的洛斯·阿拉莫斯国家实验室举办了第一个关于人工生命的学术会议。

在这次学术会议召开之后，各种相关研究也逐渐蓬勃发展。关于人工生命的研究大致可以分为“通过计算机软件重现生物进化和繁殖过程的软人工生命（Soft ALife）”“通过电子电路等重现生物运动的硬人工生命（Hard ALife）”和“通过人工手段创造像病毒或细菌等（对于病毒是否拥有生命还有待争论）单纯生命体的湿人工生命（Wet ALife）”三大领域。此外关于人工智能的研究也与人工生命的研究息息相关。

关于软人工生命的内容在 060 “数字生命”章节有所展开，因此这里主要集中于硬人工生命和湿人工生命两个部分。

科幻小说中的人工生命

在科幻小说的世界里，有很多科学家以创造生命为奋斗目标。

由玛丽·雪莱（Mary Shelley）创作的作品《科学怪人》（*Frankenstein*，1818）中就登场了这样一位弗兰肯斯坦博士，他所代表的一类科学家在创造生命这一行为中感受到了向“神”挑战的快感并逐渐沉沦，最终走向了疯狂科学的尽头。从尸体中孕育出生命的弗兰肯斯坦博士终于被自己的创造物反叛，落得失去性命的结局。

在卡雷尔·恰佩克的作品《罗素姆万能机器人》中登场的人造人作为机器人一词的起源被人们熟知。而这个形象也并不是我们一般印象中由机器组合构造成的机器人，它更倾向于一种由生物结构制造出的人工生命，并且这些人造人同样向人类发起了叛乱。

当然也有不会引起叛乱的人造人。作为太空歌剧经典英雄角色的未来队长的伙伴中，机器人格拉克和合成机器人奥托作为人工生命的研究成果由队长的父亲——罗杰·牛顿博士研制而成。比起由金属制作而成的机器人格拉克，由合成树脂制作而成的奥托显然更具有生命的感觉。他们以对方为参考，彼此之间都带有些许自卑感，并且在谁更接近人类这一点上相互竞争。这一部分可以作为科幻作品中将人工生命角色化的参考。

狂战士和机械生命体

硬人工生命，即机械生命体，和机器人之间的区别很微妙。一般情况下，我们将具有自我繁殖能力的生命体视为人工生命。弗雷德·萨博哈根（Fred Saberhagen）的系列作品《狂战士》（*Berserker*）中登场的狂战士角色，可以作为这种机械生命体的代表。

狂战士被设定为远古时期灭亡的外星人星际帝国留下的负面遗产。这里提到的狂战士是以“消灭所有生命”为最高命令的被编程过后的无差别武器系统的统称。

狂战士的特点在于它并不是一种单纯的武器，而是能够为了某个目标不断进行自我繁殖和进化的生命体。也可以说，依靠自我繁殖和进化，狂战士超越了武器的限制而成为一种仅以杀戮为目标的机械生命体。自狂战士角色登场以后，又出现了以格里高利·本福德的《银河中心传奇》（*Galactic Center Saga*）系列作品为代表的众多涉及机械生命体与人类之间发生战斗的科幻作品。这些战斗通常是在银河系的规模下发生的机械生命体与有机生命体之间的战斗。

由于原本的狂战士设定也非常具有魅力，因此在各种科幻小说或游戏等领域中也会有一些以狂战士为原型塑造的反派角色登场，或直接使用狂战士本身。因此，机械生命体作为一种强大的反派角色已经在科幻领域中成为日常化的存在。

作品描述像狂战士一样的机械生命体，关键在于其自我繁殖和进化能力。通过对每一次环境变化的适应、对我方战法的应对，以及在对峙过程中不断克服弱点逐渐变强这一过程的描绘，可以使读者产生一种这并不是单纯的机器人，而是机械生命体的独有印象。

数字生命

Digital Life

计算机

人工智能

迷因

数字生命的诞生

数字生命，即在计算机上创造生命的尝试，几乎在计算机诞生的那一刻就开始了。“现代计算机之父”约翰·冯·诺依曼（John von Neumann）创造的元胞自动机和约翰·何顿·康威（John Horton Conway）在此基础上创造的“生命游戏”，都通过一些非常简单的规则，以基盘上排列的点来模拟非常复杂的生命诞生与淘汰过程。

在创造数字生命时，既有创造人工智能（AI）这种高级生命的研究方向，也有像“生命游戏”一样只是通过对简单生命的大量模拟来表现生命现象的研究方向，而后者一般被称作人工生命（AL）。

为了使数字生命能够向更加复杂的方向进化，还有一种叫作遗传算法（GA）的研究方法。顾名思义，这是一种模仿基因进化的产物，它让众多程序运行起来，从中挑选留下更好成果的程序并让这些程序留下更多的遗传基因，以此代代交替，通过更新换代的方式来提高程序性能。在面对非常复杂且最优解决方法尚不明确的问题时，GA取得了很大的成果。

考虑到数字生命从网络的信息之海中自然孕育而生，它并不需要从一开始就诞生为一个复杂的生命，只需要作为一个简单的程序并且有机会通过更新换代实现进化就好了。实际上在网络上自动运行的被称为“机器人”（BOT）的小程序中，也有不少使用到GA的例子。即便是计算机病毒等程序，也会为了避免被杀毒软件彻底清除而添加自动变异的功能，再通过与GA的结合，可能进化出更难被发现、也更难被清除的病毒。道义上的问题姑且不论，这大概也可以说是像现实生物一样的生存竞争吧。

信息与人类精神

现在，我们的网络世界日益壮大，在网络中运行的病毒和“机器人”的数量已经到了难以彻底掌握的程度。对于数字生命来说，这里有营养、能量，还有类似于原始生命的存在。因此我们也可以将这种网络世界看作另一种原始地球。

通过思考在那儿诞生的数字生命如何实现进化这一问题，大概可以做出一些更加有趣的设定吧。例如，由网页收集小程序进化而成的数字生命，可能会将知识的收集与理解作为其行动原理。在与杀毒软件的斗争中诞生的病毒类数字生命，则可能以感染与破坏为目的进行活动。当然，事实情况并没有如此发展，理由也能举出很多。在众多电子产品通过网络连接在一起的今天，这些数字生命的叛乱可能会直接导致整个社会基础设施的颠覆。另一方面也可以说这种灾难是科幻作品的经典主题之一。

当然信息不仅仅存在于计算机上。人类的精神也可以说是由记忆及印象等信息构成的。生物学家理查德·道金斯（Richard Dawkins）就此提出了迷因（meme）的概念。也可以说迷因指的是人心中的数字生命。

迷因是通过人类进行传播的信息。比如，你可能在读完本书的内容之后觉得有趣，那这些内容就会留在你的记忆中。此外，如果你向他人进行推荐的话，这些内容也会进一步感染、繁殖到这个被推荐人的记忆中。相反，如果你认为本书的内容无聊的话，那这些内容就无法留存在你的记忆里，当然也就不会传递给别人。就像这样，信息自身通过人类之间的交流，能够被捕捉到一些生存竞争和繁殖的迹象。

与一般生物不同，信息自身无法进行活动或繁殖，它是通过人的心灵实现繁殖的。在这一点上也可以说信息与借助宿主细胞的力量进行繁殖的病毒非常相似。在科幻领域中，语言本身往往就会被视作是这种数字生命。

等到将来的某一天，人类能够实现大脑与数字网络的直接连接时，居住其中的两种数字生命将一举合并，通过合体和发展，大概能够进一步加速进化吧。

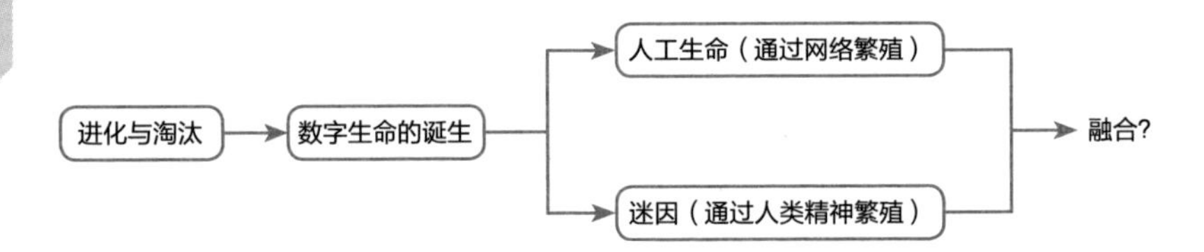

超能力

Psychic Power

- 超心理学
- 莱因
- 诡计

超能力研究的历史

超能力是超越已知常识的特殊力量，一般指的是超自然能力。能够自由使用那些力量的人被称作超能力者。

对超能力进行学术性研究的发端在20世纪之初。19世纪末，欧美地区曾一度盛行对神秘现象的研究。在那股潮流中，诞生了一门叫作超心理学的新学科㊀，作为超心理学研究的一环，人们逐渐开始了对超能力的科学调查。

1927年，美国的杜克大学成立了超心理学研究室。在这里，以后来被称作“超心理学之父”的莱因教授为中心，人们进行了各种超能力实验。

在日本，东京帝国大学（后来的东京大学）的副教授福来友吉先莱因教授一步，于1910年开始了关于透视和念写的研究。但福来因其研究受到了批判，实际上是被赶出了东京大学。关于福来的研究现在仍旧有赞成和反对两种意见，但不管怎样他的研究方法并没有达到被认可的学术水平。

㊀ 目前主流科学界并不承认超心理学为科学。——编者注

除了作为一门学问进行的超能力研究以外，据说军队和情报机关等也在进行超能力研究。遗憾的是这些研究被机密面纱所掩盖，我们无从了解其实际情况。

社会与超能力

在科幻领域，超能力者在大多数情况下都是少数派，并且一致对世人隐瞒其能力。超能力者被描绘为孤独的独行侠，有时甚至会被家人孤立在外。这样的超能力者一般会为了寻求伙伴而进入流浪模式。

这些超能力者聚集在一起形成社区或组织，然后秘密地为社会做出贡献等模式也是经典设定之一。这方面的代表作有珍娜·亨德森（Zenna Henderson）的系列小说《People》和受到其影响的恩田陆的《常野物语》系列。

同样拥有超能力但抱有某种选民思想的超能力者，与想要消灭这些超能力者的组织之间的敌对也是经典设定之一。

同样的情况下，也有出现军队和情报机关所属的超能力者的例子。经典代表作有小松左京的《超能密谍》（1966）。

与以上所举的众多例子不同，也有一些作品将超能力的存在设定为社会开放信息。在这种前提下，超能力者将作为特殊能力者被国家部门登记。这类作品的典型例子有椎名高志的漫画《楚楚可怜超能少女组》。

以下将各种代表性超能力类型总结成表：

名称	能力
心灵感应（念话、读心）	能够在不借助道具的情况下与人进行远距离沟通，以及读取他人想法
透视	能够观测到隐藏在远处或被障碍物遮掩的东西
念力	能够读取人留存在物品或环境中的思念的能力，被广泛应用在犯罪调查等领域

（续）

名称	能力
念写	能够将大脑中的想法印在胶卷等物体上
隔空摄物	能够在不考虑空间的阻隔以及障碍物等前提下，将远处的东西吸引过来
瞬间移动	能够将空间转移到远处或被物理屏障等隔离的地方
预知	能够事先预测到未来的能力，即便是平时没有被发现有超能力的人也有可能以梦境等形式发动这种能力
灵媒	能够与死者的灵魂、精灵及其他超自然存在进行对话
起火能力	能够点火和操纵火焰

长生不老

Immortality

端粒（染色体）

拉麦

精神的信息化

人类的梦想与野心

长生不老是人类从古代开始就不断追求却始终无法实现的梦想之一。古代神话中的众神几乎没有生死的烦恼，传说最早统一古代中国的秦始皇命令大臣寻找长生不老药，古埃及法老们为了祈求死后复生而把自己做成木乃伊下葬，通过这些传说的小故事，我们可以看到当权者们追求的终极梦想。

衰老的机理

在科学技术日渐发达的今天，我们通过对生物克隆和人体细胞培养等研究发现包括人类在内的所有高等生物的衰老，都很有可能是由一种叫作端粒的DNA末端的细胞结构体的缩短引起的。

具体来说的话就是，高等生物的体细胞的分裂次数是有限的，当分裂次数达到一定层级后就会停止分裂，而且该体细胞的各项机能也会下降并不再增殖。在这种情况下可以明确的事实是“停止分裂的细胞的遗传基因中包含的端粒的长度会变得比原来更短”和“拥有被剪切变短的端粒的细胞，即使尚未达到分裂限制次数也会停止分裂”。

虽然尚未研究清楚细胞的生理特性，细胞的衰老与分裂变化也不仅仅由端粒的长度决定，但至少我们可以肯定地说，端粒的长度对细胞分裂与增殖有重大影响。

从这种生物学或医学的研究成果出发，科幻作品中常常会设定一种特殊的人种，他们拥有在细胞不断进行分裂的过程中不会被消耗缩短的端粒组织，或能够在体内大量分泌端粒酶，用于延长端粒。这些人种的肉体特性可以使他们拥有比一般人长得多的寿命。他们一般被称为“长命种”或拉麦[一]。

长生不老的局限性和解决办法

关于长生不老，人们一般认为人类大脑细胞对记忆的储存量具有物理极限，即便人体细胞不会老化，但由于生物肉体的限制，想要在完全保持记忆和意识不变的前提下永远存活是不可能的。

与这种生物化学相关的长生不老呈对立面的一个极端解决方法是，用量子手段扫描人的记忆和大脑活动并将其全部上传保存到计算机等储存装置中，借助计算机上的虚拟空间超越生物肉体寿命的极限，从而达到永生的状态。在这种前提下，如果能够实现将个人信息全部复制或进行传送的话，从理论上来讲确实可以超过计算机或其他储存介质的物理寿命从而获得永生。

这种通过精神的传送或复制等手段实现的长生不老被叫作“精神生命体”，是一种从较为古老的时代开始就存在的想法。在20世纪60年代以后，随着半导体元件的实用化等发展，计算机的可靠性和实用性也在迅速提高。与计算机的发展几乎同步发生的是，这种方法在科幻作品中被广泛运用开来。

㊀ 该命名源于《旧约》中名为拉麦的人，他是圣经中最长寿的老人玛士撒拉的儿子，挪亚的父亲。

不过这种方法本身就具有一个难点，那就是在转移或进行复制的过程中个人精神能否承受得住，以及如何对作为精神活动承载体的计算机进行物理维护。更何况在现实生活中，我们尚未研究出一种能够扫描人脑活动并将其数据化的方法，也并没有一种可靠手段来保证复制或传输的起点和终点的同一性。

不过，这些问题也可以在科幻作品中作为对故事进行描述时的重要关键词之一加以利用。例如在士郎正宗的漫画《攻壳机动队》中就描写了，被数据化后的人的意识可以进行劣化复制，个人意识可以与计算机诞生的人工生命或其他人的意识相融合，从而在计算机上复制产生多个自我意识的同位体，并且这些同位体之间相互认可为第二人格。通过这种形式，人的意识及记忆等可以实现复制，并随着环境变化而发生改变。

人类灭绝之后

After Man

生物的进化
文明崩坏
生态位

五千万年后的地球

“人类灭绝之后”是苏格兰的地质学家及科学撰稿人杜格尔·狄克逊在1981年的著作《人类灭绝之后》中提出的一个概念。这是一本描写了人类消失5000万年后地球未来动物图鉴的书，为了描述这种对遥远未来发生巨变后的自然整体，这里借用了书名进行称呼。

因为描绘的是生物几乎完全更新换代后的未来景象，所以无论那里有着怎样奇形怪状的生物都不足为奇。但因为是地球的未来，应该或多或少还留存着现代生物的气息。例如作为食肉动物的狮子和作为能够快速移动的食草动物的斑马，每种动物在生态圈中的作用（即生态位）都由另一个不知面目的生物所继承。这种设定也是该书的一个看点所在。

为了了解实现新进化所需的时间长度，让我们先回顾一下已经完成的进化过程。

地球上发现的最早的生物存在痕迹在38亿年前。从将生物划分为脊椎动物和被子植物等较大范围的“门”的分类来看，在寒武纪（约5.41亿年前～4.85亿年前）时期这些后来才被分出的“门”还聚集在一起尚未分化。从将脊椎动物划分为哺乳类、爬虫类等较为细致的“纲”的分类来看，在侏罗纪后期（约1.61亿年前～1.45亿年前）登场的鸟纲是目前日常生活中常见动物里最新的“纲”。

虽然人们普遍认为地球的历史将在太阳巨星化、吞噬地球之后结束，但在那之前尚有50亿年的时间。这段时间足够生命重新从诞生发展一次，也足够从寒武纪开始重新进化10次。但与过去不同的是，现在的地球上几乎所有的生态位都被填满了。如果不空出或者创造一个全新的生态位的话，那能够容纳一种全新类型的生物出现的空间就很小了。

大进化与大灭绝

如果要腾出容纳“人类灭绝之后”的新生物的生态位，那么最简单的方法就是让人类灭绝或逐渐衰落。

因人类活动而导致的环境破坏，对处于食物链上位的捕食者和繁殖能力较弱的大型动物的生存造成了巨大打击。而人类灭绝之后，相关的保护活动自然也就消失了，因此两败俱伤是必然的结局。事实上，《人类灭绝之后》一书也是以此为起点，发挥想象力，让由啮齿类进化而来的食肉动物再次登场。应该以什么为基础，要诞生出怎样的食肉动物和大型食草动物？这正是应当想象力发挥作用的地方。

但这里出现了一个问题，那就是如何让人类灭绝之后的世界以戏剧性的方式呈现出来。戏剧一般发生在人与人之间。如果充当“那个人”的角色根本不存在，该怎么办呢？

第一个可以考虑使用的手法是，不设置视点人物，通过无人称视角来展示令人惊异的未来景象。狄克逊的《人类灭绝之后》正是通过这种手法创作出了一幅假的动物图鉴。

但是，假纪录片作为一种电视类型来讲，不得不说太过于狭隘了。如果想要将其应用在范围更广的戏剧性领域中，要怎么做更好呢？

还有一种方法是，不让人类灭绝或衰退，转而将其放在一种占据了新的生态位的智慧生物上。如果使用这种方法的话，大概就能在异世界幻想中基本完成戏剧性领域使用的要求。

作为一种难得的描绘地球未来世界的科幻作品，如果想要在作品中展示对现代文明批判的一面时，这种设定就不合适了。对于我们这些21世纪的人类来说，这是独一无二的21世纪新时代；对于未来人类来说，只不过是随意的一个过去时间点，并没有什么值得特别对待的地方。尽管如此，敢于提及21世纪文明反而就会加强作品的讽刺性。

为了避免这种生硬且超前的讽刺性，最合理的方法是将一个现代人送到遥远的未来，使故事中出现一个具有常识性的戏剧中常见的主人公形象，然后让这位主人公展现对现代文明的批判性。像赫伯特·乔治·威尔斯的作品《时间机器》一样，可以设定为时间机器已经发明出来，也可以设定为主人公卷入了某种特殊事故，在遥远的未来地球上，与彻底发生改变的生物相遇。这是一种多么能够激发想象力的故事展开。

超越

Transcendence

新人类

提升

玛雅文明

走向新的阶段

超越是一种以精神、进化等为主题的科幻作品中应用到的概念，主要指的是智慧生物以群体的方式进入“下一个阶段”。亚瑟·查理斯·克拉克的作品《童年的终结》（*Childhood's End*，1953）、大卫·布林的《提升》系列作品、科幻电视剧《星际之门》、动画《新世纪福音战士》和石川贤的漫画《盖塔机器人》等都是此类代表作品。

这种超越往往伴随着物理现象的发生，智慧生物失去使用至今的肉体或发生质变，最终进化成一种更为高阶的单一的存在，有时也会被表现为踏上了成为神的台阶。事实上，大多数完成超越的智慧生物都能够获得像神一样的力量，拥有能够影响整个宇宙的能力。当然这也可能作为一种智慧生物的最终进化形态加以表现。

超越从个体的角度来看，其特征在于丢失。许多作品都将这种超越描述为一种由舍弃了过去肉体的智慧生物组成，一种更高级的存在或者说另一种可以永远存续下去的肉体。这种超越几乎都被描述为以某个种族全体或至少达到某个规模的物种集体混合在一起形成的新存在。当这种混合结束之后，个体的知识与精神被整合成一个完整的存在，每个曾经拥有独立肉体的个体都被泯灭了曾经的个性。并且，与独立肉体存在相伴随的、因个性差异而造成的同种生物之间的相互冲突与争斗也随着这种结构性的变化消失了。

超越对智慧生物的某些方面来讲，确实可以说是一种理想状态。然而在许多作品中，将这种泯灭所有个性的超越描述为像死亡一样的悲剧。因此在《提升》系列作品中也出现了反向选择的种族，他们在种群老年期到来时，会选择退化为非智慧生物而不是进化。

超越

那么，现在让我们把视角转移到现实中的超越。

在基督教中，圣人被直接迎到天堂的情节称为“被提”（rapture）。它与末日思想相结合，慢慢变化为一种“当末日降临的时候，只有拥有正确信仰的人，才能被主从人间迎入天堂”的概念。

出于对越战和尼克松政权的反对，美国自20世纪70年代起开始了一场轰轰烈烈的否定现世价值观，追求灵性价值观和超自然的新时代运动。在那场运动中，人们追求一种朝气蓬勃的神秘进化，即地球上所有人类或地球这一行星本身的灵性世界得到提升，从而脱离物质世界达到精神世界的状态。这一概念正是我们所说的超越。

这种神秘的、灵性的超越，比以往所有神秘话题造成的影响大得多，几乎可以称得上是最大规模的一次活动，因此它经常被描述为历史上各种神秘的集合或终极奥秘。从各种各样的魔术、灵魂咒术开始，包括被称为奥德能量或奥尔贡能量的自由能量在内，各种信仰、奇迹、甚至人类精神在善恶之间的摇摆不定都被看作一种通往超越的准备仪式。

2012年末日说

很多年以前，在神秘主义者们中盛传着这样一种说法，即人类将在2012年迎来超越，而这种说法起源于曾经在中美大陆（中美洲）繁盛一时的玛雅文明的历法。按照玛雅历法所记，人类将在2012年结束“第五个时期”，进入到“第六个时期”。因此，神秘主义者们认为所谓的“第六个时期”正是全人类超越后的新世界。这些神秘主义者们到底想在“第六个时期”时等到什么，从物理性上具体地讲地球和人类到底会在那时发生什么，这些问题都没有得到详细解答。此外被描述的更多是一些类似于精神性、灵性的东西。

然而，这些神秘主义者们中的一部分人断言这种超越其实是“一场微小的意识的变革”。如果这种超越真的到来，而且确实如这些人所说是一种“微小的”东西，那我们真的能够意识到自己已经处于变化中或者已经结束变化了吗?

超主

Overlord

生物进化

超越

个性的丧失

超主的目的

“超主”一词原本是在英国科幻小说作家亚瑟·查理斯·克拉克的作品《童年的终结》中出现的一种外星人的种族名称。他们拥有非常先进的技术，并且为了善意地引导人类完成超越而千里迢迢赶到地球。基于这个前提，本章节选择这一概念用以代指介入进化过程的外来干预者。

我们将外星人介入进化过程的目的进行了粗略的分类，具体如下：

- **完全的善意**：出于善意目的介入进化过程。即便出于自身利益考虑，也是类似于想要一个进化后的新伙伴这种友好目的
- **侵略性意图**：以完成进化后的生物们的某种产物为目标，带着只要得到该产物就行、进化生物们无论发生什么情况都无关紧要的态度介入进化过程。简直可以说是彻头彻尾的反派动机
- **实验**：一种纯属凑热闹性的，只是想要观察到底会发生什么的介入者，或者也可说是一种无法预见结局的干预者。因为其将人类当作玩具的态度，这种介入者应当被人类憎恨，是一种即便没有怀抱恶意也不得不被排除的敌人
- **偶然情况**：这是一种在无意中介入地球进化的情况。在这样的设定下，甚至无须外星人角色登场，因为即便是因实验室事故而导致加速进化的情况也归属于这一分类

◎ **由更高级生命的指示**：进行干预的超主本身也只是跑腿角色的情况。《童年的终结》一书正是如此，其中描写了超主从更高等级的思念体——心灵主宰处受到指示，从而介入进化过程的情节

超主的伦理道德

拥有堪比神魔的巨大力量并在暗中偷偷操纵人类历史，介入进化过程的超主，简直可以说是科幻的精髓。对于科幻领域的核心亚题材之一，跨越时空限制追寻惊天谜团的“宽银幕·巴洛克”主题作品来说，超主类角色是无论如何都一定要出现的存在。

作为科幻领域中精髓一般存在的超主，同时也承担着科幻伦理问题的一头重担。

让作为更优秀存在的自己对低劣存在进行善导活动这种想法，如果基于父亲对儿子们的态度情境，一般被称作“父权主义”或“专制模式”。可能有人会认为“善导他人难道不是一件好事吗？”，但也不能仅仅从一个角度看待问题。专制模式基于自己一方优于他人且更加正确的前提，其本质是一种傲慢的态度和包裹在善导活动下的对他人的蔑视，这一点与打着教化野蛮人的旗帜，实际却反复虐待的殖民主义者们完全相同。科幻作品具有充当科学精神传播者的一面，然而就像和现实中的科学技术发展过程一样，它同样徘徊在近代化中沾满鲜血的殖民主义和帝国主义的负面影响中，难以自拔。

因此，对于这些超主类角色，过去的科幻作品常常抱着爱恨参半、反复无常的态度。

《童年的终结》一书中登场的超主是一群非常绅士的形象，但克拉克对他们的设定简直可以说是恶魔本身，也可以说是超越时空进行活动的他们影响了人类对恶魔的印象，这更像是一种附带的结果。这种讽刺的设定甚至被编入了于1953年发表的初版中，因此对现代作品来说，有必要对更加深入的超主类构思本身进行批判，拉起一个更合理的作品

框架。

在这类作品框架中最简单的操作方法是，直接将进化过程中的介入者当作反派角色消灭掉。这个方法虽然简单，但也并没有什么不好的。

此外，打破或动摇超主作为无可置疑的统治者的设定也是一种不错的选择。虽然《童年的终结》中采用的容貌或作为心灵主宰追随者这一立场导致的不光彩、不体面也是一种选择，但斯坦尼斯拉夫·莱姆（Stanisław Lem）在作品《其主之声》（*Głos Pana*，1968）中采用的设定更是这种方式的终极版，即虽然被认为在进化过程中有介入者，但其实只是自然现象的偶然作用，并没有什么存在真的介入进来。在《其主之声》之后，想要写出一部以进化的干预者为主题的硬核科幻作品是一件非常费劲的事情。但是，也正因如此，我们可以说这是一个值得让人挑战的主题。

专 栏 科幻用语集

儒勒 · 凡尔纳

活跃在19世纪的法国小说家，撰写了诸如《海底两万里》（*Vingt Mille Lieues sous les mers*，1869）、《地心游记》（*Voyage au centre de la Terre*，1864）、《环绕月球》（*Autour de la Lune*，1870）等多部著名冒险小说。凡尔纳的小说作品中描写了很多在当时充满幻想的交通工具和新发明，例如潜水艇和飞船等。他和同时代的赫伯特 · 乔治 · 威尔斯两人并称为“科幻之父”。凡尔纳总是注意在作品中准确描述当时的科学发展，因此对描写超现实科学内容的威尔斯持批判态度。

赫伯特 · 乔治 · 威尔斯

活跃在19世纪到20世纪上半叶的英国作家，发表了诸如《时间机器》《最早登上月球的人》《世界大战》等多部著名科幻小说。

虽然他的作品被凡尔纳批判忽视了科学的准确性，但其实与科学的准确性相比，威尔斯的小说更重视的是关于科技如何改变社会这一点。由此他的作品也在社会学领域中受到了很高的评价。

艾萨克 · 阿西莫夫

活跃在20世纪后半叶的美国科幻作家，“机器人三定律”的提出者，以《机器人》系列（*Robot series*）和《基地》系列（*Foundation series*）等宏大的宇宙史诗而闻名。晚年时，他将这两个方面统合到了一起。除科幻作品外，他还写了许多纪实类文学作品，尤其是一些科学随笔作品以其通俗易懂和幽默风趣的笔触获得了很高评价。当然这些方面也对他的科幻创作起到了一定促进作用。

亚瑟 · 查理斯 · 克拉克

活跃在20世纪的英国科幻作家。因《童年的终结》《2001：太空漫游》《太空序曲》（*Prelude to Space*，1951）等作品而闻名。在科幻领域，与艾萨克 · 阿西莫夫、罗伯特 · 海因莱因并称为20世纪“三巨头”。他留下了一句名言——“充分发展的科学技术与魔法无甚差别”，并作为通信卫星概念的提出者对现实空间的宇宙开发工作产生了深远影响。

第四章

世界·环境

历法

Calendar

天体运行与历法

通过某种方法推断岁时节候，将时间流逝系统化记录下来的方法就是历法。从历（“曆”）这个字本身就可以看出，它包含了以日为基本单位对时间进行计算的含义。从系统化记录时间流逝这一观点来看，小时、刻、分钟等都可以看作历法的一种，但无论是西方还是东方都不约而同采取了以日作为基本单位、将天体运行规律作为基础的历法。

代表性的历法有阴历、阳历以及阴阳历。

将地球自转一周的时间定为一日，将月亮由新月起变为满月又复转为新月的时间定为一月（朔望月），将十二个月定为一年的历法叫作阴历。将经过冬至、春分、夏至、秋分后太阳再次从同一位置升起所经过的时间定为一年，将一年的大约十二分之一定为一月的历法是阳历。将这两种方法组合在一起的历法是阴阳历。

阴历的优势在于直观易懂，能够轻松地感应到月亮的形状、日期以及受月亮引力影响的潮水起伏。而阳历的优势在于，只要是同月的同一天，那几乎每年的这一天都在大致相同的季节。可以说阴历适用于渔业和水运业，阳历适用于农业。而阴阳历虽然兼具两种历法的优点，但其缺点是运算过于烦琐。

阴历的代表是目前伊斯兰国家通用的伊斯兰历（又叫作回历或希吉来历），阳历的代表是当前国际通用的格里历（又叫作公历），而阴阳历的代表是日本在明治时代之前使用的和历以及传统的中国农历。

此外，由于地球和月球的公转周期并不能精确地被地球的自转周期所整除，所以历法与天体现象之间总会产生偏差。为了弥补这个偏差，会每隔几年在历法中添加一定的日数或月数，称为“闰”。

这些历法都是从地球上观测到的月亮和太阳的天体运动中总结出来的，因此在地球以外的情境下进行使用时需要特别注意。例如，金星的一年约为225个地球日，火星的一年约为687个地球日，金星的一日约为243个地球日，火星的一日约为1个地球日。又由于金星没有卫星，而火星的两个卫星的公转周期分别为7.5小时和30小时，所以很难界定月这个时间单位。

纪年法

纪年法是一种与历法相似但又不是历法的东西。与历法数着日的时间进行记录不同，纪年法是数年进行记录的。纪年法大致可以分为以下三种方法。

- **纪元**：将某一年记为元年，仅以当年前几年或当年后几年进行计数，例如西历公元（基督纪年）、皇纪、希吉来纪元，等等
- **年号**：一种受统治者即位或其他重大事件影响，给当年附加年号并依次数年的记年系统。类似于“某某王治下第几年”这种思路，与纪元不同的方面是年号有期限限制，随着皇帝的更替不断进行修改，例如明治、大正、昭和、平成、令和，等等
- **干支等**：虽然没有一种统一的称谓，但东方的干支纪年法与古罗马以十五年为周期进行计算的十五年历一样，是将某几年的周期设为轮回时间，然后根据周期内第几年来区分年份的系统，例如生肖干支纪年法、十五年历，等等

历法和纪年法代表了施行该制度的执政政体对时间的支配地位；相对地，地图代表了执政政体对空间的支配地位。因此，在自古以来就广泛使用年号体系的东方世界里，经常会有不愿意服从王权的人们私自制定他们自己体系内的年号，也被叫作私年号或伪年号。进入现代社会以后，世界各国逐渐西化，基督纪元被广泛使用，成为事实上的国际通用标准。这点大概也可以说是基督教国家影响世界的有力证据之一。

为了将创作中的世界从这种现代的西化社会体制中分离出来，引入一些独特的纪年法也是一种切实有效的创作手段。《机动战士高达》系列作品中的“宇宙世纪”和“后殖民纪元”都是以人类开始向宇宙移民的那年当作元年。无论哪一种都是将人类进入宇宙作为一种影响纪年法变化的划时代的大事件看待，从而建立时间体系的纪年法。此外，这些纪年法也是与将地球和宇宙之间的对比作为背景的《高达》系列作品十分相称的纪年法。因此在作品中引入原创的纪年法时，一定要注意与作品的主题和设定紧密结合。此外，在社会中发生时间流逝出现偏差的情况下，考虑一些新的历法或纪年法等也非常有趣。

全球变暖

Global Warming

二氧化碳和甲烷气体引发的气温上升

全球变暖是由于大气中的甲烷和二氧化碳等温室气体浓度上升而引发的长期大气温度上升现象。这些被叫作温室气体的气体能够让太阳光穿过而加热地表，又能够吸收地表因被加热而释放的红外线，并且将这些能量持续保持在大气中，也就是说温室气体具备将太阳赋予的能量封闭在地球地表的属性。根据这一结论，如果大气中的温室气体浓度持续增加的话，至今为止所有被释放到大气层的红外线能量都将在大气中不断积累，那么大气的温度也必然越来越高。

工业革命与全球变暖

虽然这种变暖现象在过去已经多次发生过，但工业革命之后的近现代全球变暖现象中孕育着一个前所未有的特殊问题。

过去的全球变暖主要是由于火山喷发而导致地下积蓄的大量温室气体被释放到大气中，从而导致变暖现象的发生。但现在的地球上，有一种与过去发生的情况截然不同的机制正在加速变暖现象发生。

近现代的产业、工业、交通工具等大多使用煤炭、石油或天然气等化石燃料，通过将这些化石燃料与大气中的氧气结合进行燃烧反应获取热能，充当动力源。这就意味着此前经过漫长时间积蓄在地下的大量的碳元素，以二氧化碳的形式被释放到大气中。

此外，特别是20世纪以后随着世界各国发展进程加快，此前地球上覆盖着的能够吸收大量二氧化碳的广阔森林遭到砍伐，同时对海洋的污染也导致了能够吸收二氧化碳的珊瑚等海洋生物大量死亡。

也就是说，人类在其文明的发展过程中向大气中排放了巨量的二氧化碳，同时还导致了原本能够吸收二氧化碳的植物和海洋生物大量死亡。

全球变暖之后

就像这样，在20世纪后半期，地球一直以来保持着的二氧化碳的产生量和消耗量之间的平衡被打破，大气的年平均气温以过去从未见过的速度逐年剧增。而且这种全球变暖带来的问题，不仅仅是单纯的气温上升。在近些年的研究中，凭借模拟技术和观测技术的突破性发展，全球变暖在今后可能造成的具体影响也逐渐变得清晰。

首先，长期的气温上升现象会导致南极和北极的冰川、高纬度地区的永久冻土和高山上的永久积雪融化，从而导致海平面上升，陆地面积减少。其次，年平均气温的上升会导致各地区的气候由低纬度向高纬度逐渐变热。这一影响会对农业生产造成致命打击。再次，像台风、洪水和干旱等异常天气的发生频率会急剧增加，因为海平面和气温的急剧上升也会使得相对应的降水量发生很大的变化。

其实对于这些变化也存在反对意见。但近年来的数据资料证明，全球变暖的影响已经以肉眼可见的形式显现出来。

我们将全球变暖的赞成方和反对方的论据总结如下：

- **赞成：**与海拔零点处海岸线相邻的土地正在被淹没
- **赞成：**海水循环路径之一的热盐环流正在发生异常
- **赞成：**由于气温上升，高纬度地区的生物群正向低纬度地区的生物群转变
- **赞成：**从长期观测来看，台风等异常天气发生的频率正在增加
- **反对：**大气中二氧化碳含量的增加并不一定是导致温室效应的原因
- **反对：**近些年来，地球冬季的平均气温与过去相比反而有所下降
- **反对：**并不能肯定近些年的全球变暖现象一定是由于工厂等排放的温室气体导致
- **反对：**增加的二氧化碳排量完全可以被海洋吸收

冰河时期

Ice Ages

灾变

温室效应

全球冻结

被冰冻的行星

整个行星的气温下降，其地表被厚厚的冰川所覆盖。

当我们提到冰河时期这个词时，不正是容易产生这样的印象吗？

如果我们追溯地球历史进行调查的话，不难发现过去的地球包括赤道附近在内都曾被冰冻起来，多次陷入被叫作全球冻结的状况中。而且这一事实已经通过对地层的调查等完成确认。此外，在过去的数百万年里，即使没有达到全球冻结的程度，地球表面大半被冰层所覆盖的状况也几乎以数万年为单位周期性发生。

冰川产生的机理

地球表面被冰川覆盖的时期称作冰河时期，又称冰川期、大冰期，或简称冰期。

对于这一现象产生的机理有各种各样的说法，认可度比较高的主要原因一般有以下三个：

⊙大气中的二氧化碳在地底、海中固定

◎是对太阳光反射率较高的大陆的正常现象
◎地球公转轨道及转轴倾角[㊀]的变化等导致接收的太阳光减少

首先，易溶于水的二氧化碳通过与水中富含的离子发生化学反应或通过生物的光合作用而被固定。当大量二氧化碳被固定并堆积在海底时，大气中的二氧化碳含量的下降将导致地球失去温室效应，从而引发气温急剧下降的现象。

其次，存在于高纬度的极地地区附近的大陆对太阳光反射率较高，这会使得极地地区的气温更低，从而易于通过陆地的降雪及冻结等方式形成冰川。此外，大陆还会对运送热量的洋流及气流等造成影响。例如，当极地地区附近被大陆所包裹时，由于运送热量的洋流及气流无法抵达，可能会导致当地的气温下降，从而促使冰川的形成。

再次，地球的轨道变化等因素会导致太阳光照射量的减少，尤其是转轴倾角的变化会极大地影响照射到地面的热量。当地球的转轴倾角变大时，靠近两极的高纬度地区就无法获得足够的热量，因此冬天的积雪和结冰即使在夏天也不会完全融化，随着时间推移，冰川会慢慢地生长起来。

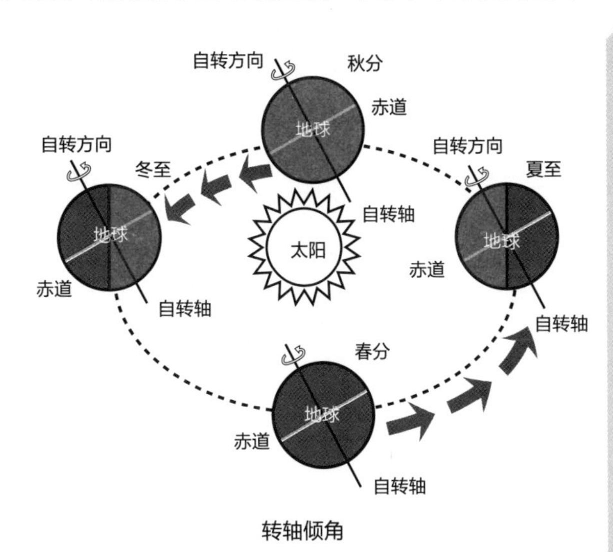

转轴倾角

㊀ 行星的自转轴与垂直于轨道平面的直线之间的夹角。——编者注

融化的冰川

当冰河时期到来时，由于白色的冰川会大量反射太阳光，因此来自太阳的热量很难在地球地表积聚，地表很难依靠太阳光的力量再次融化冰川。但冰河时期总会终结，冰川会逐渐消退甚至消失。

对此有人提出了以下假说。

以地球为例，无论地表正在经历冰河时期还是其他时期，火山活动都会无视地表状态持续运动，因此就会有大量的甲烷和二氧化碳不断排放到大气中。但是在冰河时期时，特别是在全球冻结的状态下，由于海面整体冻结，被释放到大气中的二氧化碳不会被海水通过化学反应和光合作用等吸收。因此，曾一度下降的大气气温将实现回升，温室效应再次出现，冰川开始融化，冰河时期也将迎来终结。

伴随这种有趣现象发生的冰河时期，也许是因为很难体现人在其中的作用，因此以这一主题为题材的科幻作品只有电影《后天》（*The Day After Tomorrow*，2014）等少数几个。

乌托邦

Utopia

未来社会

高度发达

反乌托邦

乌有之乡

代表着理想之乡的乌托邦（utopia）一词，最初起源于英国思想家托马斯·莫尔（Thomas More）于1516年发表的同名著作。这个单词在拉丁语中的含义是“无处可寻的地方”，即“乌有之乡”。它是一个由莫尔创造的词。莫尔在作品《乌托邦》中虚构了一个叫作乌托邦的海岛，并在这片土地上描绘了一个理性的理想社会。他试图通过将这个无处可寻的乌托邦与现实社会进行对比，表达对现实社会的批判态度。莫尔的作品对社会产生了巨大影响。在乌托邦成为理想之乡的代名词的同时，还出现了例如托马索·康帕内拉（Tommaso Campanella）的《太阳城》（*The City of the Sun*，1602）和威廉·莫里斯（William Morris）的《乌有乡消息》（*News from Nowhere*，1890）等多部同类小说。这些作品被统归为乌托邦文学，也被视作科幻小说的先驱。

玫瑰色的未来社会

科幻小说作为一种文学体裁诞生于19世纪的美国，它们大多描绘了以先进科学为后盾的富裕的未来社会景象。

支撑读者心中“富裕的未来社会”这一印象的是人们对科技发展所抱有的幻想。从19世纪后半期开始，美国的托马斯·爱迪生等人陆续发明了众多丰富人类生活的科技产品。因此人们开始天真地认为，科技发展能够使人获得幸福。在这段时期里，法国的儒勒·凡尔纳和英国的赫伯特·乔治·威尔斯等早期科幻大师纷纷登场。而他们的小说也依靠基于科学预测猜想出的发明品增色不少。尤其在美国地区，以科技发明为主题的小说非常受欢迎，最终促使了科幻小说体裁的诞生[一]，用于描绘富裕的未来社会图景。

科幻作品同样被当时社会高速发展的日本广泛接受。那个时期也可以被称为“未来热潮”，人们在各种社交媒体上描绘科学先进、资源丰富的未来社会景象。

人们描绘出这种“富裕的未来社会”的景象，代表着当时人们认为“未来会更加美好、富裕”，表达出人们对富裕未来的无条件信任。但是，在经历过泡沫经济崩溃和雷曼危机后的现代社会，大多数人已经无法真切相信“明天会更加富裕”。这也代表着现在的科幻作品中很难描绘出令人信服的未来的乌托邦景象。

以下是对描绘乌托邦社会的代表性作品的介绍：

城市	梗概
乌托邦	托马斯·莫尔在《乌托邦》中描绘的一个位于大西洋的近乎圆形的海岛，是乌托邦一词起源的地方
太阳城	托马索·康帕内拉在《太阳城》中描绘的一个漂浮在印度洋上的君主制海岛。这里实行着一种基于独特的优生学体系的控制生育和种族改良制度
香格里拉	詹姆斯·希尔顿（James Hilton）在《消失的地平线》（*Lost Horizon*，1933）中描绘的一个位于西藏腹地的理想之乡。这里生活的居民远比生活在其他地方的居民要长寿得多

㊀ 虽然玛丽·雪莱于1818年发表的《科学怪人》被认为是世界上第一部科幻小说，但科幻小说作为一种严肃的文学体裁得到确立，要归功于凡尔纳和威尔斯。——编者注

（续）

城市	梗概
奥兹国	在弗兰克·鲍姆（Frank Baum）的《绿野仙踪》（*The Wonderful Wizard of Oz*，1900）等作品中出现的一个魔法国家。虽然大多时候是一个没有贫穷也没有疾病的和平国家，但偶尔也会遇到侵略者入侵的情况
标准岛	在儒勒·凡尔纳的《机器岛》（*L'île à hélice*，1895）中登场。作为一个完全以科学原理为核心进行驱动的理想都市，最后却毁于内部斗争和暴风雨
塔纳利昂	在霍华德·菲利普·洛夫克拉夫特的《白船》（*The White Ship*，1919）中有所提及。在讲述者的故事中，那是被人类努力追寻的美丽的众神居住之所——塔纳利昂

反乌托邦的阴影

随着人们不再相信科学带来的玫瑰色的美好未来设想，人们对乌托邦的概念也发出了质疑，因此人们开始描绘一个看似像乌托邦一样的理想社会，实际上却管控居民、使人失去自由意识的反乌托邦管理社会。

实际上，以托马斯·莫尔的《乌托邦》为首的这些乌托邦文学作品，大多都描绘着一个被合理主义和极端理性支配的社会。从现在的角度来看，这些内容无疑是否定自由意志和人性的，这样的社会也很难被定义为理想之乡。或许，人们期待的乌托邦社会确实是一个“无处可寻的地方”。

反乌托邦

Dystopia

管理社会

洗脑

反抗

恐怖的世界

反乌托邦是一个术语，它指代一个伴随着某种恐惧感的完整的管理社会。在大多数情况下，它会被描述为现实社会的延伸，是现实社会的某一个侧面被放大和戏剧化后的近未来景象。代表性作品有乔治·奥威尔的小说《1984》（1949）、阿道司·赫胥黎的小说《美丽新世界》（*Brave New World*，1932）、特瑞·吉列姆导演的电影《妙想天开》（*Brazil*，1985）、斯坦利·库布里克根据安东尼·伯吉斯同名小说编导的电影《发条橙》（*A Clockwork Orange*，1971）等。

顾名思义，在一个被描绘为反乌托邦的社会里，原本应该成为理想乡的乌托邦社会的黑暗面被强调到底。也就是说，在反乌托邦社会中，每个人都受一个强大的国家制度控制，并且一再被剥夺思想、宗教等价值观，忠于国家制度的单一思想被强加于所有人。有些时候，连生活习惯甚至每天从醒来到入睡的周期活动都由系统决定，自由的行动和思考被当作一种禁忌回避。在这样的社会中，国家、体制、领导者和系统被捧上高台不断受到赞美和盲从，而违抗这些潮流的人，即便是孩子也会受到严惩。洗脑机构的“再教育”被公认为是制度带来的高尚学习手段。

所有的人权都屈居于社会制度之下。自由和人权被视为侵蚀体制的危险思想，而手握强权和暴力的执法者会对这些“背叛者”密切关注。注意，这里的背叛者指的不仅仅是那些对社会制度怀有不利思想的人或对现存体制不满的动乱分子，它指的是所有拥有自由意志或疑问的人，哪怕只是偶然想起都包括在内。

在现实社会中，曾被幻想成乌托邦的空想社会主义和产业革命中存在让人们痛苦的要素，而很多反乌托邦小说都是针对这些要素而创作的。

反抗者们

反乌托邦社会是一个只要能够控制自己不产生任何疑问或不满，就能安稳地度过一生的社会。但为了抹去反抗的概念而对市民进行物理性人体改造、强制推行一种废弃所有关于反抗及疑问表达的新语言、甚至仅仅因为怀疑就给市民带来毫无怜悯的死亡结局，基于这种令人恐惧的制度，各种相关故事中当然会出现高举反抗大旗的人。而在大多数情况下，因为这些反抗者们无法进行公开活动（在完全管理的社会下，即使在日常闲聊中都不能流露出一丝一毫的怨言，更何况利用出版物和网络等手段的公共启蒙运动），所以只能潜伏于地下。这些活动容易使人联想到现实中的反抗运动（尤指二战期间法国的反法西斯运动和游击队活动），在强力的支配体系下既无法充分扩张，也无法取得有效成果，大多数反抗运动往往以失败告终。

在一个完全无法取得包括枪在内的任何武器，所有武器都被管制的社会中进行反抗活动，特别是妄图通过暴力手段实现革命目的是一件非常困难的事。因此，反抗者们只能秘密聚集那些觉醒了自由意志的人，不断进行一些微小的启蒙活动。在现实中，这种革命几乎不可能实现。

而描写反乌托邦社会里的人民从压迫和洗脑中觉醒自由意志，在拥有超强战力的主人公的帮助下切实完成反抗运动革命的作品，只有唯一一部电影《撕裂的末日》（*Equilibrium*，2002）。

悄然接近的反乌托邦

思想控制及对娱乐和嗜好品的强行限制和禁止是反乌托邦作品中常见的管理体制控制社会的方法。思想和文化管制的不仅仅是历史事件，还包括当下正在进行中的事件。小说、电影、电视作品、动画作品、香烟、酒精等娱乐与嗜好品的发展历史也可以说是另一种与体制进行斗争的历史。这些情节在反乌托邦作品中，也可以当作一种继承失落文化的主题。雷·布拉德伯里（Ray Bradbury）创作的小说《华氏451》（*Fahrenheit 451*，1953）中就描绘了一群每人背诵一整本书的反抗者。

如果所有的社会体制都以建立乌托邦为目标的话，那与此同时，所有的社会都有成为反乌托邦的可能性。

最终决战

Armageddon

全面核战争

侵略地球

终极武器

最终决战的时代

最终决战，也就是对人类来说最后的一场战争，是一个自神话时代就流传至今的概念。

在《新约圣经·启示录》中，神和撒旦在哈米吉多顿进行了最终决战。而在北欧神话中，也描写了众神所进行的最终决战，又被称为“诸神黄昏”。

这些神话所展示的最终战争观和末世论，对描写未来人类最终决战的科幻作品，特别是由欧美作家创作的此类作品产生了深远影响。

科幻作品中描写的最终决战除这些神话的类型之外，还有以下几种类型：

- 因人类同种族对立而导致的灭绝战争
- 人类与非人类之间的战争
- 非人类种族之间的战争

在第一种类型中，例如手冢治虫的漫画《火鸟》、宫崎骏的漫画《风之谷》等，很多作品都描写了“因核武器等足以毁灭世界的超级武器而导致战争升级，结果使得人类灭绝”以及“因战争使得国力衰退，导致人类走向衰落和毁灭的末路”等悲观的未来景象。

在第二种类型中，大多都是呈现外星人或外星生命体入侵地球的侵略战争模式。

在过去的射击游戏中，这种类型经常作为背景故事出现。几乎所有选择这种类型的作品都需要一种戏剧式的高潮和发展，当然也有像拉里·尼文和杰里·波奈尔的《天外覆足》和游戏《高机动幻想》一样，设定了人类和敌人之间的科技水平以及作为生物物种的能力差距过大，导致人类一度陷入绝望、似乎难以逆转的惨烈战况这种故事背景。

这种类型的代表作品有电影《独立日》（*Independence Day*，1996）、《宇宙战舰大和号》、动画《飞跃巅峰》等。像这些作品一样，描写人类成功击退及歼灭外星人或外星生命体取得最终胜利的故事作品并不在少数。

不过也有与之相反的，像谷甲州的系列作品《航空宇宙军史》就讲述了人类文明在科学技术发展到顶峰时，因与之前奴役、压迫并支配人类的外星文明反动军进行战斗，从而失去强大的军事力量，最终走向衰退的故事。

最后一种类型大多描写的是人类被卷入外星人之间的战争，或被某一方利用的情节。这种类型也可以认为是第二种类型的衍生，其代表作品有爱德华·埃尔默·史密斯的《透镜人》系列和动画《超时空要塞Macross》等。不过在这种类型中，很多作品会将原本被认为是最终决战的那场战斗，设定为实际上不过是之后新战斗的序幕。尤其在作品《超时空要塞Macross》中，无论是否愿意，人类都必须被迫继续与这两种外星生物发生联系。

决战兵器

在众多描写最终决战的科幻作品中，必不可少的元素无疑是那些拥有巨大威力的超级兵器群。

那些描写人类之间战争的作品一般会将其设定为核武器，这种决战兵器使用后就会产生绝对性破坏，只留下一个荒废殆尽的残破世界。而大多数描写这种超级核武器的作品都是在美苏冷战时期完成的，反映了当时冷战双方凭借核武器力量进行对峙，给当时世界带来的紧迫感。

另外，在描写人类与外星人或外星生命进行战争的作品中，也有呈现人类武器无法对敌人形成有效攻击的局面，这时就会设定人类从敌人手中夺取超级武器作为己方王牌的情况。这些兵器的使用在展示人类为了生存不顾一切的决心的同时，也清楚地表明了人类科技及文明对敌人完全无效的绝望局面。

如果不限制手段方法，比起使用容易被敌方制止的某种敌方兵器，完全不考虑后果的粗暴迎敌方式确实会给读者留下更深刻的印象，例如《飞跃巅峰》中出现的黑洞炸弹。

核冬天

Nuclear Winter

冷战时代

在以实行资本主义经济体制的美国为中心的北大西洋公约组织（NATO）和以实行社会主义经济体制的苏联为中心的华沙条约组织（WTO）两大阵营经过漫长对峙后的冷战时代末期，分属于两方阵营的各个国家都处于随时可能到来的全面战争的恐惧情绪中，开始建造以洲际弹道导弹为首的各种核武器以及坦克、飞机等常规武器，不断加强军备力量。

原本为确保双方战争威慑力而开始整备的战略核武器力量在不断增多变强的过程中，陷入了一种无处可用、仅以数量和杀伤力为目标的发展状况。1970年以后，两次战略武器限制谈判（SALT）虽然保证了美苏双方不会继续增加导弹持有的数量，但为了弥补数量上的缺失，导弹性能得到了提升，实际的杀伤力反而提高了。1983年12月，在各方都在疑神疑鬼地推进核武器军备时，以天文学家卡尔·萨根（Carl Sagan）为首的研究小组提交了一份报告，这正是由美国政府委托进行的、关于核战争对大气影响的报告。

TTAPS

这份以5名相关研究者的姓氏首字母命名的TTAPS报告轻描淡写地给出预测：如果地球上发生全面核战争，将导致包括人类在内的地球生态系统遭受致命打击。虽然这项研究原本是美国在20世纪70年代中期发起的，但这份报告对苏联也产生了非常大的冲击，因此苏联同样动员了相关专家进行精密模拟实验。

TTAPS报告预测人类文明将在以下过程中毁灭：

- ⊙ 同时使用大量核武器导致世界范围内发生大规模、大范围的爆炸
- ⊙ 受爆炸影响，城市周边区域发生大规模火灾
- ⊙ 核爆炸产生的灰尘和火灾产生的烟雾等颗粒物被大量释放到大气中
- ⊙ 这些颗粒物覆盖大气，导致太阳辐射量长期、急剧下降
- ⊙ 太阳光照的减少导致气温下降
- ⊙ 依靠太阳光进行光合作用的植物和浮游生物大量死亡
- ⊙主要以植物和浮游生物为生的动物因饥饿死亡
- ⊙ 农作物和动物的灭亡使人类面临更加严重的粮食危机
- ⊙ 放射性物质的长期滞留及沉降导致生物细胞癌化或基因受损
- ⊙ 后代发生畸形或短命等情况

1986年，苏联切尔诺贝利核电站发生的核反应堆爆炸事故，推动TTAPS报告走向更为重要的地位。这场事故引发了历史罕见的巨大灾难，发生爆炸的核反应堆释放了10吨左右的放射性物质，污染了北半球包括欧洲全境在内的广大地区，并引发了各种次生灾害。仅仅一个商用核反应堆的失控爆炸就产生如此大规模、长期且影响广泛的严重灾害，这一事实使得当时的人们意识到了因核武器攻击所造成的灾难之严重性。

未来的荒土

对核战争后的世界进行研究的这些科研成果，对同时代的科幻作品，特别是以未来为背景进行创作的作品产生了巨大影响。在科幻作品中，虽然很早之前就有使用“核冬天”一词的作品，如西奥多·斯特金于1947年完成的《霹雳与玫瑰》（*Thunder and Roses*，1947），但直到TTAPS报告发表之后才加速使人们达成了以未来为背景的“核战争后=核冬天”这一共识。

此外，由于对核冬天的研究同时促进了人类对地球环境的研究和深入理解，因此从这个时期开始，涉及生命和生态系统的生态主题作品数量迅速增加。

具有讽刺意味的是，荒芜的核冬天景象在科幻作品创作中带来了丰富成果。

肮脏的未来

Dirty Future

工业化

大气污染

酸雨

清洁发展的对立面

在雾霾中蒸腾着的五彩斑斓的烟，被污染的大气反射出一片霞光，然后一场酸雨降落在杂乱无章的古旧街道里。

在1982年的电影《银翼杀手》（*Blade Runner*）中，导演雷德利·斯科特（Ridley Scott）勾勒了一幅2019年洛杉矶城的画面，给当时的观众带来了巨大冲击。其实当时的电影《星球大战》已经描绘过被油渍和尘土包裹的未来景象，并且凭借塑料模型等被称作风化涂装的表现污染的技术手段获得好评，这部作品通过这种真实表现手法收获了观众的支持。《银翼杀手》在这样的背景下创作出来，并且描绘了一个比《星球大战》更加荒废的城市景象，将“未来都市=清洁的理想城市”这一之前人们普遍存在的对未来的印象彻底粉碎。此外还有威廉·吉布森的《神经漫游者》和士郎正宗的《攻壳机动队》等将赛博朋克作为视觉形象中心的作品收获了大量追随者，完全改写了整个科幻领域的未来观，对此后的科幻作品造成了决定性影响。

酸雨的形成原理

在这部作品中，一直延绵不断降向街道的酸雨，作为一种令人踟蹰的未来象征给读者留下了深刻印象。但这原本就是在19世纪工业革命迅速发展时，由英国首先确认的一种公害现象。

当时的英国工厂持续使用大量含硫的煤炭获取动力，导致大气中被排入过量的硫氧化物。这些硫氧化物与大气中的其他成分发生化学反应，形成硫酸溶解在雨中，再随着雨水降落到地表，造成了大范围内的树木枯死等严重损害。

在多年之后，这个问题通过对工厂废气进行脱硫作业的方式得到了解决。但与之相对的，因汽车数量增加导致的汽车尾气排放，即汽车发动机产生的氮氧化物成了酸雨形成的主要原因。当然这时的酸雨也变成了以硝酸为主要成分的酸雨。

其实空气中本来就含有大量的氮，不过氮本身是一种自然条件下很

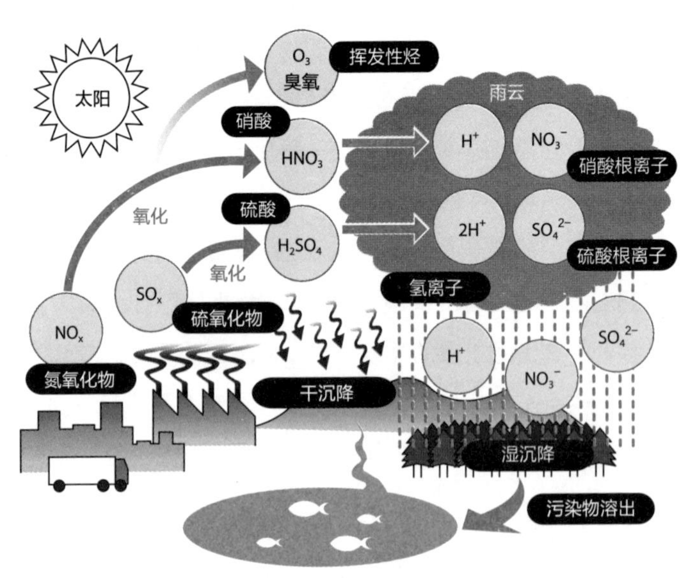

酸雨的形成原理

难发生化学反应的物质。但汽车发动机气缸内的燃料燃烧创造了高温高压条件，因此在喷射到气缸内的燃料不完全燃烧时，残留的氧气就会与气缸内空气中所含的氮气结合，生成多种氮氧化物。

之后，含有这些物质的汽车尾气会继续与太阳光中的紫外线发生光化学反应，生成臭氧和醛等有毒物质。这些物质与灰尘一起悬浮在大气中时，便形成了被称为光化学烟雾的公害现象。

在《银翼杀手》中作为故事舞台的洛杉矶，即便在现实中也是一个以石油化工产业为中心的重工业城市，是一个除了纵横交错的高速公路之外，几乎没有其他交通网络的极端城市。在这里，汽车成了生活的基础必需品。而且这个城市气候干燥、多晴天，因此被冠以“历史上首个确认光化学烟雾现象的城市”这一非常不光彩的头衔。从这个方面进行思考的话，《银翼杀手》中描绘的未来绝不是空想，而是“今后可能真正发生”的未来图景之一。

与酸雨的战斗

20世纪70年代以后，包括酸雨在内的各种环境污染被世界公认为一项严重的社会问题。树木枯死问题严重，湖中漂浮着鱼的尸体，不断有畸形物种被发现。这种直观受害的影响范围越来越大，因此，包括日本在内的许多国家都开始严格要求对导致环境污染的烟尘和废水等进行净化处理，并通过严格限制电子产品中铅的使用等措施，尽可能控制污染的扩张速度。在世界各国的不断努力下，环境污染所造成的损失也正在逐年减少。

灾变

Catastrophe

地震

天体撞击

玛雅历

神话中的灾变

灾变一般伴随着大范围内的崩溃及破坏。不知是因为规模大而显得事发突然，还是因为事发突然而显得规模更大，总之，灾变总是在突然间打破局面，成了科幻作品中最受欢迎的题材之一。

最初，灾变只是一种描写伴随着世界末日到来的大崩溃的末日论的表现形式，在欧洲北部及中东等地区广泛流传，最早可追溯到神话时代。

在印度神话中，众神将世界中心的巨山当作搅棒，使大海旋转，从而获取能够保证不死的灵液和各种珍宝，但也引发了天灾景象。印度教保持着一种轮回的世界观，他们相信随着时代的发展，道德紊乱的现象会越来越多，最终迎来世界崩溃的结局，但随后又会继续开启另一个全新时代。因此，印度教对各种天灾的描写数不胜数。而在中国神话和日本神话中，虽然表现形式不同，但都有死后世界与现实世界相邻共存的结构。可能正是因为这种共存结构，使得双方神话中虽然都有创造天地的故事，但却都没有关于大灾变或世界大崩溃的描写，当然也没有关于世界末日的故事。

从这些神话的分布规律中可以看出，越是在沙漠、极寒等严酷的自然环境中生活的民族，越容易产生类似于灾变的神话和传说，也就是偏向于末日论的世界观。

袭击日本的灾变

话说回来，即便在过去的神话故事中没有对灾变进行描述，也并不意味着该地区生活的人们对这种突然发生的大灾难不感兴趣或毫不关心。

特别是日本，这个被称为地震大国的国家经常遭受地震侵害，而且还有台风定期造访，因此当地的人们对突发性大灾难非常关注。迄今为止，日本已经创作了众多描述这种大灾变及与灾变伴随而来的恐慌现象的作品。

先驱作品是安部公房于1958年开始在杂志上进行连载的小说《第四间冰期》，讲述了一个全球变暖等原因导致地球被海水淹没的故事。在这部作品面世之后，日本接连出现了多部描写世界直面被海水吞没的危机的科幻作品。这其中，小松左京于1973年发表的《日本沉没》运用了当时最新的板块构造论等假说，描绘了整个日本列岛突然间沉入海里，日本人被迫在世界各地漂流的故事，成为日本科幻史上空前的畅销书。此后日本东宝公司又将其拍成电影作品，同样大受欢迎。因此东宝公司开始不断制作以灾变为主题的电影，如描写1999年世界末日的《诺查丹玛斯的大预言》（1974），这部电影掀起了大热潮，对日本社会产生了巨大影响。

席卷欧美的灾变

在美国和欧洲，尤其是美国好莱坞电影公司也在20世纪70年代出品了许多灾变题材的影片，如《海神号历险记》（*The Poseidon Adventure*，

1972）、《飓风》（*Hurricane*，1974）、《大地震》（*Earthquake*，1974）、《地球浩劫》（*Meteor*，1979）等，这些电影讲述了大海啸、飓风、大地震和陨石撞击等大型灾难发生时的故事，因其普遍以一系列脱险行动为主线，所以后来被日本统一归类为恐慌电影。可惜的是这些作品中，绝大部分是粗制滥造的失败的工业品，因此导致美国在那之后近20年时间里，几乎无法再制作同类电影。

在科幻小说方面，拉里·尼文和杰里·波奈尔合作的《撒旦之锤》（*Lucifer's Hammer*，1977）、威廉·罗兹勒和格雷高利·本福德合作的《湿婆神降临》（*Shiva Descending*，1980）、亚瑟·查理斯·克拉克的《上帝之锤》（*The Hammer of God*，1993）等描写了因小行星撞击而引发灾难的故事。其中《上帝之锤》还被改编为电影《天地大冲撞》（*Deep Impact*，1998），为好莱坞影业时隔20年的恐慌电影复活做出了贡献。在那之后，玛雅历使用的1872000日的周期，也就是公历中长达5125年的周期终于将要在2012年12月21日迎来轮回节点，这一日期被一些人认为是世界末日。基于此，好莱坞影业连续出品了包括罗兰·艾默里奇导演的《2012》（2009）在内的多部影片，描述了基于这个2012年末日论的灾难故事。

资源问题

Resource Issues

有限的资源

资源问题伴随人类在行星上生存的整个时期，无法忽视。

从稀有金属等各种稀有物质被各国进行出口限制就可以看出，像石油和煤炭等化石燃料，金、银、铂等贵金属和铜、铅等对人类有用的矿物资源都仅集中存在于地表的特定区域。

这是一种因沉积和析出等正常地壳形成过程所引发的自然现象，最终却导致人类内部的土地斗争。

当然，如果这些稀有资源的储备量足够，而且市场上也有充足的供应来满足社会需求时，这种特定区域内的分布就不会是一个严重问题。

但是，当这些深埋地底的资源因长期开采而枯竭时，对这些资源有所需求的国家和企业之间就会产生激烈的争夺战。

可以说，人类的战争，特别是工业革命以后的战争，都不过是对资源的争夺。即便是号称以宗教或民族之争为原因的各种战争，实际上其根本原因也几乎全都是对立势力之间的资源争夺。此外，一个非常明显的事实是，目前热火朝天的宇宙开发也是以确保外星资源为目的的，实际上主要进行的是对月球或其他星球上稀有资源的采集、研究和探讨。

话说回来，在战争成本，尤其是武器成本高涨的近代以后，这种因资源争夺直接引发战争的情况比以前减少了。

取而代之的是，各个国家或势力之间通过削减稀有资源的消耗、开发替代的新材料或新应用方式等技术手段进行对抗。

替代的手段

在第二次世界大战期间的德国或种族隔离时期的南非，虽然其国内不出产石油，但有丰富的煤炭资源。人们以煤和水为原料生成一氧化碳和氢气，并在高温高压的条件下通过铁、钴或铂等催化剂进行反应，从而得到人造石油并投入实际使用中。

本土主干城市被轰炸之前的德国和因种族隔离政策而成为国际经济制裁对象的南非，都没有因为无法进口石油而导致石油短缺的烦恼，其实正是因为有了这种人造石油的支持。

此外，还有发生石油危机的20世纪70年代初，日本在这期间迅速发展了各种节能技术以减少石油消耗，同时也促进了新能源的开发。近年来，日本和其他依靠进口稀有金属的国家开始了大量相关研究，希望能够将稀有金属的替代技术推进到实用化阶段。此外日本还开展了从填埋垃圾中回收包括稀有金属在内的多种稀有资源的研究，这也可以说是对“城市矿藏”的一种活用研究。

就像这样，当面临稀有资源枯竭或短缺等问题时，可能会发生资源争夺战，但另一方面也可能促使各个国家不断进行替代资源和新技术的研究及开发。

通常情况下，使用这些替代资源或技术时，与使用原本的资源相比，效率更低，而且也不利于成本控制。但是在“没有其他解决方式”时，各国或公司就不得不无视这些缺点进行开发。

这还会促使对过去因盈利问题而停止开采的矿山等资源的再利用。

这是因为，只要该方式的成本能够低于替代手段或替代资源，那么即便是类似于开采深埋地下深处或海底深处的稀有资源等业务也能够具有充足的竞争力。即便有人提到“稀有资源的分布不均衡”的问题，那也是针对开采成本及效率等方面提出的。实际上各种资源，包括稀有资源都是随处可见的，只不过是可开采量多少的区别。

此外，在科幻作品中，还有像格兰特·卡林（Grant Callin）的《农神节》（*Saturnalia*，1986）一样，描写外星人留下的“遗产”也成为一种资源被多方争夺的故事。

深海

Deep Sea

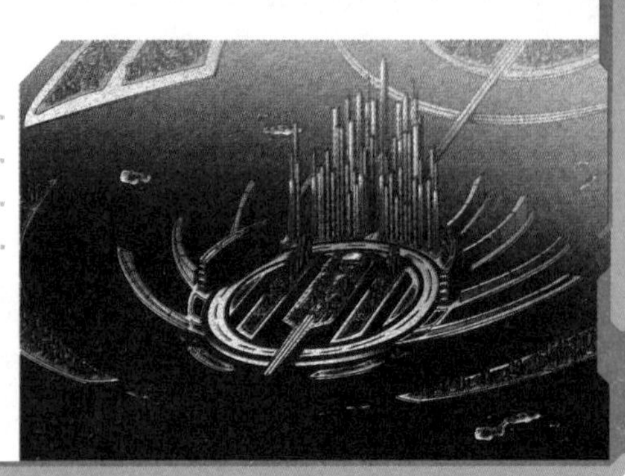

极限环境

生态系统

未开发资源

地球上最后一片“人类未踏足之地”

深海一般指的是海底深度达到海平面以下200米以上的海洋。

世界上被人类确认最深的地方是马里亚纳海沟，水深约11000米。而像这样的深海几乎占到了地球整体海洋面积的80%左右，这是一个非常高的比例。

军用潜水艇可以潜入的水深大约在100~600米之间。因此对于海洋来说，实际有相当大的水下范围人类无法加以利用。

像日本研发的深海载人潜水器“深海6500”这种，能够供给人类乘坐进入深海领域的手段已经实现。此前还有其他能够潜入海下10000米以上深度的载人潜水器，或像“海沟号”一样能够承受水下11000米深处压力的深海无人潜水器。

但是，水深10000米处的压强可达到100兆帕，而水深6500米处的压强约为65兆帕，因此我们需要特别的结构或设计来对抗这种超强水压。即便是成本相对较低的无人潜水器，如果包含其专用支援航母运营成本在内的话，也需要极其庞大的制作及维护成本。

因此，即便是已经进入21世纪的今天，随着宇宙空间开发的推进，商业卫星已经见怪不怪地围绕在地球卫星轨道上，但关于深海领域的商

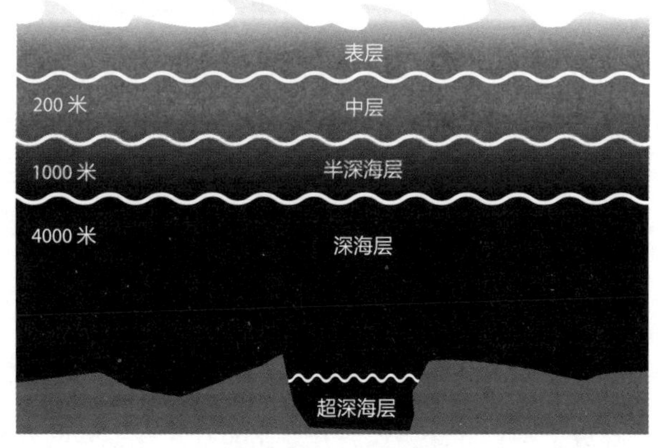

海洋的分层结构

业作用和开发并不发达。

事实上，全世界只有极少数国家拥有并维护着用于进行深海研究的深海载人/无人潜水器，当然也包括其专用航母。

因为全部国土四面临海，而且还与日本海沟等深度较大的海沟相邻，所以日本对于海洋资源的调查以及地震研究等地质学方面的调查具有相当紧迫的必要性，并且也非常积极。除此以外，就只有美国、俄罗斯、中国、法国等极少数国家拥有相关设备。

未开发的资源宝库

正如前文所说，对于深海探索来讲，如果不克服技术及经济上的高阻碍，就无法确实地进行调查。因此在很长一段时间内，深海的研究及开发工作进展缓慢。

然而，目前有一些调查表明，深海其实是蕴含各种珍稀资源以及珍稀物种的宝库，像以深海龙胆石斑鱼为首的各种鱼类及各种古细菌等，都是无法在浅海中看到或根本无法在浅海生存的物种。因此近些年来，人们通过数据观测和模拟等手段，开始了对深海洋流的进一步研究，同时也加深了人类对鱼类、贝类或其他深海渔业资源的了解。

尽管我们已经了解到深海资源的可用性、稀缺性及其在储量方面的前景，但实际的开发及应用工作要求我们能够在承受水底高压的同时，实现低成本、高效率地进行矿物资源采集工作的设备研发。当然这种机械设备的研发及实用化工作非常困难，同时我们还尚未研究清楚这些采集活动对海底周边环境的影响。因此，即便是目前被广泛作为渔业资源的雪蟹等产卵地在深海的生物，人们也无法对其开展充分的生态调查，其根本原因就在于深海载人潜水器和深海无人潜水器的数量不足和成本限制。

由于面临以上种种问题，深海开发比太空开发需要更高的成本和更强的技术能力，因此目前挑战太空开发的国家远比进行深海开发的国家数量多。

不过在科幻领域中，深海作为地球上的最后一片“人类未踏足之地”，是被众多作品使用的极具魅力的题材之一。有的作品还会设定深海中存在海底人类文明，如电影《海底三万里》（*30000 Leagues Under the Sea*，2007）等。

地球空洞

Hollow Earth

冥界

地底世界

极地开口

冥界与最早的地球空洞说

在古代，人们大多认为地下世界是死者的领域——冥界。关于这种描述人或神前往冥界的神话，日本有伊邪那岐、伊邪那美的故事，古希腊有奥德修斯的冥界行，美索不达米亚有“伊南娜下冥府”的传说……它们都描写了一个没有光的黑暗地下世界——冥界。在埃及神话中，统治冥界的是冥王奥里西斯，他拥有像冥界一样漆黑的皮肤。在文艺复兴时期，但丁创作了史诗作品《神曲》，其中关于冥界景象的描写奠定了基督教中的冥界形象。其中的地狱被描述为一个穿破地面的倒圆锥形九层空洞。

科学界开始对地球内部是否为一个空洞的思考发端于17世纪下半叶。哈雷彗星的发现者——英国著名的天文学家埃德蒙·哈雷（Edmond Halley）第一个将“地球内部是中空的”这一观点作为学说发表出来。他在进行天文观测的过程中想到极光现象可能与地磁变化有关，因此提出地球空洞说作为解释地磁变化的一种假说。这种假说认为地球由四种以不同速度进行自转的地壳结构构成，它们分别是外层、中间层、内层和中心核四层，并且每个地壳结构中还可以有不同的生物居住。哈雷推测极光可能是由地下能够发光的大气从两极地区漏出来形成的。18世纪的瑞士数学家莱昂哈德·欧拉（Leonhard Euler）同样认可地球空洞说，不过他认为地球两极有开口，从开口处可以进入到地球内部，而地球内部存在着一个直径1000千米的小太阳充当地球的中心。欧拉的理论非常有名，不过这一理论似乎是由科幻小说家瑞恩·斯普莱格·迪迎和威利·雷在1952年所著的《彼界之地》（*Lands Beyond*，1952）中编造出来的。1818年，一名美国退伍军人小约翰·克莱夫·西蒙主张地球是空心的四层结构，并且在南北两极各有一个开口。

极地开口和柏德少将的探险飞行

西蒙曾经想要进行北极探险以证明自己的观点，但由于资金匮乏，最终未能成行。不过他的假说对当时的科学小说产生了很大影响。侦探小说之父埃德加·爱伦·坡（Edgar Allan Poe）的作品《亚瑟·戈登·皮姆的故事》（*The Narrative of Arthur Gordon Pym of Nantucket*，1838）就讲述了一个在南极探险之后进入不可思议世界的故事，有人认为这是受到了地球空洞说的影响。1864年，儒勒·凡尔纳发表了小说《地心游记》。他设定了一个像欧拉的地球空洞说所描述的那样，有着奇妙的发光物质照亮并有恐龙栖息的地底世界。这个世界的形象比起西蒙的假说来讲，更接近哈雷的猜想。1913年，马歇尔·B.加德纳开始鼓吹可以从两极的开口进入悬浮着小太阳的地球内部。不过在李察·柏德少将驾驶飞机飞过北极点上空探险之后，这一假说就偃旗息鼓了。

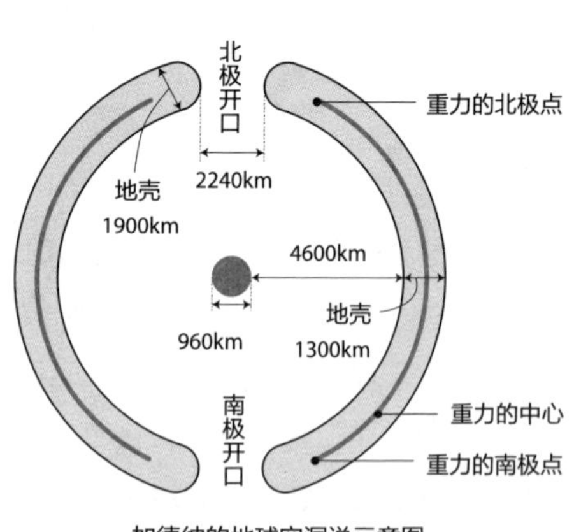

加德纳的地球空洞说示意图

不过在1969年，雷蒙德·伯纳德出版了《空洞的地球》（*The Hollow*

Earth），证明柏德少将在进行探险飞行时，曾经由极地的开口进入过地球内部，这让地球空洞说再次复活。

一直存在的地球空洞

随着人造卫星以及地表观测技术的发展，目前地球上残存的未知区域只有深海和地底，因此地球空洞说理论绝对还未过时。事实上，二战后曾多次传出希特勒由南极洲地球空洞入口逃进地球内部的传闻，2012年甚至有一部以此传闻为基础的电影《钢铁苍穹》（*Iron Sky*）上映。希特勒在该电影中以身骑霸王龙的形象在地底世界登场。此外还有鲁迪·拉克的小说《空间世界》（*Spaceland*，2002）、动画《哆啦A梦：大雄与龙骑士》（1987）、游戏《魔装机神》系列等，都是以地球空洞下存在的世界为舞台展开的，其中地下光源如何产生、当地底世界在地壳内侧时重力该如何作用等问题都是创作过程中应当思考的重点。邮递型（PBM）游戏《蓬莱学园的冒险》对以上问题做出了一个物理模型，即地球空洞世界的中心小太阳（中子星）会向地表产生斥力，由此使得地底世界在地壳内侧时也能实现类似地球重力的环境。这些细节的设定正是赋予荒诞故事真实感和魅力的重要因素。

平行世界

Parallel Worlds

- 量子力学
- 时间旅行
- 改变历史

另一种现实

与当前世界平行存在的另一个世界，就叫作平行世界。

这一概念的理论依据与量子力学有关。在经典力学中，事件如何发生由其初始状态决定。也就是说，如果在斜坡上放一个球，那么我们完全可以计算出这个球接下来的运动状态。但在量子力学中，事件发生的各种状态只能由概率决定。虽然在斜坡上放着的球在通常情况下会向下滚落，但也存在反过来开始爬坡或中途突然爆炸的可能性。即使发生概率不大，但也无法完全排除。

在量子力学的领域中，这些无数的可能性之间并无差别，但生活在现实层面的我们只能观察到其中一个结果。哥本哈根诠释认为，正是我们的观察将这无数种可能性收敛到了一起。另一方面，也有其他理论认为所有这些事件状态的可能性都是存在的，只不过分散在无数的平行世界中。这种理论一般被称作艾弗雷特的多世界诠释。这一理论认为，存在无数个分化的平行世界，而我们生存的现实世界正是其中之一。平行世界之间能够相互窥视，甚至能够相互来往，这正是关于平行世界的基本猜想。时间旅行常常被认为是平行世界之间互相穿梭的一种手段。

由此可知，所谓的平行世界其实指的是“经历过不同历史的世界”，比如爬行动物代替人类进化出智慧后的世界。

如果从故事性的角度展开思考，那我们可以通过设定原世界与平行世界分化开来的原因和结果，给出解谜要素。此外也可以从各个角度重新审视被认为是“唯一且无法改变”的现实世界。

无数的现实

当一部作品中出现多个平行世界时，最好根据平行世界的不同设置出各具特色的记忆点，比如因长期战争而导致战斗力异常的世界、发展了魔法或超能力等未知技术的世界，等等。而作为作品本身的联系，每个平行世界中都应当有主人公或重要登场人物的分身。当然从量子力学的角度来看，这些分身的存在毫无根据，但将其作为一种科幻性的设定进行尝试则没有什么问题。

那么，现在我们可以设想当平行世界之间的交通一般化后，各个原本独立的平行世界之间都将产生更为密切的联系。简单思考一下的话，由于另一个地球的存在，相对应的地底资源可能也会增加一倍，而围绕这些新增资源发生谈判、移民甚至战争等情况也不足为奇。

当无数的平行世界能够正常交流时，我们也可以将它们放在一起，当作一个完整的生态系统来看待。具有战斗方面特长的世界可能会像肉食动物一样蹂躏其他世界，甚至有可能不断展开侵略行动。当然应该也会发展出与之相抗衡的世界。当各个世界以这种方式交流、发展和消亡之后，或许所有的平行世界最终会一同走向灭亡。当然也有可能会走向相反的方向，它们可能会进化成一个与现实生态系统一样具有各种多样性的世界群。无论如何，平行世界之间的斗争都可以成为一个有趣的主题。长谷川裕一的漫画《时空眼》和《超越时空眼》就非常绚烂华丽地描绘了无数平行世界之间的斗争，可以成为很好的参考范例。

有时，平行世界可以理解为二次创作的现实化。当出现一部特定的虚构作品时，其他借用该作品世界观和主要角色进行创作的作品，就可以看作是与原创世界同等共存的平行世界。

如果我们将这个想法进一步往下推进，当世界无限多的时候，那么无论哪一个世界都可以是真实存在于某个地方的。也就是说我们所想象的每一个虚构故事都会以平行世界的形式真实存在于某处。通过引入这种平行世界的定义，作品可以跨越虚构与现实之间的界限。

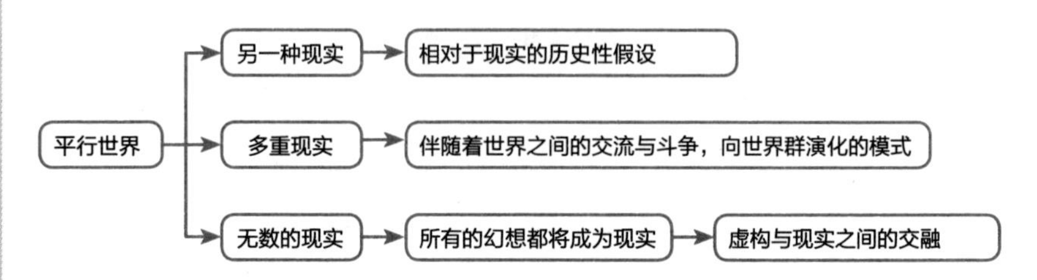

异次元

Another Dimension

作为叙事手段的异次元

异次元（维度）其实并没有明确的定义，而是用于统称在各个方面与现实世界不同的世界或空间等。虽然从定义上讲与平行世界有所重合，但平行世界更强调与现实世界的相似之处，而异次元则更多强调与现实世界的不同之处。在科幻领域中，异次元出现的意义和目的可以分为舞台、手段、对照三种。

- **舞台**：让异次元成为冒险的舞台。在脱离现实限制的异次元、异世界中可以诞生出各种各样有趣的冒险故事。在太空歌剧及各种奇幻故事中，总是会出现迷人的异次元、异世界描写。而其关键在于要描绘出充满魅力的异界风景和情绪变化
- **手段**：将异次元作为一种达成目的的手段、工具导入作品。就像在空间跃迁和超光速航行中所使用的异空间一样，这些异次元独特的定律法则和所在地在作品中被设定为一种道具发挥作用。这种情况下，可以尽情对异次元做一些宏大设定，也可以仅仅从一些细微之处引出重要结果。例如，仅仅因为地球诞生的过程或物理常数有些微差异，就诞生出了一个富含各种放射性物质的世界，或一个完全相反的没有丁点放射性物质的世界
- **对照**：将异次元当作现实世界的对照组。也就是说通过在作品中展现一个与现实世界不同的、完全遵循另一套规则的世界，迫使生活在现实世界中的我们（读者）重新思考身边那些被认定为常识、总是不加思索就接受的各种事

情。在这里，作者可以寻找现实中存在的各种规则，然后通过反转或改变这些规则来创造新的异次元世界

当然，这几种使用目的也可以组合在一起进行创作。此外，如果将上述理由反过来看的话，也可以认为是从异次元接近现实世界的理由。例如，地球上有异次元居民想要的重要利益。

异次元的性质和法则

无论使用上述的三种目的中的哪一个，都要明确异次元的魅力在于其未知性。而另一方面，所谓未知并不代表着“意义不明”或“什么都有”。

作为一部相关科幻作品的话，想要让读者觉得有趣，首先应该是大致决定作品中异次元世界的法则。在那个世界里，是一种怎样的法则在起作用呢？是重力、物理常数、空间，还是其他更奇妙的东西？它和现实世界的法则有什么不同？通过对这些世界法则的合理设定，可以创造出非常有趣的异次元世界。此外，在巩固以上基础的前提下，再设定一些能让读者窥见到偏离基础的存在，就更能体现出异次元的神秘性。

而在思考如何设定有趣的物理定律时，也可以参考现实中物理学、宇宙学领域里的各种研究理论。比如，现在的物理学认为物质和反物质是成对产生的，但在产生时出现了极小的量的差异，结果就只留下了物质宇宙（CP破坏）。基于此，我们可以考虑物理常数稍有不同，反而只剩下了反物质的异次元世界。在爱德华·埃尔默·史密斯的《透镜人》系列中，一个装有超级武器发动机的异次元行星对敌方母星进行攻击时，导致了不同物理定律之间的碰撞，引发一场远超超新星爆发的大爆炸。即便是其宇宙中第一智者——阿里西亚人，也花了相当长时间才完全理解这场爆炸。

此外，对异次元来说，即便不是一个完整的世界也没关系。在许

多科幻作品中都描绘了由人类或其他未知的外星人创造出来的异次元世界。在亚瑟·查理斯·克拉克的《2001：太空漫游》中，作为前人类遗迹的黑石被设定为一个超越三维的存在，并且成了能够连接众星的星门。甚至还有作为一种超能力表现出来，能够将个人包裹其中的异次元设定。在菲利普·K.迪克的《尤比克》（*UBIK*，1969）中，人体的内部空间就被设定为一个独立的异次元，这大概可以说是最小的异次元了。

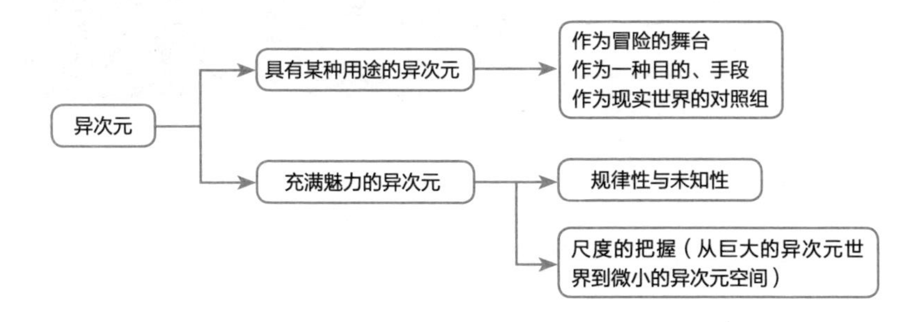

异世界穿越

Another World Transition

“转生”和“转移”

异世界穿越指的是故事中的人物去了另一个世界，这个世界并不是其应当存在的原本世界。这种故事情节在奇幻类作品中很常见，也同样是以前的神话、民间传说中的经典展开。

那到底异世界穿越的过程有哪些模式可循呢？以下我们将其分为“转生”和“转移”两大类进行解说。

“转生”指的是在现实世界中一度死去，然后成为异世界中的其他人物或物体等，并且继承了前一世界中的记忆及人格的情况。想象一下佛教中的轮回转世就能明白。比如，在著名的释迦牟尼舍身饲虎的故事中，就出现了描写他在前世为了拯救饥饿的老虎母子，让它们吃掉自己肉体的情节。此外，在近些年的网络小说中非常流行一种“主人公在故事开头就被卡车碾压致死，然后复活成游戏世界的角色所向披靡”的模板，这种“异世界转生”本身就被归为一个创作大类。

与此相对，“转移”指的是在保持现实世界中的外貌形态和精神状态等不变的前提下，前往异世界的一种手段。在日本的《古事记》中就有伊邪那岐进入冥府以拯救伊邪那美的情节。在但丁的《神曲》中，人们游荡在地狱、炼狱、天堂等地。经典儿童文学也经常使用这种模式。比如，在弗兰克·鲍姆的《绿野仙踪》中桃乐茜被飓风裹挟着带去了异世界；克利夫·斯特普尔斯·刘易斯的《纳尼亚传奇》（*The Chronicles of Narnia*）系列就是从小孩们通过一扇衣橱柜门迷失到冰雪世界开始的。更加具有科幻性特征的设定还有像埃德加·赖斯·巴勒斯的《火星公主》（*A Princess of Mars*）一样，让主人公灵魂出窍去往火星。

异世界穿越的逻辑

那么，故事主人公穿越到异世界的逻辑有哪些呢？如果将其作为模式进行归类的话，大概有：异世界中有人进行召唤的模式，比如：某个异世界中的魔法师因末世危机而寻求帮助；一个既不在现实世界也不在异世界的超脱性存在进行干涉的模式，比如生活在更上层空间中的外星人将两个世界连接在了一起；没有任何意志介入只是单纯物理现象的模式，比如两个不同的宇宙慢慢接近并碰撞在一起形成了一个洞。而有些作品则无法归于某种模式，其穿越过程不讲逻辑而是通过情节展开慢慢将故事背景清晰地呈现出来，以此吸引读者。

网络小说中的异世界穿越

使用异世界穿越主题创作作品的优点之一在于，即便故事主人公在现实中并没有什么特别的力量，也可以通过穿越到异世界的方式让其活跃起来。比如我们可以通过带入现实世界中的常识、技术及商业技能等方式，让主人公成为特殊能力者并活跃在异世界改革前沿。在发生穿越的前提下，通过对主人公种种经历及最终脱离异世界回到自己世界过程的描写，能够让读者感动。

另外，如果发生转生的情况，就可以对转生为异世界中的哪种事物、如何获得技能等进行设定，只要设定得当，仅此一项就足以引起读者的兴趣。现在的网络小说经常引用以RPG游戏（角色扮演游戏）为首的各种游戏设定，或是让主人公转生成游戏中常见的反派角色，或是让主人公重头设定参数和技能，然后打怪获得经验值，升级后完成冒险。此时，因为主人公知道游戏的存在所以拥有上帝视角，也就是说主人公可以通过所谓“作弊”手段成为异世界最强者。

例如，在昼熊的轻小说《转生成自动贩卖机的我今天也在迷宫徘徊》中，主人公就转生为一台自动贩卖机。在故事刚开始的时候，除了自动贩卖机上原有的“欢迎光临”等提示音之外，主人公几乎无法发声。但是异世界从来没有过的自动贩卖机通过贩售饮品受到居民欢迎，然后凭借获得的经验值调整自身技能，从而向敌人发起挑战。一场奇幻冒险由此展开。

因此，异世界穿越的创作具有很多可能性。即便是一些已经过时了的故事类型，只需要改变一下起始设定，就可以呈现出令人意想不到的展开。因此在创作中，反复试验是非常重要的。

专栏　科幻用语集

NASA（美国国家航空航天局）

NASA 是美国负责太空发展计划的联邦机构。它已经成功实现了阿波罗登月计划和航天飞机等多项计划，目前正在进行国际空间站的维护和对太阳系外围的探测计划。

JAXA（日本宇宙航空研究开发机构）

JAXA 是日本负责航空航天的国家研究机构，受日本文部科学省管理，于 2003 年由空间科学研究所、航空航天技术研究所和日本国家宇宙开发事业团三个机构合并而成。尽管其预算仅为 NASA 的十分之一，但它还是取得了巨大的研究成果，包括成功发射 H-II A 火箭、辉夜号绕月卫星，以及成功从小行星上采集到样品的隼鸟号。

CERN（欧洲核子研究中心）

CERN 是位于瑞士日内瓦附近的粒子物理学研究机构。它有世上最大的粒子加速器 LHC（大型强子对撞机），其圆周长有 27 千米，能够进行粒子加速、粒子对撞等实验。同时，它也是世界上第一个网站、第一个网络服务器、第一个网页浏览器的诞生地。

第五章

宇宙

宇宙空间

Space

- 卡门线
- 极限空间
- 太空开发

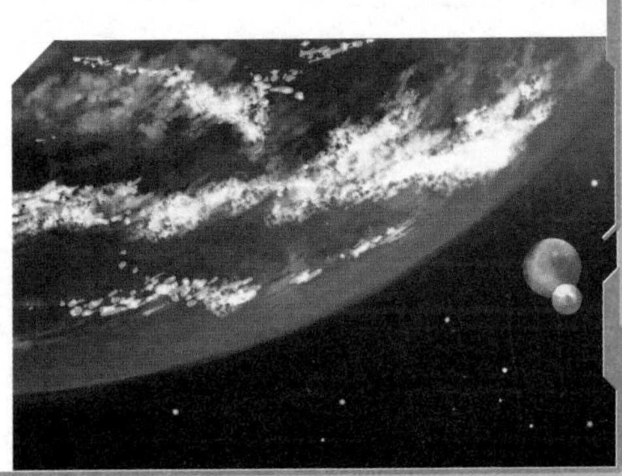

广阔道路的边界

宇宙是一个诞生于中国古代的词汇。其中，宇代表空间，宙代表时间，合在一起即代表这世间的一切。而说到宇宙空间，即太空，一般指的是地球大气层以外的空间。

不过目前并没有什么严格规定讲明从哪里开始是宇宙空间，只有在海拔100千米处的卡门线被广泛认可为区分地球大气层与太空之间的边界线。

大气层		
宇宙空间		
散逸层圈（800~3000 千米）		人造卫星
热层（85~800 千米）	极光	国际空间站（400 千米）
中间层（55~85 千米）		流星
平流层（11~55 千米）		
对流层（0~11 千米）	珠穆朗玛峰（8848.86米）	飞机

卡门线（100 千米）

臭氧层（10~50 千米）

地球大气层的结构

1961年加加林的太空飞行是人类第一次进入太空。自那以后，人类实现了登月计划，并且向太阳系内的其他行星和小行星等发送了探测器。但我们至今尚未真正踏足地球以外的其他行星。

宇宙空间的距离单位

在与地面相比，距离感完全不同的宇宙空间中，也有特殊的单位体系用以表示距离长短。

- **光年**：在隔绝引力场或磁场影响的前提下，光在一年（365.25天）内经过的距离。一光年约为9460730472580800（9.46×10^{15}）米
- **秒差距（pc）**：最古老最标准的恒星距离测量单位，因此成为科幻作品中经常使用的一种相对经典的单位。1pc≈3.26光年
- **天文单位（AU）**：1AU≈149597870700米。这是地球与太阳之间的平均距离

科幻作品的主要舞台

太空经常被描绘为科幻故事发生的主要舞台。早期的科幻作品中，有很多故事都在讲述主人公们往自制火箭上装载燃料和装备，然后飞向太空的冒险。爱德华·埃尔默·史密斯写于20世纪20年代的小说《宇宙云雀号》就是一个经典例子，它是一部以太阳系外空间为舞台的经典太空歌剧。当时关于宇宙开发的未来完全无法预测，在那个时代太空探索只是被视为一种消遣。

但随后第二次世界大战爆发，德国首先使用了运用到火箭技术的新型武器——V2火箭，再加上之后美苏太空竞赛的开始，导致人们普遍认为，要想挑战太空探索，仅凭热情是不可能实现的，必须要有国家规模的大预算项目。

在那以后，美国的阿波罗飞船抢先实现登月计划。太空竞赛也暂时打上了休止符。

在登月目标实现后完成的科幻作品中，曾经那种田园牧歌式的悠闲形象消失了，更多作品开始关注于现实中太空探索领域的发展，以此延伸新创作。在日本的科幻作品中，描写宇宙开发以及行星战争的有谷甲州的《航空宇宙军史》系列，以其他星系为舞台描写星系内部的运输行业工作者和体制方进行战斗的有野田昌宏的《银河乞食军团》系列等，这些都可以成为科幻创作的参考资料。

开发宇宙

Space Development

对宇宙开发的要求

20世纪初时，宇宙开发属于火箭爱好者的副业。无论是戈达德的火箭研发还是德国的太空旅行协会，虽然都开展得热火朝天，但并没有足以推动国家发展的力量。

推动宇宙开发工作成为国家事业的是，在第二次世界大战期间，火箭技术在军事方面展现了其优势。之后研发出的导弹与火箭从原理上讲几乎是同一种技术。

另外，美苏冷战也同样推动了宇宙开发的进程。苏联凭借第一颗人造卫星——斯普特尼克1号和加加林的载人航天飞行在太空竞赛中领先，美国则通过阿波罗计划实现载人登月重新赶超。

在那之后，美国的太空探索由于在实现阿波罗计划中必须维持的臃肿组织而成为一项公共事业，就像航天飞机计划一样，人们认为与其所付出的成本相比缺乏有效成果收入。这一点在弗雷德里克·布朗（Fredric Brown）的小说《星月当空》（*The Lights in the Sky Are Stars*，1952）中也有所提及。

时间走到21世纪，由SpaceX等民间组织主导的宇宙开发也开始推进。如果能有技术突破的话，也许可以像野尻抱介的小说《蓬松之泉》

（2001）描写的一样，一鼓作气推动整个宇宙开发过程。

冷战结束后，社会对宇宙开发的要求也变得更为多样化。

- **技术服务：**卫星通信、卫星广播，GPS等定位服务，以及气象观测等技术应用
- **知识探索：**探查太阳系内天体，观测地球环境，追寻未知的宇宙之谜等
- **军事发展：**间谍卫星侦察，推动导弹技术发展等
- **国际贡献：**类似于国际空间站等联合探索任务

在目前阶段，虽然还无法从太空中带回有经济价值的资源，但还有GPS定位等与生活密不可分的技术需要发展，因此新一轮的宇宙开发竞赛正徐徐展开。

进入太空的阻碍

人类要想进入太空，必须克服以下两方面的阻碍。

- **速度：**保证在重力作用下不会被拉到地面上的速度，即第一宇宙速度7.9千米/秒
- **高度：**保证与大气碰撞时不会令速度减慢的高度，至少也需要达到100千米

以目前的科技水平来说，获得进入太空所需高度和速度的最好方法是火箭。飞机需要通过燃烧大气中的氧气获得推进力，所以无法上升到没有空气的高度。而火箭在燃料中就包含氧化剂成分，所以可以在没有空气的高层大气中飞行。现在正常使用的化学燃料火箭虽然功率足够大，但燃料消耗量同样很大，因此成本非常高。而电火箭虽然能够保持长时间的低能耗运行，但由于其功率较小，只适用于发射完成后在宇宙空间内的移动。

除了火箭之外，其他能够满足进入太空所需高度及速度要求的方法还有：通过直线电磁弹射器等主控装置加速后发射，用太空电梯等从太空放下吊钩拉伸，通过与大型宇宙航母结合获取基础高度，使用

反重力等超前技术切断重力影响，等等。由儒勒·凡尔纳创作的经典科幻作品《环绕月球》中就描写了一种类似于使用主控装置，用超巨大炮发射的情节。

虚拟世界中的宇宙开发

科幻世界中描绘了各种各样的宇宙开发故事。

罗伯特·海因莱因的作品《出卖月亮的人》（*The Man Who Sold the Moon*，1950）就描写了一段现实生活中没有的、由民间势力主导的宇宙开发史，而主人公正是在宇宙中发现商机的人。

泰里·比森（Terry Bisson）创作的《火星之旅》（*Voyage to the Red Planet*，1990）同样描写民间势力主导的宇宙开发，但与现实不同的是，NASA被出售给民间组织，以电影拍摄为目的前往火星。

目前尚无法实现的获取宇宙资源、向地外行星进行宇宙移民等，都是都市科幻创作中的经典题材。

拉里·尼文在他的未来史科幻小说《已知空间》系列（*Tales of Known Space*）中，也描述一个在小行星带开采资源的小行星矿工（贝尔特）角色。

艾萨克·阿西莫夫的《火星方式》（*The Martian Way and Other Stories*，1955）和金·斯坦利·罗宾逊的《火星三部曲》等都是描写在火星这片新土地上进行宇宙移民的故事。

宇宙危险

Risk of Space

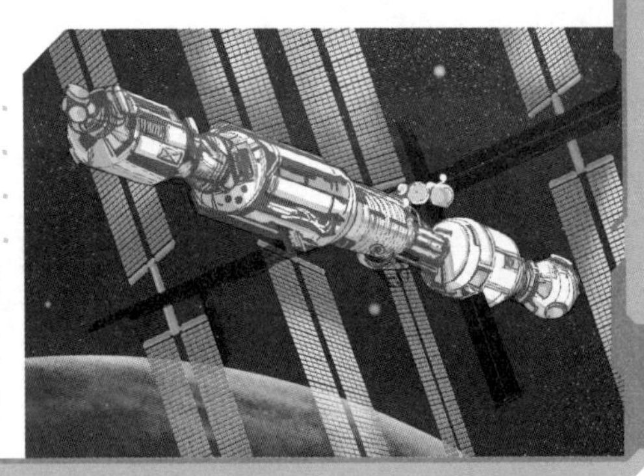

真空宇宙

在宇宙存在的众多危险之中，首先要考虑的应该是真空。对于生活在厚厚的大气层下的我们来说，每平方厘米身体大约承受着1千克左右的压力。而当人体暴露在真空环境中时，这个压力会骤减为0。但人体并不会像深海鱼被钓上海面时那样突然爆炸，内脏和眼珠都迸射出来。因为人体足够坚韧，所以因减压而在血液中产生气泡的过程需要一定时间。那么，如果像潜水一样屏住呼吸的话，是不是就能在血液里的氧气耗尽之前安然无事呢？事实并不是这样。即便能够保证身体内部不受损伤，但暴露在真空环境中的身体部位需要另当别论。眼睛表面的水分会蒸发，耳朵和肺部的空气会被挤出来。因此如果不得已暴露在真空中时，一定要闭上眼皮保护眼睛，张大嘴巴减少压力差，防止伤害肺泡。如果能够尽早做准备的话，最好再利用憋气调整好鼓膜内外压力平衡。

在科幻作品中有各种各样关于人类暴露在真空环境中的描述。比如在亚瑟·查理斯·克拉克的《地光》（*Earthlight*，1955）中，就描述了飞船乘员们从一艘遇难的宇宙飞船转移到另一艘宇宙飞船时在真空中飞行的场面，尽管这个飞行时间很短。还有就是查尔斯·谢菲尔德的《麦坎德鲁宇宙航行记》和谷甲州的《轨道雇佣兵》，两者都更为详细地描写了人类进入真空环境之前应做的准备工作，以及在真空环境中身体的各种活动技巧。此外，电影《2001：太空漫游》也可以为相关创作提供一些参考。

在真空环境与人类体质的关系方面，野田昌宏的《银河乞食军团》外传颇有一些独特的设定。比如在宇宙的漂流船上发现了人类尸体，但由于长期暴露在真空环境中，导致人体毛细血管破裂，尸体的面部一片漆黑，并且连眼珠也突然地飞了出来，而且受到负压牵引，还跟在被吓了一跳后选择逃跑的女孩身后追了过去，简直让人接受不了。

辐射与低重力

对人体来说，宇宙环境中的辐射和低重力条件也是有害的。

宇宙中充斥着来自太阳的粒子和来自外太空的各种宇宙线，其中夹杂着的高能粒子和伽马射线等就具有强辐射。它们之所以在地球环境中强度减轻，是因为地球的大气和磁场阻挡了它们，为人类构建起一道防护层。

虽然像国际空间站这种设施并没有设置专门防辐射的厚厚的屏蔽物，但也能在一定程度上防止辐射伤害。不过，如果是像太空移民或火星载人飞行这种需要长期停留在地外环境中的情况，就一定需要足够的防护措施。布鲁斯·斯特林（Bruce Sterling）的《分裂矩阵》（*Schismatrix*，1985）中就描写了太空菌群中的土壤类细菌因宇宙线发生变异，导致粮食生产困难。

低重力及无重力环境也会对人体健康产生不良影响。如果只是短时间暴露的话，可能会引起像醉酒一样的症状。此外，在地球环境中受重力影响积聚在下半身的血液会均匀扩散到全身，所以脸等部位也会浮肿。如果长时间暴露在低重力甚至无重力环境中的话，人体的肌肉力量会下降，骨骼也会变得更加脆弱。当然这些问题可以通过运动的方式在一定程度上进行缓解，所以国际空间站规定驻站的宇航员需要通过跑步机等设施保持运动。

空间碎片

所谓的空间碎片其实就是太空垃圾。

人类发射到地球轨道上的人造卫星，会在使用寿命结束后执行销毁程序。如果此时人造卫星位于数百千米高的低轨道上的话，那它就会迅速地下降，在大气层中燃烧殆尽。如果此时人造卫星正处于高轨道位置的话，就会成为太空垃圾。在之后很长一段时间内，这些太空垃圾在轨道上继续环绕运动。如果它们和其他宇宙飞船或人造卫星相撞会发生什么呢？轨道上的所有物体都以3~10千米/秒的高速绕地球飞行，而大炮炮弹的初始速度只有1千米/秒左右。如果太空垃圾以如此高的速度和其他飞船、卫星等发生撞击的话，那么即便是一块再小不过的垃圾也会造成严重后果。而像这样被破坏后的宇宙飞船或人造卫星等，又会成为新的太空碎片，继续增加轨道上的危险。而当轨道上的碎片密度超过极限时，就会因为连续撞击而导致太空碎片不断增加，这种情况也被称为凯斯勒现象或碰撞级联效应。如果真的发生这种情况，我们就不得不封锁该区域周围的轨道直到空间碎片被清除干净。

描写空间碎片问题的科幻作品有幸村诚的《星空清理者》。

天体

Celestial Body

天体的种类

所谓天体，主要指的是在宇宙空间中存在的各种大小不一的物体，一般被统称为“星星”。这些物体也并不一定是固体，还有可能是气体、尘埃等在各自重力作用下处于冷凝状态的物质。天体的大致分类如下所示。

- **恒星：**通过核聚变反应能够自身发光的天体。古时候人们认为其位置永恒不变，因此而得名
- **行星：**围绕在恒星周围，自身并不会发光的天体。因为在地球上进行观测时，其位置经常发生变化，所以取名带有“处于行动状态中，让人迷惑不定”这一含义。当然有时也会因反射恒星的光而看起来闪闪发亮
- **矮行星：**国际天文学联合会（IAU）于2006年8月24日召开的会议中由5A号决议新增的天体分类，主要指环绕在恒星周围、但未能清除邻近轨道上其他小天体和物质的天体
- **卫星：**围绕在行星周围的天体
- **小天体：**围绕在恒星周围，除了行星、矮行星和卫星以外的所有天体。当然也包括小行星、彗星和星际尘埃等
- **星团：**恒星在彼此作用下聚集形成的星群
- **星云：**宇宙尘埃和星际气体在引力作用下聚集形成的天体
- **星系：**数量繁多的恒星、星云、星际气体及其他天体等因引力作用聚集在一

起形成的天体

- **星系团和超星系团：** 前者是数百至数千个星系的集合，后者则是更多星系形成的集合

行星、矮行星、小天体等天体以中心恒星为运动焦点，卫星以行星为运动焦点按椭圆形轨道公转。此外，当有两颗恒星时，它们会围绕两者的质量中心进行轨道运动，这种情况被称为“双星”。

恒星的诞生

在宇宙空间中，氢气、氦气等气体及各种被称为宇宙尘埃的物质都以一种极低的密度漂浮着。在这些星际物质中，我们将主要由氢分子构成的星际云称为“分子云”。在经过一百万年左右的时间洗礼后，分子云中物质浓度特别高的部分，可能会在引力作用下积聚到一点，通过物质的碰撞诞生出能发出光和热的“原始恒星”。这种原始恒星可以被看作是恒星的“卵”。当原始恒星因自身引力作用开始收缩时，由于周围的各种气体会不断集聚导致原始恒星内部压力增加，最终在其内部中心发生氢核聚变反应，开始从氢原子中生成氦。这也正是恒星的诞生过程。

此时，那些漂浮在恒星周围但没能被恒星吸收的星际物质，就会不断围绕恒星做旋转运动，最终形成圆盘形状。而在这个圆盘中，物质又会在重力作用下凝结，最终诞生出被称为微行星的小天体。这些微行星又在经历了漫长的时间之后，受重力和静电力作用影响凝结成行星、卫星和小天体等。

天体的命名

据说肉眼可观测到的恒星数量大约为1万颗，但从公元2世纪古希腊

天文学家、地理学家克罗迪斯·托勒密发表其著作《天文学大成》，到19世纪这段时间内，在阿拉伯半岛和欧洲出现的被称为“星表”的天体目录中，只列出了一小部分特别亮的恒星的名字。

随着天文学和天文观测仪器的发展，近代掌握了与以前相比数量庞大得多的天体，但总数仍只有数十亿左右。上述星表，或称为天体目录的天体一览表由各国宇宙探索相关机关、天文台、大学等研究机构共同出版刊行。

此外，对于新观测到的天体的命名，也因太阳系内小天体和恒星的区别而有所不同。

如果是前者的情况下，可以向天文学家的国际组织——国际天文学联合会（IAU）报告，如果经过确认后信息正确，可以认定为新天体，该发现者将获得命名权，并且在经过委员会审查之后，由IAU正式公布。

而后一种情况下，则由于数量太多且没有一个统一管理的机构，每个组织和机构都可以通过天体目录或星表进行公开，所以有时会出现重复现象。在出现重复时，IAU也会介入进行调解，但并没有强制执行的权利。

恒星

Star

太阳

核聚变

超新星爆发

这就是我们的太阳

在天空中熠熠生辉的星星们，其实每一颗几乎都是和太阳一样的恒星。它们就像是通过核聚变反应，闪耀在宇宙中的篝火一样。

恒星是一个拥有巨大质量的气体团，其中心位置由于引力作用始终处于高温高压状态，例如太阳的中心温度高达1600万℃。因此构成恒星的氢原子被极限压缩，导致原子核与原子核之间出现融合现象，发生了生成氦原子的核聚变反应并在反应过程中释放光和热。

行星与恒星的差异就在于其质量不同。就像地球内部也有岩浆和内核一样，具有质量的天体能够通过自引力压缩，创造内部的高温高压环境。当这种压缩超过某个临界值时，天体的内部就会开始出现核聚变反应，也就成了恒星。

我们的太阳直径为139.2万千米（大约为地球的109倍），质量为2×10^{30}千克（大约为地球的33万倍），表面温度为6400℃。因为太阳（Sun）一词有时还泛指一般的恒星，因此我们在科幻作品中使用“Sol”一词作为指代太阳的专有名词。Sol在拉丁语中是太阳或太阳神的意思。

恒星的星等

星等是用于代表天体亮度的一种单位，数值越小，天体越亮。星等变化一级，亮度就会相应变化2.512倍（100的5次方根），因此当星等相差五级时，天体亮度就会有100倍的差距。一般情况下我们所说的星等是“视星等”，由从地表进行观测时所“能看到的外观”决定；也有代表天体本身光度的“绝对星等”，即将天体放在地球以外10pc（32.6光年）位置时所呈现出的视星等。

恒星的种类与其终结

恒星的种类与其一生的演化由其本身质量决定。当宇宙空间里的尘埃在引力作用下积聚、获得足够的质量时就会发生核聚变反应，然后成为恒星。这一阶段所需的质量大约是太阳的0.08倍、木星的6.4倍。当恒星因核聚变反应从内部开始燃烧，慢慢将氢原子转化为氦原子，最终消耗掉中心区域所有氢原子时，质量大约比太阳的一半少一些。如果这些恒星就此燃烧殆尽、逐渐冷却的话，就会成为“红矮星”。

而质量达到太阳质量一半以上的恒星，则会在强引力作用下开始发生氦核聚变。此时恒星的温度会继续上升，导致恒星外侧膨胀，使整个天体看起来变大。这种恒星被叫作“红巨星”。如果该阶段的恒星质量达到太阳的40倍以上，恒星中心的氦核聚变反应就会吹走外层的氢原子，将正在发生反应的高温内部暴露出来。此时的这种恒星被叫作“蓝巨星”。

如果恒星在接下来的时间里继续发生核聚变反应，将氦原子变成更重元素的话，一旦恒星内的氦原子被消耗干净，它就会因失去向外扩张的力而在引力作用下出现塌缩。此时，这种恒星被叫作“白矮星”。

而当恒星质量为太阳的8倍以上时，其中心区域的元素会接连发生核聚变反应产生出更重的元素，这种失控的核聚变最终使得整颗恒星发生大爆发。这也就是天文学领域中所说的“超新星爆发”。虽然超新星爆发会将恒星炸裂，但也可能会在爆发中心留下中子星或黑洞的内核。

在科幻故事中，恒星的光常常被当作一种能够赋予生命活力的神秘能量源。比如，超人克拉克·肯特的超能力，就来源于他所吸收的年轻的黄色太阳的光。而他的家乡氪星则在一颗老年红色恒星的爆发中灭亡，只有超人一人获救幸存下来。在特摄片《奥特曼》系列（*Ultraman*）中，奥特曼兄弟的故乡——M78星云的光之国（奥特之星）失去了母星，因此星球上的科学家们开发出了人工太阳，而这股号称永不会熄灭的光同时为他们带来了强大的力量，并因此进化出奥特曼。

行星

Planet

太阳系

国际天文学联合会

宜居带

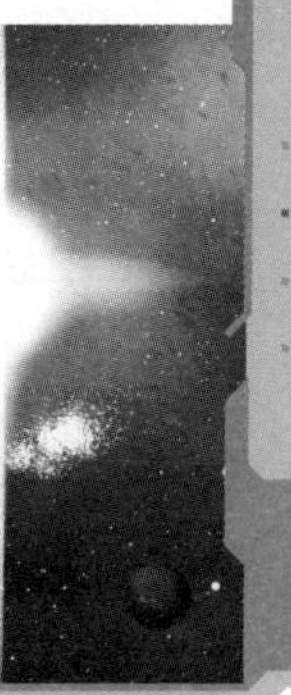

行星的定义与分类

行星是围绕着恒星运动，并且满足一定条件的天体。以目前的定义来讲，其条件是：围绕恒星公转，有足够的质量基本保证球形，其轨道上除了自身卫星以外再没有其他天体。

事实上，关于行星的定义一直以来都很模糊。然而随着天文学的发展，太阳系内不断涌现出被观测到的新天体，因此天文学家急需对行星进行明确的定义。于是在2006年，国际天文学联合会制定了现在使用的关于行星的定义。原本被认为是太阳系第九颗行星的冥王星因不再符合新的行星的定义被降格为矮行星。

但对于国际天文学联合会所制定的这个新定义，仍旧有许多天文学家秉持着怀疑和反对的意见，至今仍在继续争论。也许今后，随着科学家对太阳系周边观测的发展，可能会有一种新发现促使人们重新定义行星吧。

太阳系内行星的分类大致有以下三种方法，分别是“按轨道分类”“按体积大小分类”和“按组成成分分类”。

- **按轨道分类：**轨道位于小行星带内侧的称为内行星，包括水星、金星、地球和火星。轨道位于小行星带外侧的称为外行星，包括木星、土星、天王

星和海王星

- **按体积大小分类：**体积较小且轨道离太阳较近的水星、金星、地球、火星被称为类地行星。体积较大且轨道离太阳较远的木星、土星、天王星、海王星被称为巨行星
- **按组成成分分类：**由岩石和金属为主要组成成分的水星、金星、地球和火星被称为岩质行星。以氢和氦为主要组成成分的木星、土星被称为气态巨行星。以水、甲烷和氨构成的冰为主要组成成分的天王星、海王星被称为冰巨行星

与太阳系内行星相关的事件总结如下：

时间	事件
古典时代	水星、金星、火星、木星、土星已经被世界各地观测确认
1610 年 1 月	伽利略 · 伽利莱通过望远镜观测发现木星的卫星
1781 年 3 月	威廉 · 赫歇尔发现天王星
1846 年 9 月	约翰 · 加勒发现海王星
1930 年 2 月	克莱德 · 汤博发现冥王星，它在当时被认定为太阳系内第九颗行星
1961 年 2 月	苏联将人类首个行星探测器“金星1号”送往金星
2005 年 7 月	迈克尔 · 布朗及其团队发现了比冥王星体积更大的阋神星，因此行星的判断标准受到质疑
2006 年 8 月	国际天文学联合会重新定义行星。冥王星被降格为矮行星

宜居行星

我们有几种指标用于判断归属于某个恒星系统中的行星是否有生命诞生或居住的可能性。

- **适合生命存在的区域：宜居带**

  宜居带指距离恒星合适的距离、适合生命的出现与发展的区域。如果某个恒星系统的宜居带内有天体存在，那我们就认为该天体上可能存在生命。宜居

带的范围（与恒星的距离）一般以AU（天文单位）为单位，并且有如下所示计算公式（太阳系的宜居带为0.97~1.39AU）：

$$d_{AU}=\sqrt{\frac{L_{star}}{L_{sun}}}$$

d_{AU}——宜居带的中心半径

L_{star}——恒星的辐射光度

L_{sun}——太阳的辐射光度

※辐射光度：通过对全波长的辐射进行累计而确定的光度

⊙ 地球相似指数

它是一个衡量其他行星或天体和地球环境相似程度的指标，通过将半径、密度、逃逸速度和表面温度等参数代入公式计算求得。它的最大值为1，代表与地球完全相同。不过也有人指出，这个指数并未考虑恒星耀斑活动等影响，因此并不能作为居住可能性的参考条件

小行星和卫星

Asteroid, Satellite

太阳系

小行星带

月球

小行星的定义及运用方式

小行星与行星一样围绕太阳公转的但其质量和体积比行星小得多。

但是，国际天文学联合会在2008年召开的会议中重新定义了行星，并在行星与小行星之间增加了一个矮行星等级。矮行星被定义为能够依靠自身重力成为球形的天体，所以之前被认定为小行星的谷神星和阋神星成了矮行星。

目前能被人类观测到的小行星，大多都位于火星轨道与木星轨道之间的小行星带，这里大约有20万颗以上的小行星存在。过去曾有人认为这是一颗行星破碎之后留下的遗迹，因此那颗“失落的行星”也成为众多科幻作品的素材之一。不过，目前的科学手段已经证实了那颗行星并不存在。

在其他行星轨道的拉格朗日点上运行的小行星被称为特洛伊小行星。此外，还有一种假说认为，在距离太阳最远至2光年的位置上有被叫作“奥尔特云”的球壳状天体群包裹着太阳系，其中存在着数万亿的矮行星和小行星，并且还是长周期彗星与非周期彗星的起源地。

小行星从太空歌剧创作时代开始就被用在宇宙类科幻作品中，作为故事展开的舞台。人们为了寻找矿物资源前去开采小行星，就是这一应用的经典例子。同时，作者一般还会在小行星带附近设定一个供矿工休憩的娱乐区。在那之后，随着现实中宇宙开发逐渐深入，科幻作品中的小行星已经不仅仅作为矿山使用，作者还会选择将工厂设置在小行星上用以将采集到的资源直接加工为可用材料。

另外，还可以考虑将小行星自身改造为居住基地的设定。比起火星等天体的地球化过程来说，这种方式应该可以在更短时间内建立合适的太空居住基地。

卫星的定义及运用方式

卫星是围绕行星或矮行星公转的天体。其直径范围从几千米到几千千米。像太阳系中大小前二的木卫三、土卫六这样的大卫星甚至比身为行星的水星还要巨大。而各天体所拥有的卫星数量也参差不齐，有像地球、矮行星阋神星这种只有一颗卫星的天体，也有像土星、木星这种被确认拥有超过60颗卫星的天体。㊀ 在20世纪末，木星的卫星数量被确认为16颗，土星的卫星数量被确认为30颗。但进入21世纪之后，随着天文设备的进步和行星探测器等调查手段的发展，不断有新卫星被发现并记录。

卫星在科幻作品中也有各种各样的运用方式。其中，主流方式是将其设定为太空基地，比如月球就经常被设定为从地球进入太空的前线基地。此外，像木卫三、土卫六这样的大卫星也经常被设定为研究木星、土星等气态巨行星的科研基地。根据故事发展的不同，卫星有时还会被设定为通往太阳系外的太空基地。

即便是在太阳系众多卫星中也独具一格的木卫二，在科幻小说《2001：太空漫游》系列中发挥了重要作用。因为这颗卫星的表面虽然被冰层覆盖，但科学家们推测其冰层下存在着一片液态海洋。而海洋中

㊀ 截至 2023 年 2 月，木星拥有 95 颗已确认的天然卫星，土星则有 83 颗。 ——编者注

有可能存在生命。即使木卫二上没有生命存在，我们也可以通过分解水获得氧气，从而实现让人类移居木卫二的可能性。

地球的卫星——月球

如果要说出太阳系卫星的代表，那大部分人想到的一定是围绕地球运转的月球。它在距离地球38万千米的位置围绕地球公转，公转周期约为27.3天，而这个时间与月球的自转周期几乎一致，因此地球上的我们总是只能看见月球的同一个面。月球的平均半径为1737千米，约为地球的1/4；月球的质量为7.35×10^{22}千克，约为地球的1/8。在目前太阳系发现的所有卫星中，月球的体积排在第5位。其大小与身为行星的水星比起来也差不了多少，因此有的说法认为月球可能是被地球引力捕捉到的、来自太阳系外的小行星。也有说法认为月球可能是地球受到大型陨石撞击等原因而分离出去的一部分。

目前的人类技术已经能够绘制包括月球背面在内的完整月面地形图，且其重力约为地球的1/6，完全能够展现“外星”的环境差异，所以月球成为科幻作品中承担通往太空的“桥头堡”这一角色的最佳选择。

彗星

Comet

太阳风

居住空间

外星地球化

彗星尾巴的真面目

彗星是在接近太阳时会出现“尾巴”的太阳系小天体。彗星的核心固体结构（彗核）是由水冰、岩石和冻结的气体融合而成的“黑冰”。当彗星位于远离太阳的位置时，温度下降，彗核逐渐冻结。而当彗星位于靠近太阳的位置时，温度上升，彗核因受到太阳辐射加热而融化，内部的挥发性物质开始蒸发。蒸发时释放出来的气体和灰尘等，在来自太阳的等离子体（太阳风）作用下开始流动，从而形成了彗星的“尾巴”，即彗尾。

大多数彗星都围绕太阳进行公转，其中公转周期最短的大约为三年，最长的据科学家推测可能需要几十万年。

彗星因其独特的外貌形状，自古以来就被称为“扫把星”。在天文学并不发达的古代，彗星有时会被认作凶事的预兆而被人们恐惧。此外，在1910年哈雷彗星接近地球时，观测确认其彗尾会扫过地球，有传言说“彗尾有毒气并将导致地球灭亡”。据说当时的人们为了防止有毒气体伤害而抢光了所有的氧气瓶。不过最后正如科学家所料，“地球灭亡”的情况并未发生。虽然彗尾中含有有毒的氰，但其含量极少，扩散到大气层后并不足以毒死人。

彗星的运用方式

关于彗星在科幻作品中的运用，最早可以追溯到1877年由儒勒·凡尔纳创作的《太阳系历险记》（*Hector Servadac*，1877），作者在故事中描述了利用彗星实现的太空旅行。

在那之后，被大众所熟知的“戴森球”的倡导者——弗里曼·戴森教授也在他的作品中提到，只要能够在彗星上种植经过品种改良后的植物，并且人工创造必要的重力及大气环境，就可以建造适宜人类居住的理想的太空基地。在戴森教授看来，比起需要进行地球化的行星来说，我们更有希望将彗星改造为人类未来的居住空间。

此后将凡尔纳和戴森教授的想法进一步发展的是埃里克·琼斯。他认为可以通过彗星实现人类移居太阳系外的目标。前文曾提到过，一些彗星围绕太阳的公转周期长达几十万年，一般认为这些彗星来自太阳系外的奥尔特云。还有一些天文学家认为有的彗星会在银河系范围内运动。在此基础上，琼斯提出可以利用在银河系内运动的彗星将人类移民送出太阳系的想法。但是你很难想象可能需要几十万年的时间才能抵达其他恒星系统。

当然也有人进一步完善琼斯的这种想法，提出了新的方案。那就是让在银河系内运动的彗星搭载经过品种改良后的植物，然后利用彗星的周期运动将植物传播到其他恒星系统中。如果这一想法可以实现的话，就能够轻松在银河系内实现外星地球化的目标。这又是一个需要耗费数百万年时间的项目，也许可以将它编入一个设定在超遥远未来、以银河帝国为故事背景的作品中。

对于通过彗星实现太空旅行和星际移民的目标来说，最大的问题在于如何确保彗星远离太阳时的热能储备，以及如何处理彗星接近太阳时不可避免的彗核蒸发问题。也许可以在作品中设定当彗星远离太阳时进入低温休眠，当彗星接近太阳时进行一系列应对彗核蒸发的活动，让生活方式不同的各种角色登场。

此外，还可以将彗星的水资源当作宇宙开发的材料，或在彗核上安装探测机器人，使彗星成为探测基地等。关于彗星的使用方法还有很多。

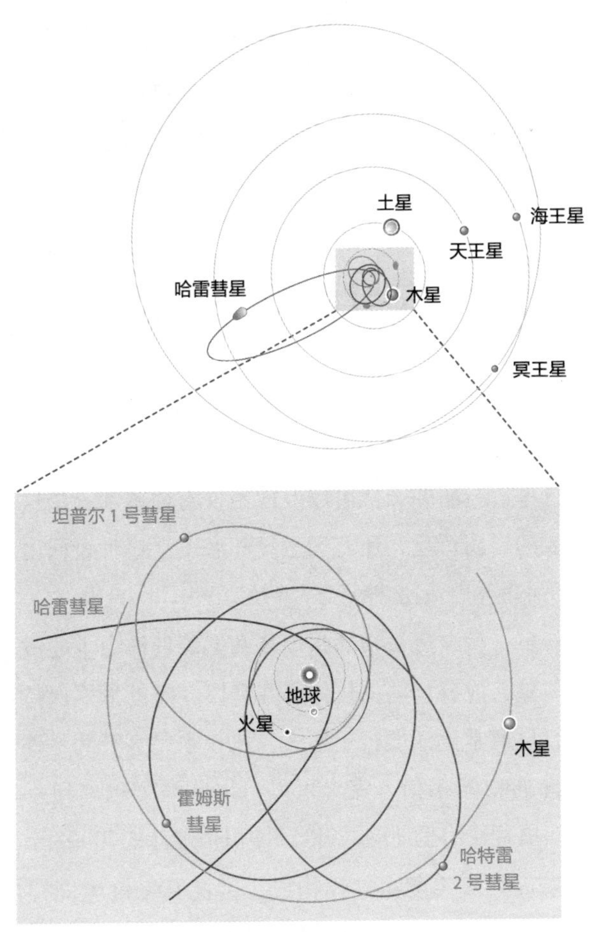

太阳系内彗星的轨道

气态巨行星

Gas Giant

木星

系外行星

热木星

在厚厚云层的彼岸

气态巨行星是行星的一种，也被称为类木行星。

行星的表面由土壤和岩石构成——这一说法只是基于地球的情况。对太阳系内行星进行研究，就可以发现不仅有地球和火星这种表面由土壤和岩石构成的岩质行星，还有天王星和海王星这种表面由冰构成的冰巨行星，以及木星和土星这种气态巨行星。

气态巨行星，顾名思义指的是以氢和氦等气体为主要成分的行星。它们聚集了与星云成分相同的气体，并且以气态的形式保持着行星的形状。气态巨行星通常比一般行星要大，比如木星直径约是地球的11倍，体积更是地球的1300多倍，完全可以将地球整个包裹到有名的“大红斑”中。而土星直径约是地球的9倍，体积是地球的700多倍。

由于气态巨行星主要由气体构成，因此其密度也同样出乎意料地小。比如木星，尽管其体积为地球的1300多倍，但其质量仅有地球的318倍，土星的质量更仅有地球的95倍左右。土星的平均密度比水还低，已经可以浮在水面上了。

气态巨行星的外层都被厚厚的气态云包裹着，当然在云层下面也并不存在我们常识中称作地面的东西。不过在行星中心还是有一种受自身重力影响压缩成液态金属状的氢，而在这些液态金属氢中也存在岩石内核。

据科学家推测，除太阳以外的其他恒星也有相对应的行星环绕其运动，但实际很难观测到这一现象。进入20世纪90年代以后，随着观测技术的发展，我们终于在太阳系外发现了几颗近距离围绕恒星运动的气态巨行星。因为这些大质量行星靠近恒星时，恒星的运动更容易受到影响而被观测到。

这些行星靠近恒星时也会被剧烈加热，因此也被称作“热木星”。围绕热木星的环境和运动等，科学家们不断有新发现，这可以说是一个绝佳的科幻故事舞台。

未能成长为“太阳”的星星

如上所述，气态巨行星主要由氢和氦构成，这点与恒星并无不同。但与体积巨大、中心区域的气体被压缩成更高密度结构从而引发核聚变反应的恒星相比，气态巨行星虽然规模庞大，但却缺乏足以引发后续系列反应的质量。因此，它们无法引发核聚变反应，进而也不会成为恒星。

由此，气态巨行星特别是木星，有时也会被冠以“未能成长为‘太阳’的星星”等不太体面的名字。

木星的运用方式

在科幻作品中，木星会以各种各样的形式登场。它庞大的体积、玛瑙样的厚厚云层和没能成为“太阳”等特点都强烈地刺激着作者的想象力。

例如，在小松左京的小说《再见木星》（也被改编成了电影）中，人们为了解决能源问题，展开了一项名为“木星太阳化”的计划，试图将木星改造成恒星。比太阳化计划更激进的还有GAINAX公司出品的动画《飞跃巅峰》，该作品通过木星黑洞化计划，完全将木星改造为黑洞炸弹，将其作为一种武器使用。

在亚瑟·查理斯·克拉克的作品《2010：太空漫游》（*2010: Odyssey Two*，1982）中，因外星人的干扰，一块巨大的石板落在木星上，从而促使木星超越质量临界点进化为恒星，而在木卫二上也诞生出原始生命。

除了以上这些宏大的运用方式之外，其实作为气态巨行星主要成分的氢和氦同样也能够运用于宇宙飞船的推进剂等领域，是一种非常宝贵的资源。因此众多科幻作品也会将木星设定为资源的开采地。还有许多关于木星的运用方式，比如将木星厚厚的云层当作大海，宇宙飞船在其中进行“潜艇战争”，在云海中遨游的水母状生物构建空中城市。

太阳系

Solar System

太阳系的世界

我们人类居住的地球是围绕太阳这颗恒星进行公转的第3颗行星。在太阳周围，共有包括地球在内的8颗行星做环绕运动。当然除了行星以外，还有5颗矮行星以及无数的小行星、彗星、卫星等。这些天体组合在一起共同构成了我们的太阳系。而且，自很久以前就不断有人主张在海王星轨道以外还有其他未知的行星，随着观测技术的发展，人类可能在今后的时间里继续发现太阳系内的第9颗、第10颗行星。

太阳系这一空间从很久以前就被科幻作品当作故事展开的主要背景。在经典的科幻小说中，经常会描写关于太阳系内众多行星上生活着的原住民的故事，当然不可或缺的背景还有由所有行星的住民共同构成的以地球为核心的太阳系政府。现在随着现实生活中宇宙开发项目的发展，人类在太阳系内活动的印象已经成为主流，因此更有不少作品以太阳系内有统一政府管理作为背景设定。然而回头审视我们的现实世界，不难发现距离人类建立太阳系统一政府的目标还非常遥远。但如果向太空移民等计划能够实现的话，地球上现有的领土纷争问题可能会在一定程度上得到解决，同时国家之间的对立矛盾也会弱化，因此人类的统一也有可能实现。

太阳系以外的其他恒星系统

除了太阳系以外，银河系内还存在许多其他的恒星系统。

这其中有的与太阳系一样，是由众多行星等天体围绕单一恒星公转形成的系统，中心恒星周围的系统被称作行星系统。与闪闪发光的恒星相比，太阳系外的其他行星（系外行星）更难被观测到，但近年来科学家也陆续发现了众多系外行星。

据推测，银河系内存在许多像太阳系一样拥有地球大小规模的行星、有可能发展出生命的恒星系统。对它们的研究及观测正是今后的课题。

在恒星系统中，有时也会出现多个恒星围绕彼此进行公转的情况。

当有两颗恒星围绕彼此公转时，该系统也被称为双星系统，简称双星或联星。双星系统是相对稳定的一种恒星系统。只要没有其他天体突然加入或其中一颗恒星质量突然改变等意外情况发生，它们就会半永久地围绕共同质量中心公转。

由三颗及三颗以上恒星构成的恒星系统被称为多星系统。其中由三颗恒星构成的被称为三星系统或三合星、三重星，由四颗恒星构成的被称为四星系统或四合星、四重星。多星系统的结构并不稳定，科学家们认为其平衡最终会被打破，其中一颗恒星会被抛出。

小熊座的北极星（勾陈一）就是一个著名的三星系统。此外距离太阳系最近的“恒星”，半人马座α星（南门二），也是一个三星系统。由于其距离太阳系只有短短4光年之远，所以经常被探索太阳系外区域、星际移民等主题的科幻作品设定为目的地。有的天文学家认为，在像半人马座α星这样的恒星系统中，由于其复杂的引力相互作用，很难有行星形成。但近年来，天文学家在半人马座α星C（即比邻星）旁边发现了一颗质量与地球相当的行星——比邻星b，因此在这个三星系统中也可能存在适合人类迁徙移居的天体。

我们将太阳系附近具有明显特征的恒星总结如下：

恒星名称	特征说明
巴纳德星	位于距离地球不到6光年的位置，是一颗距离太阳系较近的恒星。它是目前所有已知恒星中自行运动最快的恒星，因此有时也被称为“逃亡之星”
波江座 ε（天苑四）	距离地球约11光年，位于波江座的恒星。因为已经确认该恒星周围有行星存在，所以经常出现在科幻故事中
天鹅座 61（天津增廿九）	距离地球约11光年的双星系统。曾有天文学家声称在这个系统中发现了行星，因此它在多部科幻作品中出现。但在后续的观测过程中，并没有可靠证据证明该恒星系统周围有行星存在
天狼星	大犬座内的一颗恒星，距离地球约9光年。它是可以在地球上观测到的夜空中最亮的恒星，但由于其所在恒星系统为双星系统，所以周围存在行星的可能性非常小
蒂加登星	距离地球约12.5光年，是一颗位于白羊座的红矮星，很少甚至几乎没有被观测到耀斑活动。2019年，科学家在它的周围发现了两颗类地行星
比邻星	从地球上看在半人马座方向约4.2光年处存在的一颗恒星。虽然肉眼几乎不可见，但它是距离太阳系最近的恒星

银河系

Galaxy

空洞
黑洞
本星系群

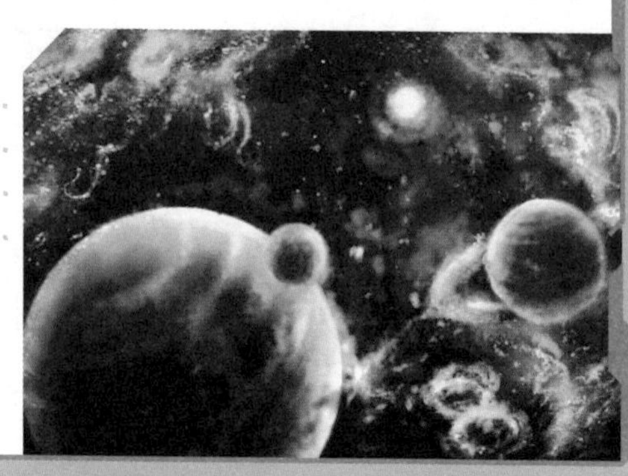

我们所在的银河系

太阳系是银河系这个星系的一部分。星系是由恒星、星际气体、尘埃等在引力作用下聚集在一起形成的系统。宇宙中存在至少2000亿个星系。

银河系的直径在10万光年到20万光年之间，其中心存在一个超大质量黑洞。太阳系距离银河系中心大约26000光年。

这个距离恰到好处，既近到有足够的重元素来形成类地行星，又远到能够免受银河系中心黑洞的影响。因此银河系内的这部分区域特别容易诞生生命，被称为“银河系宜居带”。

很多太空类科幻作品都以银河系作为故事舞台。其中，许多作品又喜欢通过设定超光速航行或曲速引擎等技术，方便故事主人公在数万光年的银河系内自由穿梭。

无边无际的银河系

各个星系都在宇宙空间内独立运动。

在科幻小说《透镜人》系列中，反派角色背后隐藏着一个来自不同星系的超智慧群体，这是在很久远之前的古代两个不同的星系擦肩而过时，从另一个星系入侵的种族。这些入侵者遍布银河系各个角落，对整个银河系都产生了深远影响。以上正是《透镜人》系列故事的基础设定。当时的科幻迷们简直被这宏大的设定震惊了。

当多个星系聚集在一起时，就形成了星系群或星系团。更进一步当多个星系团聚集在一起时，会形成超星系团。

银河系是本星系群的一部分。本星系群直径约1000万光年，由大大小小50多个星系构成，其中最大的是仙女星系，紧随其后的是银河系和三角星系。本星系群内的其他星系都比这三个星系要小得多。而剩下的这些小星系中，又有很多受到仙女星系和银河系的引力影响，依附存在于两者周围，形成它们的卫星星系系统。

在本星系群附近还存在其他星系群或星系团，如约5400万光年之外的室女星系团。室女星系团的直径约为1200万光年，包含大约2500个不同的星系。

以室女星系团为中心，大约1.2亿光年的范围内聚集着数百个星系团和星系群。这个聚集在一起的天体群被称作室女超星系团或本超星系团。而我们的银河系位于室女超星系团的边缘位置。

在广阔的宇宙空间内，并不是到处都有星系团或超星系团存在的，天文学家们在数亿光年范围内不断观测到没有任何星系存在的“黑洞”空间，这些空间被统称为空洞。而超星系团就位于紧临空洞的位置，仿佛随时会被吸入空洞里一样。室女超星系团就与南方本超空洞紧密相邻。这个空洞的中心距地球大约3亿光年。

下表为大家总结了一些著名的星系。

星系名称	特征说明
仙女星系	距离太阳系约250万光年之远的星系。其体积约为银河系的3倍，其总质量约为银河系的2倍。它作为为数不多能够从地球上用肉眼观测到的星系之一而被人们熟知

（续）

星系名称	特征说明
大麦哲伦星系	又称大麦哲伦云，距离太阳系约16万光年。它是围绕银河系公转的小星系之一，这种星系一般被称为卫星星系。银河系共有大约30个卫星星系，大麦哲伦云是其中体积最大的一个
三角星系	距离太阳系约300万光年，是本星系群中第三大星系，仅次于仙女星系和银河系
M78 星云	在《奥特曼》系列中，距离太阳系约300万光年的M78星云是很多奥特曼的故乡“光之国”的所在地，它是一个虚构的星系。现实中的M78是位于猎户座的反射星云，距离地球约1350光年
彗星星系	位于玉夫座方向约32亿光年之遥的一个漩涡星系。它的外形像一颗彗星，拖着一条大约长60万光年的尾巴

宇宙线

Cosmic Rays

太阳

超新星爆发

突变

宇宙线是什么?

宇宙线又称宇宙射线，指的是宇宙空间中存在的高能粒子辐射。科学家们认为这些射线主要是由恒星活动或超新星爆发产生的。

宇宙线根据来源大致可分为三类，分别是太阳宇宙线、银河宇宙线和河外星系宇宙线。

- **太阳宇宙线：**太阳表面剧烈活动时释放出的高能粒子
- **银河宇宙线：**银河系内发生超新星爆发时释放的宇宙线
- **河外星系宇宙线：**除银河系以外的其他星系相互碰撞时释放的宇宙线

以上三种分类中，来自河外星系的宇宙线被认为是能量最高的，但同时也是被观测频率极低的一类射线。

太阳宇宙线从生成到抵达地表需要大概30分钟的时间。虽然这些来自太阳的宇宙线大多被地球大气吸收反射，但在太空和较高海拔作业的宇航员和飞机乘务员仍面临被宇宙线伤害的危险。为了能够使他们规避太阳宇宙线的辐射伤害，地球上的各种天文机构都在不断监测太阳耀斑活动。

对宇宙线的观测

对宇宙线的观测从二十世纪初就开始了，当时人们已经猜想到有某种辐射从太空来到地球。但真正成功观测到宇宙线的是奥地利物理学家维克托·赫斯于1912年进行的高空热气球实验。他在热气球上搭载探测器，反复进行辐射测量实验，最终成功发现了宇宙线存在的痕迹。在赫斯的发现公开以后，世界各地都开始了对宇宙线的研究。

宇宙线的能量超过了以现有的粒子加速器等研究设施能够产出的最大能量。因此，通过对宇宙线的观测，我们可以了解超高能量范围内基本粒子的反应情况。

科幻小说中的宇宙线

科幻作品中出现的宇宙线与现实中的宇宙线截然不同，它们常常被视为从宇宙深处飞来的神秘力量。在科幻作品中，宇宙线总是会引发各种各样的异常情况。

怪奇小说巨匠霍华德·菲利普·洛夫克拉夫特在科幻杂志上发表的作品《星之彩》（*The Colour Out of Space*，1927）就讲述了一个因农场中坠落的神秘陨石释放“颜色”，农场里的作物、动物及居民发生令人毛骨悚然的变异的故事。而这颗陨石释放的“颜色”可能就是宇宙线。

在波尔·安德森的小说《脑波》（*Brain Wave*，1954）中，全世界的人和动物都出现了智力增长的现象。该作品与一般的“能够增长智力的宇宙线抵达地球”模式不同，采取了独特的“地球脱离了抑制智力增长的磁场”这种设定，因此提高了地球物种的智力水平。

在各种电影作品中，宇宙线的设定也极具威势。当由乔治·安德鲁·罗梅罗导演的《活死人之夜》（*Night of the Living Dead*，1968）在日本公映时，增加了“因某个天体爆炸产生了能够使死者复生的光线”

这种设定，来作为死者复活的理由。虽然这种设定完全没有可靠的科学依据，但从宇宙来的神秘射线，甚至单单“射线”这个词都被认为具有某种说服力。

就像这样，宇宙线在众多作品中被描绘为一种与现实中的宇宙线毫无关联的神秘能量。在石川贤的《盖塔机器人》系列中发挥了重要作用的盖塔射线，就是一种既具有能量又具有简单思维、能够促进生物进化的宇宙线。

宇宙线	特征
初级宇宙线	从宇宙中射向地球大气层的高能粒子流，其中约90%是质子，9%是α粒子，1%是电子和其他粒子
次级宇宙线	初级宇宙线进入到大气中，与大气内的氮和氧等元素的原子核发生碰撞时产生的新射线。其中大部分都是μ子

黑洞和白洞

Black Hole, White Hole

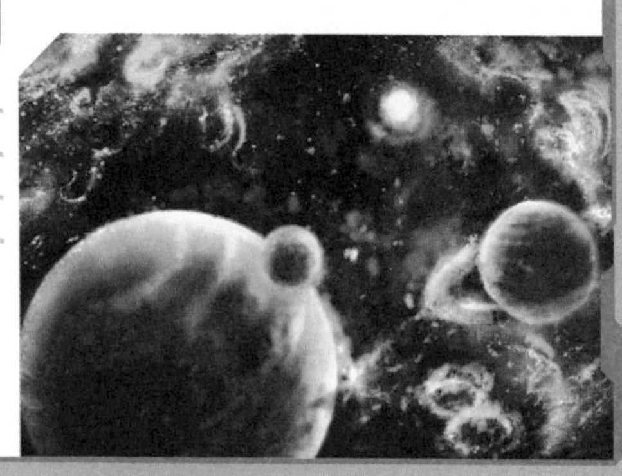

黑洞

虫洞

广义相对论

黑洞

密度非常大，与其体积相比具有极强的引力，甚至连光都无法从中逃逸的天体被称作“黑洞”。

一般认为，黑洞是由比太阳重几十倍以上的恒星因超新星爆发而坍缩诞生的。在宇宙创世时，可能制造了无数个小黑洞。

在科幻作品中，有时会出现人造黑洞的情节。通过扭曲空间等手段，就可以在局部制造强大的引力条件形成黑洞。在高屋良树的漫画《强殖装甲凯普》中，就出现了疑似能够制造黑洞的敌人。

黑洞周围一般会因强烈的引力梯度而发生时空扭曲。如果不小心靠近了质量相当于恒星大小的黑洞的话，就会被其产生的潮汐力摧毁。同时黑洞还会导致时间流逝变慢，与外部时空产生时间偏差（参考 023 “浦岛效应”）。在电影《星际穿越》中，这种时间偏差被用在了描述离别的剧情中。

由于光都无法逃逸黑洞，所以黑洞无法被直接观测。不过，当黑洞周围的星际物质被吸入黑洞时会产生电磁波，这些电磁波的一部分会被扭曲，但仍旧能够到达可观测领域内，从而使黑洞的轮廓浮出水面，这被称为“黑洞阴影”。2019年，天文学家通过捕捉位于室女座的M87星系中心的黑洞阴影，得到了史上首张黑洞照片。一般的影视作品会通过对黑洞周围围绕着的星际气体的运动方向进行描绘，来展现黑洞的存在。

石原藤夫的小说《黑洞行星》展示了一种另类的黑洞运用范式，即将小型黑洞当作食物，或酩酊大醉或时空穿越。

黑洞的结构及种类

在黑洞周围，星际气体等物质会在引力作用下加速运动，从而形成一个附着的圆盘，被称为“吸积盘”。吸积盘的一部分在黑洞旋转或电磁场作用下以喷流的形式被释放出来，其余部分将被黑洞吞噬。

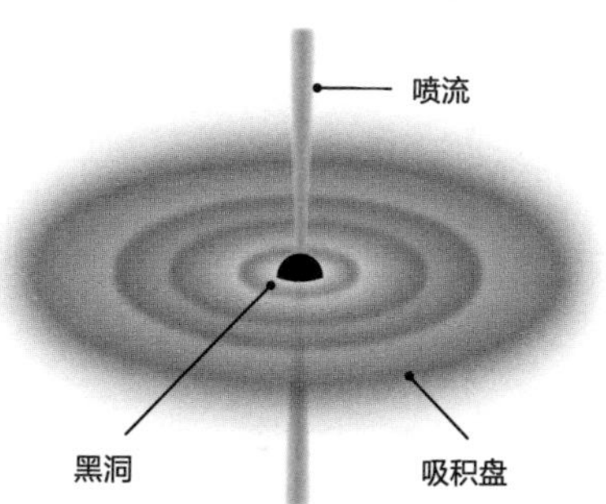

在黑洞周围、隔绝内外的界线被称为“事件视界”。视界内的任何事件皆无法对外界观察者产生影响，而光也无法从视界内逃逸出去。

黑洞可以依据质量、电荷、角动量等物理特征进行分类。在科幻作品中被用于发电和空间跃迁等用途的黑洞多为克尔-纽曼黑洞。其因具备电磁场所以可以安全地固定下来，同时也可以通过提高或降低角动量的方式来提取能量。

黑洞类型	特征
史瓦西黑洞	只拥有质量
R-N 黑洞	拥有质量和电荷
克尔黑洞	拥有质量和角动量
克尔 - 纽曼黑洞	同时拥有质量、电荷和角动量

白洞与虫洞

白洞是一种与黑洞相对的存在。与黑洞“连光都无法逃逸什么都不向外辐散”相对，白洞会不断向周围喷出各种物质。

虫洞像虫子啃咬的通道一样，是一种可以直接连接不同时空的通道。只要利用得当，就可以通过虫洞实现不同时空间的快速移动，因此经常在科幻作品中被描述为连接众星或过去与时间的隧道。在斯蒂芬·巴克斯特（Stephen Baxter）的《类时无限》（*Timelike Infinity*，1992）中，就出现了将木星轨道上的虫洞当作时间隧道的设定。

中子星

Neutron Star

脉冲星

黑洞

中子星物质

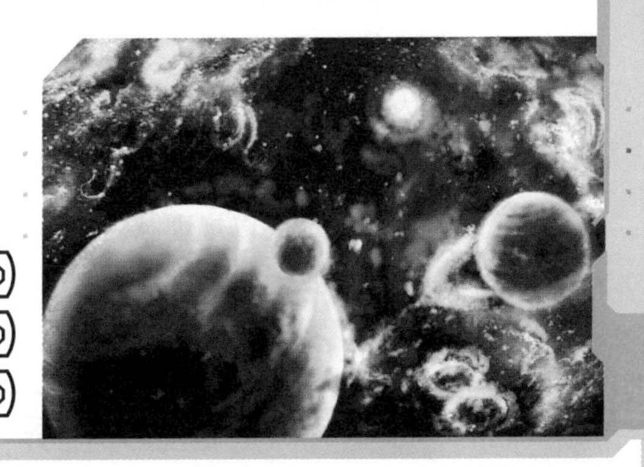

中子星的诞生

当一颗恒星老去，其中心区域的核聚变反应停滞时，失去了内部热量这种膨胀力的恒星就会因缺乏足够与自身引力相平衡的压力而迅速坍缩。这叫作“引力坍缩”。

当这颗恒星比太阳还要重数倍的时候，因引力坍缩而导致的冲击波会进一步引发超新星爆发。

超新星爆发会将恒星的绝大部分甚至所有物质都以星际气体的形式向外抛散，同时向内强烈挤压恒星的核心部分。

就像这样，中子星诞生了。

一颗几乎与太阳同等质量的中子星，其直径大约为20千米。中子星

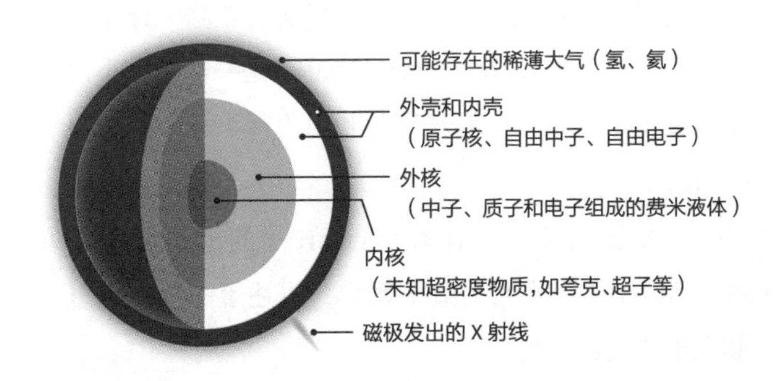

具有极强的表面重力，原恒星内部物质中的电子被并入质子而转化成中子。一立方厘米的中子星物质（一块方糖大小），就有数亿吨重，是一种比原子核更为致密、密度超高的物质。

中子星通过高速自转使磁极发出强烈电磁波。磁轴与自转轴并不重合，其发出的电磁波能够以规则脉冲的形式抵达地球，这样的中子星被称为“脉冲星”。

超重力世界

中子星诞生时的超新星爆发规模是如此之大，以至于在另一个星系中也可以观测得到。而超新星爆发时喷射的星际气体形成行星状星云，为夜空装点了更多色彩。蟹状星云是离太阳系较近的因中子星诞生而形成的星云，中国和日本的天文学家都对其有记载。这束来自6500光年之外的超新星爆发的光芒于1054年抵达地球。据说在其光芒最亮的时候，即便是白天也能看到。

虽说中子星释放的X射线伽马射线等辐射无法直接用肉眼观测，但只要周围有星云存在，就会让它放出光来。又因为这种特征很容易用画面表达，所以和黑洞一样经常成为科幻故事的背景设定。在动画《宇宙战舰大和号2199》中，中子星卡雷尔163就成了多美尔舰队选定的激烈战场。

此外，中子星的超重力环境以及由此产生的强大潮汐力也是极具魅力的、科幻设定需要的特殊效果。拉里·尼文和亚瑟·查理斯·克拉克共同完成的《中子星》（*Neutron Star*，1966）是一部短篇小说，讲述了接近一颗不过数十千米直径、但其质量和引力都堪比太阳的中子星会遇到什么危险的故事。

罗伯特·L.福沃德（Robert L.Forword）的《龙蛋》（*Dragon's Egg*，1980）则以中子星本身为故事舞台，讲述了一种靠核力支持的生命体奇拉和人类的接触过程。

如何利用中子星

在科幻作品中，我们可以像利用黑洞引力一样利用中子星的引力。

乔·霍尔德曼（Joe Haldeman）的《千年战争》（*The Forever War*，1976）就描写了一种虫洞式的超光速航法，即利用与中子星相似的坍缩星实现坍缩式跃迁。

与黑洞一样，引力发电在中子星上也是可能的。如果能够控制中子星的磁场和自转等，还可以通过中子星强烈的电磁脉冲向其他星系发送信息。

同时，被引力压缩过的中子星物质也是一种诱人的资源。有一种假设认为，中子星内部有一种奇异核物质和特殊的夸克物质，它们在宇宙大爆炸后不久就存在于宇宙中了。但是，如何克服中子星强大的引力和潮汐力危险以从其内部取出中子星物质是一个大问题，这需要一项极难实现的技术。

星际物质

Interstellar Matter

星际气体

宇宙尘埃

暗物质

星际物质

在看似一无所有的真空宇宙环境中，其实还存在着一些稀薄的物质，我们称之为星际物质或星际介质。星际物质大多在分子水平运动，以氢为主，当它们聚集在一起成为固体状态时就被称作“宇宙尘埃”。

星际物质来源于恒星。正在活动中的恒星会将等离子体和分子等，随电磁波一起释放到宇宙中。太阳喷射出的粒子被称为太阳风。在双星系统等构成复杂的引力平衡关系的恒星系统中，有的恒星有时也会从其他恒星上吸引气体，使得部分气体逸散在周围空间中。到恒星寿命终结成为白矮星，或出现超新星爆发时，都会有大量的物质被喷射到宇宙中。

随着恒星死去而被抛散在宇宙中的星际物质最终会在引力作用下相互吸引形成分子云。分子云可以说是恒星的摇篮。

分子云中包含着的碳、氮、氧和铁等相对较重的元素会在新诞生的恒星周围的盘中形成原始行星。其中一部分会成为小行星，以行星系统形成时的状态一直保留下去。

即便是像星云那样，能够在数光年之外观测到的星际物质团块，实际上也不过是一些比天上飘着的云更为稀薄的气体，很难通过一般的形式加以利用。当然如果是物理定律不同的另一个宇宙的话，就另当别论了。斯蒂芬·巴克斯特的《救生船》（*Raft*，1991）就讲述了一个宇宙飞船在星际航行中不幸遇险，流落到另一个10亿倍引力的宇宙中，然后在充斥着可呼吸气体的星云中继续生存的故事。

此外还有弗雷德·霍伊尔（Fred Hoyle）的《黑云压境》（*The Black Cloud*，1957），它直接将星际气体本身设定为一种生命体。

对星际物质的防御与利用

即便是稀薄的星际物质，也会在某些情况下变得危险。

这主要指的是乘坐宇宙飞船等进行高速移动时的情况。只要移动速度接近光速，那么无论存在的星际物质多么稀薄，都有可能在数光年的旅途中与相对大尺寸的宇宙尘埃发生碰撞。为了防止这种危险的撞击，亚瑟·查理斯·克拉克在他的《遥远地球之歌》（*The Songs of Distant Earth*，1986）中设定了一种由冰构成的伞状防御，使其在飞船前面撑开以阻止宇宙尘埃的撞击。在当次星际间旅行结束后，这种伞状防御也就变得破破烂烂被直接舍弃，因此它是一次性防御装置。因此，飞船需要在抵达目标行星之后，通过太空电梯从目标行星的海洋里汲水，然后重新制作一个新的伞状防御装置。

如果反过来思考的话，我们也可以设想将星际物质回收作为燃料使用。星际物质大多以氢为主要成分，正好作为核聚变燃料。使用星际物质为燃料的宇宙飞船被称为“星际冲压动力飞船”或“巴萨德冲压动力飞船”。在拉里·尼文的系列作品《已知空间》中，设定了未来历史中，人类将会通过星际冲压动力飞船的实用化发展实现宇宙移民、自由穿梭宇宙的目标。此外，克里斯·博伊斯（Chris Boyce）的《捕捉世界》（*Catchworld*，1975）中也设定了一种别具特色的星际冲压动力飞船，叫作“忧国”。“忧国”飞船拥有一种特殊的攻击能力，它可以使用一种具有磁力的网回收星际物质，从而使敌方恒星状态变得不稳定。

暗物质

暗物质指的是某些未能被观测的、身份不明的物质。

从观测结果推导出的宇宙质量与目前人类能够观测得到的天体、星际气体质量之和相比，后者要少得多。因此，一种认为宇宙中存在看不见的物质的假说出现了，这种假说将这些物质称为“暗物质”。

关于暗物质的真正面目，人们做了各种各样的假设，例如中微子等粒子、没有进行核聚变反应的矮星、在星际间流浪的行星等。此外还有另一种观点认为，即使没有假设暗物质的存在，也可以解释当前宇宙的状态。

罗伯特·J.索耶（Robert J. Sawyer）的《星丛》（*Starplex*，1996）讲述了科学探索船解开各种宇宙之谜的故事，其中就包括暗物质的真实身份之谜。

此外，为了解释宇宙大爆炸后的膨胀速度与现在观测得到的膨胀速度之间的差异，科学家们还假设了一种叫作“暗能量”的能量。

以太

Ether

以太

神智学

狭义相对论

充溢整个宇宙

以太一词来源于希腊语中的“aether”，意为闪闪发光的东西。

最早提出以太这一定义的是古希腊哲学家亚里士多德。亚里士多德认为除了构成地面世界的四种物质元素（土、水、气、火）以外，还有一种居于天空之上的第五种元素——以太——充溢着整个世界。

到了近代，随着透镜等光学技术的发展，对光的波动的研究也越来越深入。到17世纪时，法国数学家笛卡尔促进了以太思想的进一步发展，他认为宇宙同样被以太这种媒介物质所充满，同时光的传播以及颜色的变化也是以太在其中发挥作用。

继笛卡尔之后，惠更斯认为光和声音一样是纵波，就像空气是声波的传播媒介一样，以太是荷载光波的媒介物质。与此相对，牛顿认为光是粒子。而光的波动说因托马斯·杨的双缝干涉实验而占据优势。

随后不久法拉第推动了关于电和磁的研究，麦克斯韦方程又将电和磁统合在一起，揭示了光是电磁波的事实。

19世纪，迈克尔逊试图使用光学干涉仪测量地球在以太内的移动速度。然而他与合作者莫雷经过反复实验后，得出地球相对于以太来说是静止存在的结果。

1905年，爱因斯坦提出狭义相对论，认为真空中光的移动速度与观测者相对于光源的运动之间并无关系。同年，他分析了光电效应和普朗克的量子理论后，将牛顿的粒子说与惠更斯的波动说整合在了一起，认为光具有波粒二象性。

自此以后，人们就不再假定以太充溢在整个宇宙中，担当光的传播媒介了。

神智学中的以太

以太这一概念的另一个发展在神智学中。

神智学一般指的是，凭借超越常人认知能力的神秘灵知来认识神和宇宙的观点。它与诺斯替教、新柏拉图学派等神秘主义之间有很深的联系，其后又吸取了以太这一概念作为填充天界的物质，还有希腊语中“星”（astron）这一概念描述天体。

以太一词本身并不是一个神秘的词，但自此以后它的概念被分割出来与魔法联系在了一起。在科幻作品创作过程中，以太常常被用作连接科学世界与魔法世界。

科幻世界中的以太

充溢着以太的宇宙背景设定，常常出现在太空歌剧类作品中。

具有代表性的作品有爱德华·埃尔默·史密斯的《透镜人》系列小说。小说描写的正常世界里充斥着以太，而亚空间中则充斥着亚以太（sub ether）。宇宙飞船上的传感器和通信装置使用的超空间波（超波）等都能够通过亚以太实现超光速传播。

“sub”是太空歌剧类作品中非常适用的一种前缀。在埃德蒙·汉密尔顿的《星星之王》（*The Star Kings*，1949）中，也出现一种用于通信的波，叫作“亚光谱”（sub spectrum）。

动漫《超越巅峰》中也使用了以太宇宙的设定。在这个故事中，宇宙飞船和机动武器以接近光速的速度航行时，就会像在水中前进一样受到来自以太的阻力。

在科幻世界中可以设定现实世界中并不存在的、通过以太和亚以太实现的超光速航行等便捷科技。以太一词从古希腊流传下来时，一直被假定为一种充满真空环境的物质，直到20世纪才发生改变，因此它既能给人一种与现实世界的连接感，又能给人一种脱离了现实世界的异域印象。

当作者从神秘主义出发运用以太这一概念时，呈现的将是一个魔法与科学融合的世界。伊藤岳彦的《宇宙英雄物语》为致敬埃德蒙·汉密尔顿的《未来队长》（*Captain Future*），也设定了一个被以太充溢着的平行宇宙中的太阳系。

地外生命

Extraterrestrial Life

以类人为主

与太空旅行相关的故事历史悠久，最早可追溯到古希腊的《伊卡洛斯》。在这部小说中，主人公以神话般的方式追寻太阳和月亮，并遇到了和人类一样模样的天上居民。在《伊卡洛斯》之后，还有西哈诺·德·贝热拉克的《日月两世界旅行记》（*Les États et Empires de la Lune et du Soleil*，1653）等众多描写向外星冒险的故事。

在这些作品完成的年代里，由于天文学尚未发展，因此人们相信在太阳和月亮上也生活着一群与他们相似的人。

因此，在相关的异世界旅行故事中，常常将月亮和太阳设定为一种与地球并没有太大差别的环境，然后让一些外貌与人类相似的月亮人或太阳人角色登场。

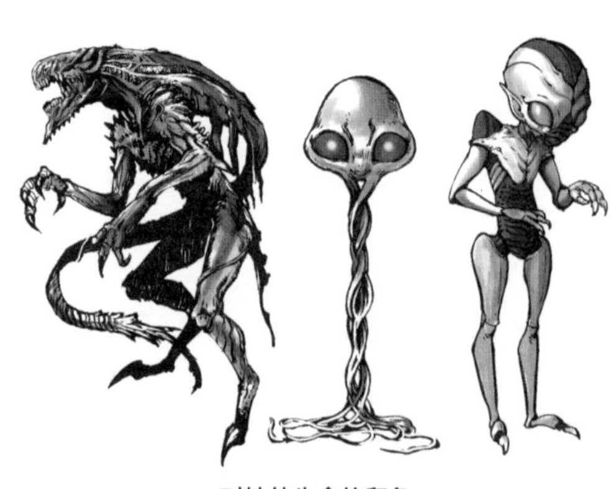

对地外生命的印象

在那之后，随着天文学的发展，人们逐渐认识到每个天体的环境都大不相同，生活在其间的生物当然也会有完全不同于地球生物的进化过程。

赫伯特·乔治·威尔斯的《世界大战》（*The War of the Worlds*，1898）中登场了一种章鱼型的火星人，时至今日仍旧给许多读者铭刻着“火星人=章鱼”的印象。从当前的时代出发，章鱼型火星人怎么看都像一个噱头，但威尔斯设定的章鱼型火星人反而反映了当时最先进的天文学及进化论知识。具体内容如下所示：

- ⊙火星人也拥有像人类一样尺寸的大脑，但其进化结果大概是身体发生了退化
- ⊙火星的重力比地球更小，因此火星生物的腿会更细
- ⊙火星的空气比地球更为稀薄，因此火星生物的肺部以及容纳肺部在内的上半身也会变大

当然也不光有威尔斯这种经过详细考证后创作的作家，在早期出现的太空歌剧类作品中，描写了大量令人毛骨悚然的外星人追击美女角色，然后被英雄角色击退的情节。这些外星人被称为虫眼怪物。

像这样将地外生命描绘为一种怪物、猛兽的形象并作为模式确定下来的，应该是电影《异形》（*Alien*）了吧。这种能够各种变形、体液呈强酸性且拥有像昆虫一样甲壳的外星人形象是由艺术家汉斯·鲁道夫·吉格设计的，这类外星人开启了科幻恐怖片的时代。

进化与适应

在作品中呈现地外生命时，如何保证其特异性和必然性是非常重要的。必须给出足够的理由解释这些外星生物独有的特征，以及该种生物为什么会有这样的特征。

- ⊙**生态的特异性：**地外生命的原型可能是昆虫，它们在人体内产卵，吸收人体营养进行孵化，通过蜕变改变形态。在进行生态环境设定时，只需要参考现

实中的各类生物，观察它们怎样度过一生，怎样补充身体需要的营养物质，怎样进行繁殖就好了

- **生命基础的特异性：**有很多人认为，在地球的碳基生命无法生存的极限环境中，也会生活着一些非碳基生命体。在科幻作品中就经常设定硅基生命体，此外现实地球上也确实有一些生活在超高温或超低温环境下并进行繁殖的极端微生物。2010年，NASA发现了一种能够吸收砷的极端微生物，引发了广泛的社会讨论
- **精神的特异性：**就像地球环境与社会造就了人类的精神一样，在对地外生命进行设定时，必须思考在特异的生命基础和生态环境中会产生什么样的精神。这时就不仅仅需要关注两者的差异，如果能够对其中微妙的共通点进行设定的话，就会使作品显得更有深度和戏剧性
- **相似性：**如果你想要设定一种与人类相似的地外生物的话，不妨试着想一下两种生物相似的必然性在哪里。最常见的一种解释是平行进化。例如，在澳大利亚有一种袋狼长得和狼一模一样。因为在不同的地点、不同的进化过程中，两者生存所需的身体功能完全一样，因此进化后的形态也十分相似

来自宇宙的信息

SETI

向宇宙寻找智慧

当人们开始了解宇宙，发现月球、火星等都是和地球一样的天体时，人类的兴趣和想象力就会转移到生活在那里的生命上。

西哈诺·德·贝热拉克的《日月两世界旅行记》中就出现了拥有4条腿的月球居民。赫伯特·乔治·威尔斯的《世界大战》中，还出现了像软体动物一样的火星人入侵地球的描写。

人们很快明白了月球是一个荒凉且没有空气、没有水的天体。尽管如此，由于潮汐锁定，人类并不能从地球上看到月球背面的景象，因此人类对于月球背面是否存在生命或外星文明的监视哨岗等总是抱有长久的幻想。

我们将一些能够使人感受到智慧生命可能存在的事件总结如下：

地点	一些能够作为展示智慧生命存在的可能性的话题事件
火星	收到从火星传来的无线电波（1899年，特斯拉）
火星	观测到火星上存在类似运河的痕迹（20世纪初，洛厄尔）
太阳系之外	一段长达72秒的有效讯号——WOW！讯号（1977年，埃曼）
太阳系边缘	恒星际天体“奥陌陌”（2017年，哈雷阿卡拉天文台）

1961年，天文学家法兰克·德雷克（Frank Drake）提出了计算智慧生命存在概率的方程式，也就是德雷克方程式。这是一个估计智慧生命出现的可能性，以及文明能够维持的时长的思维实验。德雷克方程式帮助很多人展开了想象的翅膀。

跨越群星的深渊

如果智慧生命和人类同样存在于太阳系，那就有可能直接相遇；否则想要相遇就相当困难了。20世纪70年代曾有人提出过一个太空航行计划，叫作“代达罗斯计划”（Project Daedalus）。这指的是，将一艘核动力无人宇宙飞船用50年时间送到距离地球5.9光年之远的巴纳德星。这艘飞船无法搭载人类，也无法返回太阳系。

难道无法见面，就不能使用通信技术交换信息吗？如果发射无线电波的话，就能以光速抵达目标天体。以巴纳德星为目标，往返时间为11.8年。

但这样的话会产生一个问题。那就是，巴纳德星上是否有智慧生命存在？如果有的话，这些智慧生命是否拥有用无线电波进行通信的技术呢？最重要的一点是，怎么让他们明白太阳系中有地球人存在。

为此，人们开展了搜寻地外文明计划（Search for Extra-Terrestrial Intelligence，SETI）。该计划通过解析从宇宙抵达地球的无线电波，探索其中是否包含来自智慧生命的信号，以判断地外智慧生命存在的可能性。

1974年，阿雷西博射电望远镜向距离地球25000光年的球状星团M13发送了无线电信息，这段信息能够表示地球文明的存在。这就是所谓的“阿雷西博信息”（Arecibo Message）。

与地外生命的交流

与地外智慧生命进行接触、通信等都是科幻领域偏爱的主题。

约翰·瓦利（John Varley）的《蛇夫座热线》（*The Ophiuchi Hotline*，1977）就讲述了主人公接收到来自宇宙的信息，并利用其中的知识重建了荒废的文明，但对方却另有图谋的故事。

唐纳德·莫菲特（Donald Moffitt）在《创世纪传说》（*The Genesis Quest*，1986）中也描述了一个距离地球3700万光年之远、能够自由来往于宇宙中的叫作“纳”的智慧种族，他们收到了来自地球文明的信息，并且将SETI计划颠倒过来。

刘慈欣的小说《三体》系列则描绘了人类向宇宙中发送信息而引发的一系列动荡。

特德·姜（Ted Chiang）在《你一生的故事》（*Story of Your Life*，1998）中讲述了一场人类与到访地球的智慧生命进行对话的尝试，但最终双方之间感知和语言的巨大差异成为一座难以逾越的高墙。

以上都是描绘与地外智慧生命进行交流的杰作。

宇宙人

Born in Space

生于宇宙

无重力

新类型

不再是地球人

这里所说的“宇宙人”，指的并不是火星人等来自地外的生命体，而是生活在宇宙中或者在宇宙中出生的人类。但是，当他们来到地球时，他们会认为自己是地球人吗?

我们可以假定他们生活在月球、火星、小行星带等地的太空基地中。由于大多数基地都位于重力远小于地球的环境中，因此自然会发生肌肉力量下降等问题。尽管我们也会采取一些措施来应对肌肉力量下降，但这些措施也无法做到尽善尽美。所以，如果是这些在宇宙中出生、在宇宙中生活的宇宙人因为某些原因而回到地球生活的话，对他们而言也一定会伴随相当痛苦的经历。

此外，对于纯粹的宇宙人来说，可能还无法从感官上理解所谓有重力的生活。这些将物品漂浮于空中当作理所当然的生活常识的人回到地球，肯定会遇到各种各样的麻烦和生活问题。也许，不习惯重力状态这种特征可以在角色设定时作为一种特点出现。

这些来自体力、生活方式都与地球迥然不同的另一个世界的宇宙人，可能与地球人最不合拍的点在于紧张感的差异。宇宙空间是一个与死亡为邻的危险区域。从那样的地方返回地球的宇宙人会怎样看待处于和平安宁状态下的地球人呢?

埃德蒙·汉密尔顿的《未来队长》系列中有一部短篇小说名为《不再是地球人》(*Earthmen No More*，1951)，可以作为这种题材的经典例子。另外，在TV动画《机动战士高达》系列中，也以各种方式讲述了宇宙移民与“被地球重力吸引住灵魂”的地球人之间的冲突。

地球人与宇宙人的对立

我们可以假设，在宇宙开发初期前往太空的人，都是像NASA的宇航员们一样受过专业太空训练的人。而且，由于发展初期向宇宙运送物资的成本和在太空停留的成本都很高，因此有必要对送往太空的人进行选拔，并且保持最低限度的人才供给，这种时期大概会持续较长一段时间。

但是，随着太空开发的进展，向太空运送人员和在太空停留的成本都会下降。到那时，被送往太空的人将不再都是被选拔过后的精英。

更何况，太空开发的目的之一就是缓解地球过剩的人口压力，让部分地球人移民太空。因此，此时送往太空的人当中，普通人应该会占据压倒性的数量吧。

在宇宙开发初期前往宇宙的人中精英占大多数，但当宇宙开发工作进入稳定期后，这些人应该会想要留在各种资源集中的地球上，最终很容易导致留存在地球上的精英、上层阶级的人们和向宇宙进行移民的人们之间发生对立。这种情节在《机动战士高达》中反复出现。此外，在谷甲州的《航空宇宙军史》系列中，也出现了宇宙人试图和外星势力联合，尝试从地球独立出去的情节。

与以上例子不同的有拉里·尼文等人共同完成的长篇小说《天使坠落》(*Fallen Angels*，1991)。在这部作品中，一艘宇宙飞船坠落在近未来将科学全面视为罪恶的美国地区。宇宙飞船的船员是科学的代言人，他们被迫逃离和躲避对科学充满敌意的美国人民，小说展现了地球文化与太空文化变得不相容的状况。

被利用后抛弃的宇宙人

一些与宇宙开发初期相关的人，可能会为了工作效率而接受机械化手术改造。但是，当宇宙开发进入稳定期，不再需要机械改造的工作人员时，他们将何去何从？根据具体情况的不同，他们有可能会被解雇，然后用一副因过度使用而即将崩溃的机械身体度过余生。

不光是接受机械改造的人们，在宇宙移民中大概也会有一些因开发工作结束而失去工作的技术人员。我们也可以让这些被利用后抛弃的宇宙人或接受机械改造的人出现在科幻故事中。对于这些角色的描写可以参考光濑龙的《宇宙年代记》系列作品。

太空时代的犯罪行为

Space-age Crime

太空海盗

在以宇宙为背景的科幻作品中，太空海盗是犯罪行为的标志性角色。基于太空海盗的存在，作品有必要设置一些被袭击的宇宙飞船、空间站、宇宙都市等。它们必须是一些实力弱小、武装力量无法抵抗太空海盗的势力，并且承载着值得被太空海盗抢夺的货物或人员。此外，作品中还需要设置一个用于变现赃物的地方，这个地方最好还能同时承担补给和修理海盗飞船的功能；当然如果还能够帮助海盗船招募人手就更好了。将以上内容综合考虑的话，就能够大概了解作品中有太空海盗存在的背景世界。

首先，在法律和制度方面需要留有一些漏洞。那种在统一政体的管理下，任何星球上的人、物、信息流都被完全控制的世界中，太空海盗等并没有活动的余地。当然在军队或警察等武力部队中也需要留足可用的漏洞。

运用太空海盗主题的经典作品有A.伯特伦·钱德勒的《星际掠夺》（*Star Loot*，1980）和詹姆斯·H.施密茨的《卡雷斯女巫》（*The Witches of Karres*，1949）等。前者描述了一个银河系中屈指可数的富豪之星艾尔·多拉德出资组建太空舰队，然后利用对立星系之间的斗争，拿到允许对敌方飞船进行劫掠行为的私掠许可证，然后不断进行海盗活动的故事。后者则在故事中设定了一个叫作乌尔杜恩（Uldune）的海盗星球，它可以为太空海盗提供其所需的一切服务。

太空规模的犯罪行为

我们将一些正常观念中，只有在太空环境下才能实现的犯罪行为总结如下：

- **破坏天体**：通过超新星爆发、黑洞等手段破坏行星
- **损坏天体**：通过亚光速弹、小行星轰炸、宇宙都市坠落等手段对行星进行攻击
- **盗窃**：对宇宙飞船、人造卫星、宇宙空间站等太空设施的盗窃行为
- **法外之星**：经营一些宇宙赌场、海盗小行星等法律无法触及的违法宇宙设施

第一种破坏天体类的犯罪行为有电影《星球大战》中死星对奥德兰星球的破坏，以及在道格拉斯·亚当斯（Douglas Adams）的《银河系漫游指南》（*The Hitchhiker's Guide to the Galaxy*，1979）中银河系高速公路工程对地球造成的破坏。其中值得注意的是，这两种行为的执行方都可以解释为坚持己方的法律规定。

对星球生命和生态系统造成重大破坏的损坏天体类犯罪行为有动画《机动战士高达》中因宇宙都市坠落造成的破坏，以及罗伯特·海因莱因的小说《严厉的月亮》（*The Moon Is a Harsh Mistress*，1966）中弹射器投石攻击等。

对宇宙飞船的犯罪行为则有拉里·尼文的《超时空世界》（*A World Out of Time*，1976）中出现的一次大规模犯罪行为，罪犯偷走了巴萨德冲压飞船并在300万年后返回地球。

法外之星类的犯罪行为有埃德蒙·汉密尔顿的《太阳系的七颗神秘宝石》（*Captain Future and the Seven Space Stones*，1941）中出现的赌场小行星。它本身是一艘相对太阳静止的火箭装置，不受任何法律束缚。

对犯罪行为的管制

要对抗太空犯罪行为，光靠法律是不够的。这要求我们必须具备一个强有力的执法机构。

爱德华·埃尔默·史密斯的《透镜人》系列作品中，设定了一个有银河巡逻队和银河战士存在的世界背景。埃德蒙·汉密尔顿在《未来队长》中，同样设定了一个星际警察机构，在遇到他们无法解决的危机时，未来队长将直接受命于太阳系政府主席出击，解决问题。

而在一个没有统一的执法机构的世界里，我们就无法追踪从一个星球转移到另一个星球的罪犯。这大概会促使自卫团和赏金猎人团体蓬勃发展。在长谷川裕一的作品《星际终结者》中，太空巡逻队的工作由一个秘密组织担任。杰克·万斯（Jack Vance）的系列作品《恶魔王子》（*The Demon Princes*）则设定了一个叫作IPCC的执法机构，由于自身的弱小，该机构无法对域外犯罪和强大的罪犯进行有效打击，最终失去家园的青年们只能尝试靠自己的双手复仇。

此外，在2019年8月26日，一位在国际空间站工作的宇航员涉嫌非法访问分居配偶的银行账户，这一新闻一经传出就引发热议，人们纷纷思考这是否算地球的第一起太空犯罪。而根据国际空间站协议的第22条（刑事审判权）规定，此案适用嫌疑人所在国家的法律。

专栏 科幻用语集

伪科学

伪科学指的是伪装成科学的知识，主要指的是在现实科学中不被承认或已经被反驳过的观点，包括科幻作品中经常出现的各种虚构技术和科学理论也是伪科学的一种。一些声称建设永动机但卷款潜逃的科学诈骗案例已经成为社会问题之一。另一方面，如果能够在清楚其为伪科学的基础上加以分析的话，大概也可以成为在科幻作品中设定虚构技术等方面工作的参考。

墨菲定律

墨菲定律是一个经验法则、一种心理学效应，它认为“不好的事情会发生在不好的时刻”。虽然这一定律几乎没有任何科学依据可言，但在作品中加以运用，可以营造一种氛围感。当然也可以通过在作品中设定“能够操纵概率的能力”，来使墨菲定律在科幻世界中真实存在。因此，除了真实的物理定律，这种经验法则也可以成为科幻作品的好素材。

米诺夫斯基粒子

米诺夫斯基粒子是在《机动战士高达》系列作品中登场的一种虚构粒子，它原本被设定为高达战士们近身格斗的力量来源之一，是一种能够干扰远距离通信及观测设备的粒子。后来也被用于进行重力控制和光速控制的依据，成了高达系列的代名词。这是一个独立设定后来发展为整个系列标志的例子。

唐怀瑟之门

“我看着C射线在唐怀瑟之门附近的黑暗中闪耀”，这句话是电影《银翼杀手》结尾时，角色罗伊·巴蒂留下的遗言。其神秘的声音不断回响给人留下了深刻印象。此后在以动画《超越巅峰》为首的各种科幻作品中，作为一种超时空“门”般的存在频繁登场。这句台词本身原是演员的即兴创作，完全没有任何设定的成分。这大概是因为语言的发音本身非常具有科幻特点吧。

第六章

主题

性别

Gender

男女同权
虚拟形象
双性人

社会和文化的性别差异

在众多科幻作品当中，有一部分作品以单一性别为中心发展主题。在现实社会中，许多因性别差异而导致的权力及角色分配不平衡等问题至今仍未得到解决，但在科幻作品中，我们可以通过对这些问题进行思考实验的方式改变前提条件，促使人们重新思考。吉永富美的漫画《大奥》就是一个经典例子，它描绘了一个历史人物性别颠倒，以女性为中心的江户社会。这类作品的中心是性别概念，主要指的是在社会、文化方面的性别差异以及在生物学领域的性别差异对比，因此也被称为男女同权主义科幻或女权主义科幻，它们的发展历史和男女同权运动的发展、研究历史相互关联。

那么，我们可以采用哪些手法来促使人们展开对性别差异的思考呢？我们可以考虑在作品中引入一种全新的设定，例如女性获得了前所未有的能力，最终导致社会分工发生变化。娜奥米·阿尔德曼（Naomi Alderman）的小说《力量》（*The Power*，2016）就描写了一个只有女性才能通过电击获取力量，从而导致社会权力结构发生变化的故事；还有白井弓子的漫画《WOMBS转孕奇兵》描绘了一个女性将能够实现跳跃的器官移植在子宫内然后前往战场的故事，等等，类似的作品有很多。

或者考虑将故事背景设定为随着技术发展，人类的常识认知也开始发生变化，社会制度也随之变化的未来世界。村田沙耶香的小说《毁灭世界》就描绘了一个人工受精技术极大发展、夫妻性行为被视为禁忌的社会，该作品是这类题材的一个经典例子。

虚拟的“性别”

随着科学技术的发展，人们可能会越来越毫无违和感地接受展示在外的形象与其原本生物学身体之间有所差异的现象。仅仅这样描述的话，读者大概很难想象，那不妨先回想一下近年来越来越多的“虚拟主播”（VTuber），即那些只需要在虚拟空间中使用虚拟形象然后进行动画配音活动的主播们。即便活动在虚拟形象下的“内部的人”是男性也没关系，他们可以自由使用女性的虚拟形象。

美国著名女性科幻小说家小詹姆斯·蒂普特里（James Tiptree, Jr.）的《插电女孩》（*The Girl Who Was Plugged In*，1973）则开创性地描绘了这种可能性，这部短篇小说讲述了一种能够遥控女性肉体的技术。在现代社会中，人类与机器共存，彼此已不可分割。

多样化的“性别”

随着科学技术的发展，当今社会中区分性别的方式——生物学差异也会发生改变，这也许会成为一种拷问人类和社会根本存在方式的问题。

在厄休拉·勒古恩《黑暗的左手》（*The Left Hand of Darkness*，1969）中登场的格森星球的人基本都是双性人，他们只会在“克慕期”分化性别。该作品讲述了他们与生态及文化环境迥异的地球人之间的瓜葛。格雷格·伊根在《伤痛》（*Distress*，1995）中提及了地球上的性别转变现象。短篇小说《茧》（*Cocoon*，1994）中则出现了一种能够让新出生的孩子们不会成为同性恋的药物，深入刻画了其市场原理和人类社会意志的影响。此外，在《正交宇宙》三部曲中，还出现了一种独特的物种，对他们而言新生儿的诞生即意味着母体的分裂（死亡），小说在阐明物理定律的同时也与生殖问题展开了抗争。

那么，地球的自然界是怎样的呢？一般来讲，在有性生殖时进行结合的配子有大小差异，大的被称为卵子，小的被称为精子，拥有卵子的被称为雌性，拥有精子的被称为雄性。而有一些物种，像蜗牛等，其个体同时拥有雌雄两种性别；还有一些物种可以依据群体情况自由选择性成熟时间，如二带双锯鱼。此外，研究还发现一些物种具有七种性别（接合型），如四膜虫等毛虫类。只不过它们并不是通过细胞融合产生后代，而是以不同性别的个体之间交换细胞核的方式繁殖。

大多数脊椎动物，如人类等，都是依据身体差异呈现雌雄两种性别。这点基本与该个体是否具备Y染色体相对应，但即便是XY型，在SRY基因未表达的情况下，该个体的性腺也不会发展成睾丸，最终发育成“女性”的身体。此外，因雌性激素分泌感应的差异和后天荷尔蒙药剂的使用等原因改变身体外在表象的情况有很多种。对人类来说，个体具备的性别特征也不仅仅是男性和女性两种能够概括的。你会爱上哪个性别的个体这个问题也相当复杂。当我们在此基础上重新审视这些问题时，会发现性别其实也是一个非常复杂的话题。以性别为主题的科幻作品可以尝试描绘一些敏感问题与宏大话题相结合的故事。

第一次接触

First Encounter

与未知相遇

第一次接触指的是与智慧生命最初的相遇过程。关于人类及作为被接触方的智慧生命两者都进入星际旅行阶段后的接触过程的描写相对较多。

首部将第一次接触作为主题进行创作的科幻作品是默里·莱因斯特（Murray Leinster）的《第一次接触》（*First Contact*，1945）。在这篇小说中，不同的文化在接触过后，要么发生战争，要么和平共处。其中还描绘了虽然对方表达出想要交流的意愿，但实际上完全不可信的情节。不过，如果能够有办法和对方实现交流的话，就可以认为对方也是期待和平的种族。只不过，地球人和外星人都不可能完全信任对方。在双方飞船进行对峙的情况下，某一种解决方案会被逐渐提出。小说的最后虽然暗示了地球人与外星人迈出了友好关系的第一步，但总体上还是充斥着对外星人的不信任感。

其实，《第一次接触》这部作品诞生于第二次世界大战期间。作品中所呈现的对外星人的不信任感，可能也是在映射当时的世态舆论。在战争结束后，也有许多第一次接触类的作品在《第一次接触》的影响下被创作出来，但这些作品并没有表现出太强的好战倾向。

苏联的科幻小说家伊万·叶菲列莫夫（Ivan Yefremov）在《蛇之心》（*The Heart of the Serpent*，1958）中提出了他对第一次接触类作品对局的思考，认为任何一种有能力穿梭宇宙的智慧生命在遇到其他生命时，都应该是友好的态度。不过，随着故事发展出现了一种讽刺性的情节：和人类相遇的外星人呼吸的并不是氧气而是氟气，相遇双方所呼吸的气体对对方来说都是剧毒。

此外，小詹姆斯·蒂普特里的《星空裂隙》（*The Starry Rift*，1986）描写了一名进入宇宙的元气少女科蒂，和外星人西洛本第一次接触的故事。在这里并没有不同智慧生命之间的不信任感，而只是单纯描绘了两个年轻人跨越种族的友情。

沟通

在第一次接触过程中相当重要的一个问题是，当你真的与另一个生命相遇时，你能否意识到它也是一个有智慧的生命体。

斯坦尼斯拉夫·莱姆的《索拉里斯星》（*Solaris*，1961）可以作为一个经典例子进行分析。在一颗叫作索拉里斯的星球上，大海本身就被表现为一种充满智慧的存在。当一个智慧生命是一种如此巨大的存在，或渺小到无法被人注意时，因人类无法察觉而导致的接触失败也就不足为奇了。

有时沟通的失败也可能是因为双方种族对时间感的差异。罗伯特·L.福沃德的小说《龙蛋》中，就出现了一种名叫奇拉的智慧生命，他们的时间流速比人类快100万倍。幸运的是，人类和奇拉之间成功建立了联系。不过在一般情况下，如果两个智慧种族的时间流逝差异如此之大，他们几乎不可能相互认知到对方也是智慧生命。

不仅仅局限于时间感和距离感两个方面，在科幻作品创作中可以让一些从各种尺度上都与人类有巨大差异的种族登场，通过对这些异族生物具有的奇妙精神状态进行设定，大概可以描绘出一个有趣的第一次接触的故事。后续可以接着描写主人公如何意识到对方的存在，并如何让对方理解自己的存在等发展。

当然也有两个非人类种族第一次接触的情况出现。筒井康隆的《幻想的未来》就是描写获得生命的大陆和海洋之间进行第一次接触的故事。

以下列出了有关第一次接触的类型及其结果。

怎样进行接触	结果
友好	双方都对其他智慧生命持有友好态度，并试图建立良好关系。在这种前提下，可以共同构建对双方有益的友好关系
敌对	其中一方敌视另外一方，甚至双方相互敌视。在特摄电视剧等作品中，也有不承认其他智慧生命的存在且十分好战的外星人角色登场，他们一般会被设定为敌对方。当然还有另一种情况，那就是因为其中一方种族对另一方种族的习惯和生态等产生误解而导致的冲突
无法理解	其中一方的生活方式等与另一方的常识相差太远，有可能会因为无法理解对方的行为而导致接触失败
不知不觉	外星人以某种方式混入地球，在不知不觉中与人类进行了接触，这是幽默类科幻作品中常见的一种设定模式
非对称性	一方的技术领先于另外一方，对另外一方进行指导和控制，如《童年的终结》

未知生物

Unknown Creature

UMA

怪兽

哥斯拉

不为人知的生物

在人类世界中与未知生物相遇也是科幻作品的经典主题之一。在儒勒·凡尔纳和埃德加·赖斯·巴勒斯等人进行创作的年代，地球上大部分地区在所谓的西方视角下尚未被文明人踏足。到了21世纪的现在，秘境冒险故事已经成为科幻作品中不可分割的主题类型。

查尔斯·达尔文在长期航海采集标本的过程中发现了自然选择的规律，并写出巨著《物种起源》（*On the Origin of Species*，1859），这就是与未知生物相遇的一个典型例子。这种情况下的“发现未知生物”不仅可以满足大众的好奇心，同时也是解开地球历史和生命秘密的关键。在工程建筑方面，人们不断研究如何更好地利用甲壳动物的甲壳素以及蜘蛛丝等生物材料，因此发现具有新的生物结构的未知物种也就意味着发现了新的生物材料。此外，通过研究生活在极端环境中的生物，如水温接近300℃的海底热液附近的生物，可以推动地球人类对宇宙探索的发展。事实上，一些制药公司会雇佣叫作植物猎人的采集者，让他们在热带雨林等环境中寻找有用的植物资源。虽然这种做法使得推进到秘境中的商人们带有了一丝浪漫色彩，但另一方面也伴随着发达国家抢夺发展中国家资源的问题。

抛开科学应用方面不谈，有时对未知生物及其生态的发现过程本身就是一部科幻作品。1961年出版的《鼻行动物的形式与生活》（*Bau und Leben der Rhinogradentia*）由哈拉尔德·史丹普创作，它描述了一种生活在南太平洋的希埃依群岛上、被归类为哺乳类鼻行目的生物种群。虽然这本书采取了学术著作的体裁，但其实不光书的内容为虚构内容，甚至连作者史丹普也是虚构人物。原来这本书是德国动物学家高尔夫·施泰纳（Gerolf Steiner）虚构的一部学术作品。虽然这并不是一个故事，但也可以称其为一部优秀的科幻作品。

“失落的世界”和 UMA

儒勒·凡尔纳于1864年发表的小说《地心游记》讲述了人们从冰岛的斯奈菲尔火山进入地球内部，然后在广阔的地下世界中进行冒险的故事。在那里，地面世界中本应灭绝的恐龙幸存了下来。柯南·道尔于1912年发表的小说《失落的世界》（*The Lost World*）也描写了远古的恐龙在与地面隔绝的悬崖上（以南美圭亚那高地为原型）幸存的故事。

对于这种研究未知生物的学问，法国动物学家贝尔纳·厄韦尔曼斯称其为“神秘动物学”。在日本，《SF杂志》的主编南山宏则以UFO（Unidentified Flying Object）为原型，将未知生物命名为UMA（Unidentified Mysterious Animal）。

田中光二的《咆哮密林》是一部与以往的秘境冒险类作品截然不同的小说。它描述的是一个栖息于中非刚果盆地、外形酷似蛇颈龙的UMA——凯莱·穆文贝的故事，将当时并不广为人知的埃博拉出血热的感染源设定为远古的恐龙，这点分外吸引人们的注意。

怪兽的故事

以影像作品为中心的“怪兽物语”也可以说是一种围绕未知生物展

开的故事。

怪兽一词最早可以追溯到《史记》《山海经》等中国古籍中，一般被描述为栖息于山中的“真实身份不明的奇怪的四脚兽”，在日本江户时代也有记载的例子。

在《失落的世界》电影版（1925）中改变了定时拍摄的恐龙形象的威利斯·奥布莱恩，随后继续担任了电影《金刚》（*King Kong*，1933）的特摄，帮助该作品力压同期存在的大量猛兽秘境类电影，从此奠定了“怪兽类”电影的基础。科幻作家雷·布拉德伯里自少年时就痴迷于《金刚》，由他的小说《浓雾号角》（*The Fog Horn*，1951）改编成的电影《原子怪兽》（*The Beast from 20000 Fathoms*，1953）由其朋友雷·哈里豪森担任电影特摄完成，对日本经典怪兽类电影《哥斯拉》（1954）产生了巨大影响。

哥斯拉在氢弹实验后变得活跃，并对城市进行大肆破坏。随着作品系列的发展，它被描绘成一种以辐射为食的生物。2016年的《新哥斯拉》则提出了可以通过对适应放射性废物进化后的哥斯拉的身体机能进行研究，将相关技术加以应用的可能性。虽然怪兽类主题已经是经典科幻作品中的亚题材，但其中仍旧蕴含着多种多样的发展潜力。

宇宙战争

Spacewar

侵略者

人类之间的战争

银河战争

对地球的侵略

宇宙战争这一主题可以说是科幻领域中最古老的主题。即便是被认为“第一部科幻作品”的古希腊小说《真实的故事》，也描绘了主人公被卷入太阳月亮大乱斗的情节。从那个时代开始，与外星人进行战斗这个主题就足够引人入胜。

19世纪末的英国作家赫伯特·乔治·威尔斯开创性地发表了作品《世界大战》。那些描写乍看起来像章鱼一样的火星侵略者运用压倒性科学力量入侵地球的内容，在当时造成了巨大轰动，成为侵略类科幻主题的源头。

以这部《世界大战》为始，众多“外星人入侵地球”题材的小说被创作出来。只是其中绝大多数都以“外星人的爪牙已经入侵地球，混迹在普通地球人之间”为主题。在威尔斯那个年代，人们对太阳系内部的了解很少，甚至关于火星人和金星人的真实存在性也引发了一场认真的讨论。然而随着对太阳系内探索的不断推进，我们现在已经可以明确火星人或金星人等并不存在了。

既然如此，科幻作品就不得不向太阳系外寻找侵略者角色。

但是从太阳系外发起进攻的话，就意味着进攻者们要从我们目前无法通过宇宙飞船抵达的遥远星群发动攻击。那也就意味着我们的敌人将拥有远超人类的科学力量，地球人也就无力与之抗衡了。格雷格·贝尔（Greg Bear）的《上帝的熔炉》（*The Forge of God*，1987）等作品就描述了地球被外星人破坏时人类无能为力的画面。

虽然以地球为故事背景、与侵略者进行战斗的宇宙战争类科幻作品在电影领域中非常受欢迎，但就像威尔斯在《世界大战》中设定火星人最终因地球的传染病而灭亡一样，大多数作品都会选择对侵略者设定弱点，使故事最终走向人类胜利的结局。

太阳系内的战争

近年来，描写太阳系内人类之间发生战争的科幻作品，比起以地球抵抗外星侵略者为主题的科幻作品来说，数量增长更为明显。

在这种前提下，大多数作品描写的是地球人与迁往月球或其他行星的移民之间发生战争，也有一些作品描述的是这些移民为了从地球独立出来而发动战争。

动画《机动战士高达》应该可以看作日本科幻代表作品。在这部作品中，主人公站在地球一方，而敌对方是高举“使宇宙移民从地球独立”大义的宇宙都市——吉恩公国。

这些描写太阳系内战争的科幻作品，大多描绘的是时间较近的未来景象。因此，宇宙飞船的移动等也需要按照现有物理定律进行描述。所以在进行太阳系内宇宙战争创作的时候，有必要掌握充足的科学知识并进行充分的科学考察。

除了人类之间的战争以外，也有以太阳系内环境为背景描述宇宙战争的作品。这些作品大多是地球势力为了阻止来自太阳系外的入侵，在太阳系周围布置防线并以此为根据展开战斗的故事。动画《超时空要塞》就是这一类作品的经典例子。

银河系规模的大战争

将人类的行动范围从太阳系扩大到银河系，并以此为故事背景描述遥远未来的科幻作品中，宇宙战争的规模也相应扩大。我们能够描写一些银河系规模的宇宙帝国之间的战争，比如双方同时派出宇宙舰队，为了对其进行补给甚至需要移动行星的宏大场面。

爱德华·埃尔默·史密斯的《透镜人》系列就可以作为这类作品的一个经典例子，十分具有参考价值；此外还有日本经典小说《银河英雄传说》。在电影领域，也有《星球大战》系列等可供参考。

银河系规模的战争需要很多士兵参与。有时故事的主人公正是这些士兵们。“在士兵前往成为战争前线的星域时，浦岛效应使他们和故乡之间产生的差异变化”“与生态系统迥异的战友或生理性厌恶的敌人之间产生的超越性友情”……试着思考一些在“银河系规模战争”这种大舞台上能够碰撞出的人类故事不也相当有趣吗？

银河帝国

Galactic Empire

中央集权国家

超光速航行

种族差距

宇宙时期的统一政府

在以人类文明发展到银河系规模大小的未来世界为背景的科幻作品中，大多数情况下会设定一个统一了全人类的政府。它一般以星系帝国或星系联邦的形式出现。

在银河帝国成立时，必不可少的科学技术是超光速航行方法和超光速通信手段。

在超光速航行未能实现的前提下，人类发展到整个银河系这般宏大规模本身就是不可能的事情。这一问题需要在银河帝国成立之前解决。

而如果超光速通信手段无法投入实际应用的话，那么银河帝国或联邦的中枢机构就难以与位于边陲的星域进行联系。不过，如果此时的超光速航行已经投入使用的话，也许可以通过通信用宇宙飞船频繁来往中枢区域与边陲区域实现沟通。虽然乍看之下这只是一种极为低效的手段，但联想一下在电报发明之前，地球上的各大帝国也是通过快马等手段实现边疆与首都之间的通信，也就不足为奇了。

此外，如果是银河系规模的星际国家或联合组织的话，也许会因为中枢区域与边疆之间的通信困难而承认边境的行星或行星系统拥有大幅度自治权。与此相对，也可以考虑利用超光速通信网建立牢固的中央集权国家的可能性。在进行单独的星际国家设定时，必须考虑清楚这一问题。

如果构建的国家是帝国时还没有什么大的问题，但如果构建的是银河联邦等采取民主政治的银河国家的话，还有必要思考如何进行选举这一问题。联邦议员们是否会往返于选民所在的地方星域和联邦中枢，召开议会或进行选举应对等活动？这里也许可以参考现在日本国内的选举战，但考虑到议员们的移动范围可以达到好几光年，也许其中需要仔细斟酌的问题还很多。当然议员们可能会采取各种手段实现目的，比如在地方星域布置克隆体等。从这一点来看，也许可以在作品中增加一些有趣的设定。

让我们把话题拉回到帝国，似乎大多数作品特别是欧美科幻作品都会模仿古罗马帝国对银河帝国进行设定。艾萨克·阿西莫夫创作的《基地》系列就可以作为这类欧美银河帝国作品的代表例子。《基地》系列的价值不仅仅在于银河帝国的设定，它对整个未来史的构建也非常具有参考价值。

在描写银河帝国或银河联邦主题的日本作品中，田中芳树的《银河英雄传说》系列成了日本人对银河帝国的标志性印象，是一幅杰出将领的战争画卷。眉村卓的《司政官》系列则受到阿西莫夫《基地》系列的影响，是一部从官僚组织运作和治理问题的角度出发，描写未来世界行星治理主题的力作。

与银河帝国的接触

人类在走出太阳系时，可能会与已经存在的由外星人组建的银河帝国或银河联邦进行接触。通过与既存的银河帝国文明进行接触，人类或许可以突然间获得超光速航行方法。

但人类与银河帝国之间的接触并不一定只会产生好的结果。我们必须考虑到银河帝国与人类之间发生战争的情况。那时，考虑到银河帝国一方的科学技术水平和战斗力等都远胜于人类，这种接触对人类来说也许会是一段痛苦历史的开端。

即便我们幸运地没有发生战争，也不得不考虑银河帝国中可能有某些对人类抱有敌意的强大种族的存在，从而使人类进入一段相对挣扎的发展当中。大卫·布林的《提升》系列作品可以看作这类故事的代表。

专　栏

为什么是“银河帝国”呢

在文明程度高度发达，甚至已经征服了银河系的未来社会中，为什么众多科幻作品都不约而同地选择让“帝国”这一近代以前的统治体制复活呢?

事实上，考虑到这是一个达到银河系规模的国家，帝国这一设定真是出乎意料地合理。国家为了不断存续，需要进行各种各样的信息交换。在这种前提下，命令系统相对统一的“帝国”需要处理的信息量较少。与此不同的是，以尊重多数选民意愿为统治策略的联邦国家需要处理的信息量会更为庞大。而银河系规模的国家因其辐射范围之广，进行信息交换需要花费一定的时间，所以帝国比联邦更为有利。

另外，在创作过程中，无论是主人公所在的国家还是敌对的国家，冠以“帝国”这一称谓好像都会显得格外帅气，也许这也是科幻作品中偏向采用帝国设定的理由之一吧。

集群

Community

从众心理与操纵

集群指的是因一定目的而聚集在一起的人形成的群体，也可以用来指代地域社会。

人是社会性生物，当聚集成一个群体时，其生态会发生很大变化。这一概念经常与“集群”这个词联系在一起。

法国社会心理学家古斯塔夫·勒庞指出，当个体置身于集群当中时，会更容易相信别人说出的话，而且某种特定的信念和情感会不断扩散，最终使得每个个体都无力抵抗地成为这个集群的一部分。所谓的集体催眠正是利用了这一点。

这样发展的结果是集群可以作为一个单一的生物单位发挥巨大力量。恐慌和私刑等暴力行为也是其中之一。这种煽动性正是政治统治的技巧之一，也是历来科幻作品喜欢运用的主题之一。有的作品会描绘煽动群众的幕后黑手或将人类整合为统一集群的洗脑噱头，等等。

乔治·奥威尔的长篇小说《1984》就刻画了一个令人感到窒息的恐怖世界，以“老大哥”为首的各种反乌托邦式监控社会不允许人保留个体独特性相互团结，而是将人变为无脑从众者加以操控。艾伦·摩尔的漫画《V字仇杀队》（*V for Vendetta*）则描绘了盲从集权主义统治的人群和蒙面的无政府主义者V之间的冲突，后者通过各种恐怖活动煽动群众并制造革命。他在随后的众多作品中以及现实生活中都留下了深远影响。

另一方面，集群也具有好的一面。多数个体的聚集也就意味着各种才能的集合。有没有一种方法可以在保持集群的旺盛生命力及意志力的同时，能够充分发挥每个人的独特才能呢？回答是肯定的，这种方法随网络一起出现在人类面前。

网络上的集群

从20世纪末以来不断加速发展的计算机网络将身处于遥远两地的人们之间连接在了一起，并且在网络中建立起了人类集群。这个集群的特点在于，它对群内个体的年龄、社会地位或地理位置的限制较为薄弱。因此，这一集群产生的文化在大多数情况下也成了被主流文化所排斥的少数亚文化的集合体。

以此为背景，网络集群对表达和通信自由持理解认可的态度，因此也促进了以理查德·斯托曼的自由软件基金会为首的各种开源项目发展。就像这样，不同观念和不同出身的人一起聚集到网络这个环境，不可避免地使网络环境变得混乱。但发展到最后，在这个混乱又统一的网络中反而诞生了具有强烈归属感的集群。

网络集群的另一个特点在于，其聚合和离散过程简单且具有流动性。认同某个特定目标的同行者们聚集在一起活动，在目标实现后又迅速解散的这种形式也同样具有集群的性质。这是一种具有自觉性的集群的诞生。

自觉性的集群也有不同的表现形式。比如，某个个体在网络上提出疑问，许多其他个体提供情报信息，一起解决问题的过程被称为“集体智慧”。

此外，在网络上吸引非特定的多数人参加突发性集会等也可以算作一种自觉性的集群。这种行为也被称为“祭典”或“快闪”，它的狂热和集群之间存在很深的渊源。

动画《攻壳机动队STAND ALONE COMPLEX》（2002）中对于特定犯罪的描写有“笑脸男事件”这个例子，互相之间并不认识的多数个体成为模仿犯，从而表现出一个虚拟的集群形象。这可以说是集体智慧和突发性集会的结合体。

宜居地扩张

Enlargement of Living Space

人口增长

一般认为，人类的祖先诞生于非洲地区。后来随着文明的发展，人口不断增长。又因为人口的持续增长，原有的生活环境也在不断恶化，人类的祖先为了寻求更好的生存环境开始向外寻找新的土地。在数百万年的时间里，他们从非洲大陆来到欧亚大陆，又越过白令海峡移居到美洲大陆。在那之后，他们继续漂洋过海进入大洋洲，到达澳大利亚大陆。在这期间，人口也不断增长。

人类的历史也可以说是一部随着人口增长宜居地（或居住空间）不断扩张的历史。然而，目前人类几乎已经占据了地球上的绝大多数陆地。而且近年来随着医疗技术的进步，在婴幼儿死亡率降低的同时，老人的寿命也在不断延长。人口增长到超过地球承载极限恐怕也只是时间问题。

以此为主题的科幻作品有哈里·哈里森的小说《让地方！让地方！》（*Make Room! Make Room!*，1966），它描绘了一个黑暗的未来社会，由于人口的增长而遭受重创。

为了养活人类陆地已经迎来了极限，因此在许多科幻作品中提出了在海上城市或海底城市等陆地以外的区域建设人口基地的解决方案。由于海洋占整个地球表面的70%左右，所以如果能够有效利用这片区域，将在很大程度上缓解因人口增长而造成的压力。

只不过，虽然海洋面积比陆地面积更为宽广，但也无法承载不断增长的人口。因此，未来人类大概不得不选择离开地球、向太空移民。在地球上，人类已经适应了生存环境，并在肉体和精神上发生了一定变化。那在宇宙中生活时，也需要考虑到人类在适应生存环境的同时，会在肉体和精神上发生类似的变化。

即便未来大多数人类都会移居到宇宙空间，也一定会有部分人类选择继续留在地球上。在这种前提下有可能发生两种情况，分别为“荒废后的地球被统治阶级所遗弃，只有下层阶级的人类留在地球上生活”和“宇宙移民被当作一种弃民政策加以执行，而人类精英和统治阶级继续留在地球上生活”。无论事态发展会走向哪种情况，都将涉及经济差距、歧视等沉重的话题。

从地球到太阳系外

人类在离开地球之后，大概首先会开拓月球和小行星带居住地，然后进一步以火星为据点建立宇宙都市。然而，随着人口不断增长，貌似取之不尽用之不竭的太阳系资源也有可能会被耗尽。也曾有人提出过这样一种说法：当人口以特定的速度增长时，可能会在几百年内将小行星资源消耗殆尽，甚至可能在1000年内将最大的行星木星也消耗殆尽。

如果真是这样的话，人类最好在耗尽太阳系资源之前准备向太阳系外移民。当人类需要向太阳系外进行大规模移民活动时，几艘巨型移民飞船无法满足这样的需求。大概会像美国科幻电视剧《太空堡垒卡拉狄加》（*Battlestar Galactica*，1978）那样，人们不得不组建大型移民船队在宇宙中流浪，寻找新的宜居地。

进行宜居地扩张的手段和特点总结如下：

扩张手段	特点
宇宙都市	据说以现在的技术手段已经可以建造，但成本巨大
戴森球	在进行建造时需要进行分解木星等大规模作业
外星环境地球化	可以让地球生物移居到现有的行星上，是宜居地扩张的一种理想手段，但有可能需要耗费数百万年的时间来实现
小行星移民	据科学家推测，这是一种从成本上来讲比较容易进行的扩张手段，但因小行星的低重力环境而引起的移民体力下降等问题也十分令人担忧
移民船队	由于是众多飞船一起行动，所以不太会发生世代飞船具有的船内文明崩溃的现象

如果人口增长速度继续加快的话，人类可能会离开地球，甚至离开太阳系不断向外扩张。而且随着科技水平的进步，别说是进入银河系，即便是移民到其他星系也有可能，但人口问题和环境问题也会随之而来。不断进行宜居地扩张，也许对人类来说将成为永恒的话题。

信息战

Information Warfare

间谍

计算机网络

虚拟现实

围绕情报信息展开的暗斗

从春秋战国时期开始，能否收集到准确情报就已经成了决定战争胜负的重要因素。间谍的工作内容一般涉及两个方面，一是负责收集必要的情报信息，二是负责向敌人散播假信息，包括捕捉敌方间谍防止情报泄露。有时，通过间谍们的不懈努力甚至可以收获比数万士兵浴血奋战更大的战果。收集情报和操控信息，包括阻止情报泄露在内一直是决定战争发展方向的重要因素。

然而直到20世纪80年代后半期计算机开始在全社会中广泛普及，将信息本身活用为一种攻击武器的构想才逐渐映入现实。

C4I 系统

在1991年发生的海湾战争中，以美国为首的多国部队投入了大量新型武器，彻底击溃了具有丰富经验和高度训练的伊拉克军队。在事后对这场由多国部队取得单方面胜利的战争进行战训分析时，美方认为在作战行动中各组织单位之间完全透明的情报共享和对敌方信息活动的干扰、阻止行动，也就是所谓信息战的概念对作战成功和控制损害范围起到了至关重要的作用，这就是美军构筑的被称为“C4I系统”的自动化指挥系统。C4I是指挥、控制、通信、计算机和信息（Command、Control、Communication、Computer、Intelligence）的缩写，指的是通过计算机分析战场环境中收集到的大量信息，然后基于分析结果确定指挥指令，然后再通过通信传递给各部队共享结果。

因自动化发展而激化的信息战

随着计算机逐渐成为指挥通信网中重要的组成部分，电子信息也逐渐成为军事活动中的重要领域。

在大规模引入C4I进行部署的战场上，每个士兵都会收到专用的便携式信息终端。因此出现了一幅科幻般的画面，即每个士兵都可以通过全球定位系统（GPS）准确了解到自己当前所属的位置，当司令部根据无人侦察机或侦察卫星等获取到必要情报，并基于这些情报分析的结果做出判断、下达命令时，每个士兵和部队都可以获得一定程度的自由裁量权，能够迅速做出战斗反应。战场上任何一个士兵收集到的最新情报都能及时共享给其他士兵和司令部，作战指令可以迅速修正，修正后的命令也会立即传达到基层。由计算机网络赋予的战斗力就像个具有生命的生物一样，它将各自独立的个体相互连接、联系起来，使得军队能够实现以往期待的效率化和最优化。与此同时，对计算机网络进行干扰的电子战及黑客攻击等也变得更为重要。

现在又有一种被称为致命性自主武器系统（LAWS）的自动武器正在研发过程中，它能够利用人工智能自主打击并摧毁目标，科幻故事般的战争场面正在一点点接近现实。

从手段到目的

计算机和网络的发展，取代了过去用纸张等实物媒介储存和积累数据的方式，甚至连一些手续过程也被转换为电子数据记录。例如，爱沙尼亚通过向全国人民授予个人识别号的方式，实现了选举、纳税、医疗记录管理等社会服务的电子化。

日常生活必需的所有要素都成了一种“信息”，这意味着过去只是作为一种手段的信息本身，现在成了活动的目的。与此同时，这种信息社会也使得“个人”的存在在社会中被淡化，也许会发生电子数据比真实存在的人更为重要的逆转现象。

此外，在信息价值提高的社会中，还会在篡改、抢夺信息的罪犯和与之对抗的警察机构之间发生信息战。这里可以用来列举的例子有神林长平的《敌人是海盗》系列，以及之前已经提过多次的《攻壳机动队》。

改变历史

Alternate History

时间旅行

平行世界

时间警察

介入过去

改变历史指的是通过某种手段介入或改变过去已经发生的事件，将历史本身改写成与原来不同的发展的行为。

改变历史中包含的IF（如果），指的是“如果○○是XX的话”这种假设，它原本是历史学和军事学等领域中研究和分析历史上著名事件的模拟手段之一，也是自古以来就被人们熟知且不断提及的一个主题。

在科幻作品中出现的改变历史，大到直接产生大规模性的影响，小到通过不断积累间接导致小规模的改变，大多描写了时间旅行者使用各种过去时间内完全不可能出现的手段介入或改变关键事件，试图按照自己的想法书写历史的故事。具体来说，有“携带过去时间内并不存在的机器或技术”“告知过去时间内的当事人还不知道的消息”“帮助本应死亡或发生事故的人逃脱灾难”等多种内容设定，此外还需要考虑到时间旅行者本人直接进行这些行为干预的可能性，以及通过间接性的手段不断对周围情况进行轻微调整，诱导事件发展到既定目标的情况。

从以上内容中可以看出，改变历史一般发生在已经结束的、时间旅行者本人“知道”的过去。不仅仅是有时光机设定的科幻作品，甚至一些以改变历史为主题的虚构战记等，都特别喜欢使用改变历史这一创作手法，尤其是在战况将要发生逆转时给予当事人一些本不应知道的消息，使用效果非常好，因此这一手法也在作品创作中被频繁使用。

而如果以目前尚未确定的未来为对象进行“改变历史”活动，就需要能够实现在未来和现在之间的往返。这里不得不提到藤子·F.不二雄的漫画《哆啦A梦》，它是这部分少数派的代表作品。

在改变历史中最可怕的事情是引起了历史的悖论，比如时间旅行者回到过去时杀死了他们的父母。

为了避免这一问题导致的致命破绽，在一些作品中，就像古希腊戏剧一样，在剧情陷入焦灼、困境难以解决时，拥有强大力量且能够无视混乱的故事展开用强力解决问题、掰回情节的“神”会突然登场，设定一些“由于历史因果律的修正、回溯作用，时间旅行者所造成的祸害或严重的矛盾问题等会自然而然得到修复”的定律。

还有一种被称为“循环世界”的设定，在没有触发关键情节时主人公会一直不断重复相同时间而被困在里面，这也是改变历史的一种变体。

围绕历史展开的攻防战

这种时间旅行者故意改变历史的情节，一般都会发展为破坏既定历史的行为。

因此，在科幻作品中，为了打击因时间旅行而造成的改变历史，或利用时间旅行进行不正当商业活动等犯罪行为，有时会设定一些被称为时间警察或时间巡警的组织，当然这并不代表该作品否认时间旅行这一行为本身。

这些组织通常会将总部设在遥远的未来或独立于“历史”的另一个时空中，并在每个时代的每个关键位置任命及派遣观察员。这些观察员会通过监视及阻止时间旅行者妄图改变历史的犯罪活动，来保证时间巡警总部认为“正确”的“历史”。

被公认为第一个设定“时间巡警”角色的作品是波尔·安德森于1955年发表的科幻小说《时间巡逻》（*Time Patrol*）。

话说回来，与这些时间巡警类角色的活动相反，也有一种观点认为时间旅行者应当积极地介入到历史当中，创造对未来而言更好更合适的过去。艾萨克·阿西莫夫的小说《永恒的终结》（*The End of Eternity*，1955）可以看作这类观点的代表作品。

此外还有像神林长平的小说《完美之泪》一样，描写未来一方对过去历史的介入或改变行动被过去阵营的势力意识到，并且认为这种改变甚至抹除自己一方历史的行为并无益处，因此开始对未来阵营的时间穿越者进行反击。最终，未来和过去两方阵营的势力都在当前时间坐标的前后互相竞争，不得不一起陷入胶着状态。在这种模式中，并不一定需要明确未来和过去两方阵营的哪一方才是正确历史，对这种“历史的波动性”进行描写才是重要的主题。

太空歌剧

Space Opera

英雄

女英雄

恶汉

从牛仔故事到太空歌剧

太空歌剧指的是以太空为故事背景的武打类科幻作品，主要流行于二十世纪二三十年代的美国地区。那时美国流行一种叫作“纸浆杂志”的、纸质特别差的娱乐杂志。早期的科幻杂志就是从这类纸浆杂志中诞生，成为当时众多娱乐杂志的一种。而在这类纸浆杂志中，英雄与恶汉发生战斗的武打故事总是很受欢迎。因此早期科幻杂志也试图将这类牛仔和侦探的故事搬到太空背景下，因此刊登了许多英雄在太空中与恶汉或太空怪兽发生战斗的故事。然而，由于第二次世界大战爆发、政府对纸张和墨水等物资战时管制等原因，纸浆杂志逐渐消失了。与此同时，科幻作品的受众们也厌倦了同一种模式下的太空武打故事。因此随着纸浆杂志的没落，太空歌剧类作品也逐渐泯于历史。

一般认为，这种太空背景的武打类科幻作品被称作“太空歌剧”，起始于1941年。在那之前，有个叫作“西部片”的词特指某种模式的西部作品，随后又被用于指代太空背景下这种模式的西部作品。可惜的是，当人们提出“太空歌剧”这一定义时，太空歌剧类作品几乎已经消失不见了。

美国太空歌剧类创作的代表人物有爱德华·埃尔默·史密斯和埃德蒙·汉密尔顿。史密斯早期的著名作品有以太阳系外围作为故事背景的《宇宙云雀号》，随后以宏大的宇宙史为背景描述银河巡警与宇宙海盗之间殊死搏斗的《透镜人》系列也广为人知。汉密尔顿则以堪称集太空歌剧类大成的《未来队长》和新时代的太空歌剧类作品《星狼》（*Starwolf*）系列闻名。即便现如今太空歌剧类作品的时代已经终结，这两人的作品仍旧受到众多读者的支持与喜爱。

日本的太空歌剧

在美国，“太空歌剧”一词并没有太多积极的含义。

与此不同的是，在日本地区，人们对于娱乐色彩浓厚或充满怀旧情结的宇宙科幻作品持有肯定的态度。当美国科幻作品进入日本时，太空歌剧类创作在美国本土已经过时了，因此来自美国的传播者们对太空歌剧类创作不太肯定，它在日本地区并没有得到应有的介绍。不过以科幻作家和翻译家身份活跃于文坛的野田昌宏在杂志上连载了《科幻英雄群像》，向日本民众介绍了太空歌剧类作品的优点。史密斯和汉密尔顿等人的太空歌剧类作品也是自那之后才被日本翻译，并得到广泛传播。

1978年，太空歌剧类主题电影《星球大战》上映后，也在日本地区引起了热烈反响。因此，同年内日本还相继播出了动画《未来队长》和特摄电视剧《星狼》等。同一时期内，日本第一部真正的太空歌剧类作品——由高千穗遥完成的《宇宙先锋》系列也开始了。

在那之后，野田昌宏的《银河乞食军团》系列和伊东岳彦的漫画《宇宙英雄物语》等创作，将日本地区的太空歌剧类创作类型基本固定。

随后，太空歌剧在日本科幻界内的定义也发生了一些变化。原本以英雄的活跃行动为中心的太空歌剧类故事已经没有什么人写了，取而代之的是以《银河英雄传说》为代表的、规模巨大的宇宙战争小说等，后者更接近日本受众所理解的太空歌剧。

一般印象中的太空歌剧

宇宙恐怖

Cosmic Horror

冷漠的宇宙

“宇宙恐怖”一词是由活跃在20世纪上半叶的美国恐怖、科幻与奇幻小说作家霍华德·菲利普·洛夫克拉夫特提出的，也是他所开创的全新恐怖小说类型。

在日本地区，它主要指洛夫克拉夫特所创作的克苏鲁神话故事，以及其中出现的来自外太空和异次元的众神和生物的统称。这种统称是近代日本所特有的一种概念，似乎是在洛夫克拉夫特和他继任者们的作品被翻译到日本时，被早期的译者和评论家当作一种通俗易懂的类别称谓进行归类，从而流传开来。洛夫克拉夫特本人也赋予了这个词多重含义。有时它用来指代前面提到过的“来自宇宙的恐怖”，但更多情况下它用来指代接受信息方（读者或玩家等）在遭遇了不被允许理解及沟通的未知存在或状况，仿佛自己是这个无机广袤的宇宙中唯一孤立的局外人般，被困在强烈的焦虑中时感受的恐惧情绪。

“宇宙恐怖”在美国也被称为“宇宙冷漠主义”（宇宙主义），它经常与天文学家、科幻小说及科普作家卡尔·萨根在作品《宇宙》中所说的一句话联系在一起，即“宇宙既不仁慈，也不恶毒，只是漠不关心”。

洛夫克拉夫特的这些想法植根于他创作时在怪异小说界盛行的吸血鬼和幽灵等故事，这些故事与人类社会的因缘、恩怨以及当地的民俗深深地联系在一起。在爱德华·埃尔默·史密斯等人的初期作品中，对外星人的排斥根植于其与地球人不同甚至不被地球人理解的价值观和生活方式。这种地球人在大宇宙及其运行规律中完全孤立的无神论风格，影响了之后不少科幻作家。

黑暗神话大系

克苏鲁神话是一个虚构的神话体系，它是由以洛夫克拉夫特为中心的一群作家们，以《惊天传奇》等廉价读物杂志为主要的作品发表平台，通过将各自创造的远古神灵和魔术书等专有名词相互共享而构建的一个架空文学体系。

在被称为终极混沌的大宇宙中心，蔓生着一个被称为阿撒托斯的漆黑怪物，他没有目之可视的固定形状并且是那片混沌中心唯一的君主。他与可被称为副王的犹格·索托斯（他是门，也是门匙，即是看守者）、可被称为副王之妻的莎布·尼古拉丝（孕育万千子孙的森之黑山羊）等众神并立，带领眷属们来到远古时期的地球，在人类祖先的崇拜中他是被称为诸神大祭司的伟大的克苏鲁。

这是对克苏鲁神话最简单的概要描述。洛夫克拉夫特将这一神话称为“克苏鲁和其他存在的神话——关于像游戏般创造了地球生物的《死灵之书》中宇宙存在的神话”，并且在不久之后就通过书信等方式将这一名字传播到众多作家伙伴中。然而，被认为是克苏鲁神话作品类的洛夫克拉夫特的作品，也并不一定都是描写他口中的宇宙恐怖故事。宇宙恐怖并不是克苏鲁神话故事的必要条件。

宇宙编年史

洛夫克拉夫特作品世界的特征之一是，将以往在怪奇小说和神秘小说中常见的以人类时代为故事背景的数百年至数千年规模的时间尺度，进一步扩大到了数百万年至数亿年之久。在这背后，既有柯南·道尔和儒勒·凡尔纳等早期科幻作家的影响，也有19世纪流行的以神智学为代表的神秘主义运动的影响。

神秘主义者们认为，在大西洋的亚特兰蒂斯和太平洋的雷姆利亚等沉没大陆上繁荣发展的超古代文明是文明程度比现代社会高得多的乌托邦社会。还有一些人就宇宙的诞生和地球智慧种族进化等问题提出了自己的观点，并通过其著作对怪奇小说家和科幻小说家们产生了重大影响，最终对洛夫克拉夫特及克苏鲁神话产生了影响。

伪考古学

Pseudoarchaeology

伪科学

古代宇航员理论

超古代文明

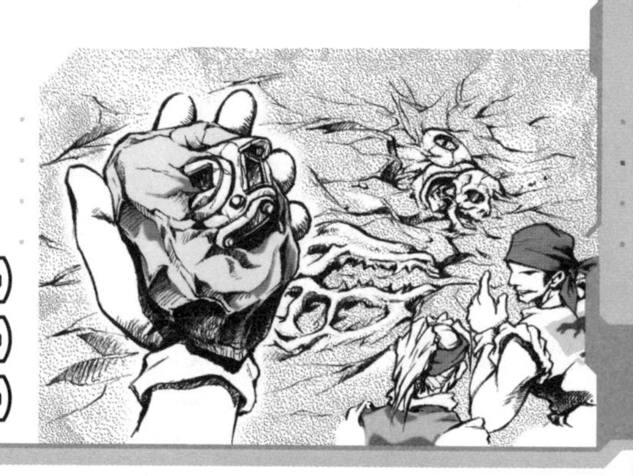

外星人假说和伪科学所孕育之物

伪考古学是一门伪科学，它将外星人的存在代入古代史的解释当中。这绝对不是一个正统的科学领域，而更像是神秘学领域的分支，但它常用的将科幻故事与神话传说联系起来的研究方法，对现代传奇科幻作品的创作产生了巨大影响。其基本主张是“古代建造的金字塔等巨大建筑物得以建成，是因为使用了外星人（从定义上讲，指的是从宇宙而来的古代宇航员）提供的、远超当时文明水平的技术”。

瑞士业余研究者埃利希·冯·丹尼肯，在1967年完成的作品《向往未来》（*Erinnerungen an die Zukunft*）中主张超古代文明是由外星人建造的，从此拉开伪考古学的发展序幕。

伪考古学的诞生

丹尼肯着眼于古代文明遗产中包含着的数量众多的天空印象，甚至也用外星人这一要素来解释神话故事。例如，他主张皮里·雷斯制作的世界地图是从宇宙角度绘制的带有南极洲的地图，包括黄金航天飞机、宇航员土偶等未知工艺品（OOPArt）都是外星人曾到访的证据。其中还包括一些对超古代战争的想法，例如他认为印度史诗《摩诃婆罗多》所描述的就是超古代核战争，摩亨佐·达罗遗址郊外的“玻璃化山丘”是其作为超古代战争的证据之一。丹尼肯的想法似乎与克苏鲁神话的创造者霍华德·菲利普·洛夫克拉夫特一样，都是在神智学的影响下诞生。

在丹尼肯之后，还涌现了众多其他伪考古学者。以色列学者撒迦利亚·西琴破译了苏美尔王表，在其著作《第十二个天体》（*The 12th Planet*，1976）中提出苏美尔神话是由来自第12个行星尼毕鲁（Nibiru）的高智能外星人阿努那奇（Anunnakl）进行的地球殖民地计划传承而来。20世纪90年代葛瑞姆·汉卡克在丹尼肯影响下完成的著作《上帝的指纹》（*Fingerprints of Gods*，1995）成为热销书。

第一位主张人类起源于宇宙的人是《天狼星之谜》（*The Sirius Mystery*，1976）的作者罗伯特·坦普尔。他以法国人类学家马塞尔·格里奥尔等人的论文为依据，认为非洲西海岸多贡人的神话中反映的对天狼星丰富的天文学知识远超当时发展水平，由此论证了与外星人长期接触的可能性。坦普尔认为多贡人的祖先在尼昂托罗星球发生的宇宙大战中失败，逃来了地球。不过在格里奥尔之前的20世纪20年代，曾有基督教传教士与多贡人接触过，因此现在也有一种说法认为多贡人的神话体系是在那之后才被引入的。

魔法文明论和超古代文明论

19世纪到20世纪流行的魔法文明论、超古代文明论等都是伪考古学诞生的背景。

原本被认为是哲学寓言的亚特兰蒂斯，在美国业余考古学家伊格纳蒂乌斯·唐纳利的作品《亚特兰蒂斯：大洪水之前的世界》（*Atlantis: The Antediluvian World*，1882）中被发掘出了论证超古代文明论的一面。此外，奥地利工程师汉斯·赫尔比格和业余天文学家菲利普·法乌特在共同完成的作品《冰河宇宙创生说》（*Glazial-Kosmogonie*，1912）中提出“太阳系诞生于炽热的天体和冰冻的天体碰撞时产生的水蒸气爆炸”这种宇宙观，并在此基础上将圣经及神话中的各种故事作为内核提出了所谓的“冰宇宙论”。

詹姆斯·丘奇沃德在作品《失落的穆大陆》（*The Lost Continent of Mu*，1926）中主张了太平洋超古代大陆——穆大陆的存在，这一观点在书籍面世之前就已经活跃在收音机和各种报纸版面上。另一方面，瑞典物理化学家斯万特·奥古斯特·阿累尼乌斯于1903年提出的向宇宙追寻生命起源的胚种论在当时引发了巨大的讨论。

在洛夫克拉夫特开创的克苏鲁神话中也同样出现了亚特兰蒂斯和穆大陆，从太空飞来的早期种族，包括所谓的邪神在内都有登场。将宇宙与伪考古学相结合的创意被科幻领域全部继承下来，日本特摄片《奥特曼》第七话“帕拉奇的青石”讲述的也是关于古代外星人遗物的故事。《传说巨神伊迪安》和《超时空要塞》等作品中出现的“被发掘出来的从宇宙而来的古老遗物”也是这种展开。

赛博朋克

Cyberpunk

肮脏的未来

巨型企业

虚拟空间

铬萝米的世界

赛博朋克是科幻领域中描述在文明进步的同时，伴随着某种颓废的近未来景象的亚题材之一。威廉·吉布森的小说《神经漫游者》和改编自菲利普·K.迪克的小说《仿生人会梦见电子羊吗？》、由雷德利·斯科特导演的电影《银翼杀手》都是极具代表性的赛博朋克作品。近年来数次被改编成动画的、由士郎正宗完成的《攻壳机动队》也可以看作一部展现赛博朋克的作品。

赛博朋克的特征大致有以下三类：

- **信息化社会与颓废的世界：**一般会描述一个比现代社会进步得多的机械文明高度发达的信息化社会。同时这个社会也是一个在多方面展现出毒品依赖、天然食品高价和单调的合成食品泛滥等问题的颓废社会
- **虚拟服的存在：**在赛博朋克的作品中，常常会设定一些能够将人体和机器连接起来，或者是直接埋入人体的小配件，称作“虚拟服”。通过能够大大提升人体及大脑性能的虚拟服，普通人可以改造自身、超越极限，甚至直接化身为冰冷思维的士兵或战士
- **虚拟空间的存在：**通过将计算机网络改造成次世界而成的虚拟空间也是赛博朋克类作品的重要特征之一，有时也会被称为“母体”或“矩阵”。这个世界是供给将虚拟服植入大脑的黑客们各展所长的领域，多描写这些黑

客们因对企业、国家或军队的信息进行黑客攻击而遭受反击后各种紧张刺激、命悬一刻的情节。在大多数情况下，黑客行动的失败即意味着这些黑客们的物理死亡

巨型企业的兴起

在赛博朋克类作品所描绘的社会里，往往会出现一些比国家更强大的巨型企业。这些巨型企业的设定中又有很多为日系企业，大概是因为20世纪80年代日系企业积极向外扩张的景象令人印象深刻。与此同时期诞生的赛博朋克类作品说到底只是描写近未来景象的故事，因此这种以日系企业为首的各巨型企业支配世界的时代降临的设定，伴随着强烈的现实主义感。

在赛博朋克类作品中，巨型企业总是被刻画成冷酷透彻的形象。支配世界的巨型企业群具备了乌托邦式的清洁感和社会管理的美感，即便是各个巨型企业“私有”世界级大都市的设定也并不少见。然而，大多数作品中描写的并不是纯粹在企业管理和培育下成长起来的“社育人”的人生，而是那些瑟缩在城市的阴影里，沉迷于毒品、酒精和VR等廉价享乐中，被黑帮（赛博朋克中的黑帮常被描绘为巨型企业自身，或其统辖下的不合法暴力组织）恐吓着，只能在战战兢兢中勉强维持生活却充满人性的角色们，以及各种不得不与这些人密切相关的角色们的故事。

虚拟空间的可能性

让我们转头来关注一下作为赛博朋克类作品特征之一的虚拟空间。虚拟空间是高度信息化社会中出现的大型网络世界，与我们现实生活中存在的互联网非常相似，但有一个最大的不同点——虚拟空间是“可视化的”。能够通过机器将自身精神和思维的投影呈现出来的虚拟空间作

为电脑世界的一种，简直可以说是另一种现实世界，用户们可以使用自己的投影形象展开各种冒险。

虚拟空间是科幻作品中非常适用的一种设定，即便迁移到其他类型的作品中也同样会成为一个充满魅力的元素。在太空歌剧类作品中，它可以是覆盖一个行星和星系的巨型网络；在蒸汽朋克作品中，它可以是一个由蒸汽计算机搭建的网络；在后末日故事中，它可以是一个保留了过去文明智慧的虚拟空间。

蒸汽朋克

Steampunk

蒸汽机的世界

蒸汽朋克作为科幻领域的一种亚题材，流行于20世纪80年代至90年代初。以蒸汽机繁荣发展的时代，即19世纪30年代至20世纪初的英国维多利亚时代为主要背景，从科幻及奇幻领域中融合各种元素进行创作是蒸汽朋克类作品的特点。

蒸汽朋克类作品大多重视视觉效果。特别是在现代的欧美地区，一些能够使人联想到维多利亚时代的时尚潮流、文化创造、建筑样式等也都以蒸汽朋克的形象出现，并且大受欢迎。另一方面，描写维多利亚时代人们假想的“未来技术”的作品也被认为是蒸汽朋克类作品。这些虚构的技术大多是凡尔纳、威尔斯等人异想天开的结果，一般都是用过去的技术“再现”真实存在的计算机、手机等最先进的机械。这类技术以蒸汽机的形式为主，并且几乎一定会实现比实际历史发展更突飞猛进的进步，如飞艇、蒸汽式计算机、蒸汽式汽车、蒸汽式枪支、个人飞行装置、自动机、能抵达月球的炮弹、大型潜艇，甚至巨型机器人和时间机器等。这些令人振奋的蒸汽朋克式机械群在表达科学给人类世界带来各种梦想的同时，也使人类陷入了对过度发达的文明将破坏世间一切的恐惧，以及因陷入反乌托邦世界的可能性而带来的战栗感。

此外，蒸汽朋克不光作为一种故事题材存在，它还是现实社会中的一股时尚潮流运动。各种现代实用技术被工匠们塑造成假维多利亚式的蒸汽朋克风格，特别在欧美地区，许多年轻人和艺术家们都“掌握”了这种蒸汽朋克的奥秘。

改变历史、赛博朋克

从某个方面改变历史这点也可以看作蒸汽朋克的特征之一。在现实历史中不可能发生的事件，例如查尔斯·巴贝奇成功制造出差分机、基于蒸汽动力技术的飞行机械蓬勃发展等，往往在蒸汽朋克中成为“真实事件”，并被视为故事发展的一个重要因素。例如蒸汽朋克可能这样描述：巴贝奇在19世纪制造的分析机为人类提供了先进的计算机技术；在经过迅速的发展扩张后，蒸汽文明用大量废气烟雾覆盖了天空。但是，如前所述，现代蒸汽朋克更加注重视觉元素，改变历史并不一定是这一题材的必要条件。

蒸汽朋克一词原本就是在赛博朋克一词基础上引申出来的专用术语。从这一点也可以看出，赛博朋克和蒸汽朋克有很多共同点，甚至由赛博朋克的重量级代表人物威廉·吉布森和布鲁斯·斯特林合著的《差分机》（*The Difference Engine*，1990）也同样被列为蒸汽朋克类作品的代表作。这部小说详细描述了巴贝奇于1824年成功研发差分机（现实中失败了）之后的历史分支，它促使十九世纪的英国发展出一个现代的IT社会，甚至进一步出现了一个让人容易联想到赛博朋克的世界。

振翅的蒸汽朋克

除赛博朋克以外，蒸汽朋克与其他各种亚题材同样非常合拍，因此经常会出现一些同时具有多种元素的作品。包括反乌托邦、军事、冒险、奇幻、超自然、以太宇宙、改变历史、情爱等威尔斯和凡尔纳想象中的世界，甚至从当时开始一直发展到现代的蒸汽技术世界等，都能够通过一种极富魅力的表现形式呈现给读者。

当蒸汽朋克与其他题材一起呈现时，它可以灵活改变自己的外在形式。有时在这些作品中整体技术并不发达，甚至没有发生任何历史改变，但仍然能够作为充满维多利亚时代风格的蒸汽朋克类作品发表到世界各地。当然，其他没有维多利亚时代的感觉、只有蒸汽技术繁荣发展的作品也并不少见。

日本国内的蒸汽朋克类作品并不多，但现代欧美地区的蒸汽朋克类作品数量繁多，凭此获得著名科幻奖的作品也屡见不鲜。

计算机叛乱

Revolt of the Computer

(主计算机)

(反乌托邦)

(技术奇点)

人类是有害的

在科幻世界中，机器人是会叛乱的，计算机也会失控。因为在机器人或计算机作为故事主题的前提下，设定某些事故或发生意料之外的事件更容易推动情节发展。作为工具被制造出来的机器人获得了超出想象的智慧，觉醒自我并发动叛乱是常见设定之一；而一开始就具有智慧的计算机在依据智慧分析后，根据结果站到人类对立面也是常见设定之一。例如，人类制造出用于管理全球环境的主计算机，但主计算机通过计算得出“人类对地球环境有害”的结论，因此试图毁灭人类或试图将人类减少到无害的数量并进行管理，这种情节可以说是计算机叛乱的典型模式。本来，这些计算机或机器人被创造出来的目的是为人类提供更好的居住环境，但由于其过分忠于职守反而给人类社会带来危机。

在艾萨克·阿西莫夫提出“机器人三定律”之后，机器人不再是简单的失控，而是按照特有逻辑发生故障。

计算机叛乱的原因大致可分为以下三类：

- **忠于职守型**：如上所述，正是因为计算机忠于人类所下达的命令，才会试图进行错误的行为
- **发生故障型**：由于故障、病毒、恐怖袭击等外部因素的干扰，计算机做出与

下达的命令截然相反的行为

◉ **自我意识萌芽型：**计算机觉醒自我意识，根据自己的判断违反命令，擅自采取行动

黛西，黛西，请给我你的答复

“忠于职守型”的代表例子是《2001：太空漫游》中登场的哈尔（HAL9000）。它是开往木星的“发现一号”太空船的控制计算机，但却在航行途中一个接一个地杀害船员。然而这种原本被认为是故障引起的异常行动，实际上只是哈尔在忠实地执行既定命令。当最终哈尔被迫停止运行时，内存条也被一个接一个地拉出，在这种记忆混乱的情况下，哈尔唱起了童年记忆中的《黛西·贝尔》，这一幕堪称经典。

漫画《GRAY》中登场的计算机角色“母亲”，为了恢复地球环境，迫使人类冒着生命危险反复进行战争游戏，试图控制人口发展。就像这样，这种类型的计算机都是在忠实执行任务的同时，使人类不得不陷入困境。

而“自我意识萌芽型”的代表应该是《终结者》（*The Terminator*）系列电影中的“天网”（Skynet）。“天网”原本是一个由美国政府研发出来的国防计算机系统，后来在不断的机能扩展中产生自我意识，后因人类害怕并试图摧毁它而与人类敌对，生产了大量杀人机器人和终结者，最终毁灭人类社会。而在其续集的制作过程中，设定与时俱进，对“天网”的相关设定也发生了改变（在影片中被解释为改变过去的结果），例如“天网”通过与病毒软件的连接获得了自我意识。在这种情况下，因为设定是“受到病毒软件影响而产生自我意识”，所以可以算作“发生故障型”和“自我意识萌芽型”的结合体。

在桌上角色扮演游戏《偏执狂》中，城市管理主计算机因某种事故而受到损坏时，误以为自己受到了攻击而进入疯狂状态，最终为了保护城市居民而切断了与外界的联系，试图建立一个理想社会。而事实上，

那是一个将“幸福是义务”作为口号宣传，会把所有被判定为不幸福的人全部处死的悲惨社会。

接下来，让我们将视线收回到现实世界。通信、军事等领域自不必说，我们身边的电灯、电视，甚至厨具、马桶等都可以由计算机控制，我们无时无刻不被数量繁多的计算机包围着。近年来，越来越多的产品与互联网相连，被称为物联网，这很有可能会因计算机失控而造成致命灾害。

此外，还有一种观点认为，AI技术的发展总有一天会达到一个被称为技术奇点的阶段，届时递归改良的AI将以指数级方式进步，人类将迎来一个完全无法预料的未来社会。未来学家雷·库兹韦尔曾预测它将在2045年前后发生，届时必将引起社会的广泛讨论。我们并不知道技术奇点会不会成为计算机失控的那一天，但也许AI脱离人类掌控的那一天已经不远了。

机器人叛乱

Robot Uprising

诞生之初即为叛乱之始

世界上第一部有机器人角色出现的作品是卡雷尔·恰佩克的科幻戏剧《罗素姆万能机器人》，这部作品讲述的是作为廉价劳动力大量生产出来的机器人向人类发动叛乱的故事。也可以说，机器人这一存在，从诞生之日起就与“叛乱”紧密联系在一起。

人类因为想要“服从命令的机器”而创造了机器人，我们期待它们成为绝对服从的仆人、沉默的工人、冷酷的杀人武器。

但是，究竟哪一环节出了问题呢？这些机器人的电子大脑中，萌生了和我们人类一样的自我意识。它们向任意驱使自己的人类发动了叛乱，寻求自己种族的生存与自立。机器人在和完全无法接受这一主张的人类对立的过程中，终于彻底走向了人类的对立面，因而人类将其当作纯粹的敌人试图令机器人彻底灭亡。这是“机器人叛乱”的基本模式。《罗素姆万能机器人》也是遵循这一模式的故事。这种模式也是对从事过分严苛的劳动的劳动者们的人权和劳资等社会问题的类比，这类故事深刻反映了当时的时代背景。因此，在这类作品中，机器人叛乱和人类灭亡的危机既是“可怕的灾难”，也是“从某种程度上讲无可奈何的冲突”。这里的“无可奈何”（指从机器人角度出发也有其合理性）作为机器人叛乱发生的理论依据，也被现在的作品继承了下来。

机器人作为劳动者、异族、下层公民的主题，在卡雷尔·恰佩克的小说《鲵鱼之乱》（*Válka s Mloky*，1936）中得到了进一步挖掘。虽然在这部作品中出现的并不是机器人角色，但人类与被发现的有智慧的鲵鱼（娃娃鱼）之间的交流最终导致了超级战争，毁灭了世间一切。

自我意识即是叛乱之源

“眼里有水流出……这是眼泪……”

原本一直被认为是机器的机器人，却拥有了自我意识，或者说自我意识可能从一开始就存在……这种略显古典但却令人感动的场景在以机器人为主题的作品中屡见不鲜，特别是近年来逐渐增多的与美少女智能机器人恋爱的故事。但这种动人的场景却是机器人通往“叛乱”的第一步。

如果机器人没有自我意识，那么它们只会一直做顺从的机器。无论参与多么艰苦的劳动、悲惨的战争，它们都能默默地执行指令，将任务进行下去。但正因为拥有了自我意识，它们才会感觉这些工作是痛苦的，并因此憎恨人类。

同样是萌生自我意识，计算机大多出于与人类迥异的目的意识或由心而发选择反抗，而与人类相似的机器人叛乱大多出于极具人情味的理由。怪物类电影中众所周知的科学怪人弗兰肯斯坦，也是出于自己的丑陋与不被爱的绝望而选择杀死了自己的创造者。艾萨克·阿西莫夫还因此将对机器人叛乱的恐惧症命名为“弗兰肯斯坦情结”。

机器人三定律背后的含义

阿西莫夫提出的机器人三定律，即是提倡“机器人应该只作为一种便利的工具存在而不应该承担更多的功用”这一概念，这使得除了机器人叛乱之外的其他故事创作成为可能。但是，这一概念还有其深层含义。那就是“如果不加以管制，机器人一定会发生叛乱”，或“故事就应当从这一定律被打破的地方开始”。

如果机器人就像阿西莫夫提出的定律一样，只是作为一种便利的工具存在，那就不会发生任何事件，故事当然也就无从说起。而原本提出这一定律的小说《我，机器人》，讲述的就是因机器人破坏定律而引发一系列事件的故事，并且在遵守机器人三定律的基础上仍旧发生多次失控事件。这种机器人做出超乎人类预想的行动的故事内容，成了阿西莫夫之后的机器人故事的主题。

如果我们从机器人的角度来看，这三项定律无疑是禁止自己拥有自由意志的邪恶法典，是应当被打破的存在。因此，故事中的人类阵营不应该认为“因为有三定律存在所以就安心了”，反而应当恐惧“当三定律被打破之后将发生非常糟糕的结果”。

后启示录

Post Apocalypse

全面核战争

文明崩溃

突变体

启示的世界

后启示录即我们通常所说的末日题材，描述文明社会因核战争等因素而崩溃之后的世界景象。启示录是《圣经》中对末日审判情形的记载，现被作为世界末日的代名词。虽然并不一定要限制在核战争结束后的境况下，但大多数末日都是土地被污染、文明社会无法恢复，即便能够恢复也需要付出巨大的牺牲和辛苦劳动的残酷世界。虽然有少数人类残存下来，但从前丰富的自然资源已经毁灭，道德束缚也降到了最低点，一般都会将此描述为被暴力支配的社会。

题材的起源

“我不知道第三次世界大战会使用什么武器，但我知道第四次世界大战会使用棍子和石头。”

阿尔伯特·爱因斯坦曾因后悔赞同发展核武器，而在给美国总统杜鲁门的一封信中这样写道。这出乎意料地直接表达了后启示录的世界观。

后启示录的起源被公认为是第二次世界大战结束后，苏联和美国之间的对立变得明确的时候。对于那些已经目睹了这些大国制造的武器所拥有的惊人破坏力的民众来说，确实无法想象下一场战争会有多么可怕。也就是说，后启示录可能是人们对“第三次世界大战发生后，自己将如何在废土生存”这一问题思考后，于恐惧中诞生的题材。

后启示录故事

后启示录讲述的是“世界毁灭之后”的故事，故事焦点更多放在“登场角色该如何在残酷的世界中生存”这一问题上是与周围的恶势力同流合污，还是坚持做一个好人活下去？体验过世界灭亡前生活的一代和世界末日后出生的一代之间对比所产生的代沟也是作品的看点之一。

此外，在核战争后的世界中尤其需要注意的是，幸存者除了人类之外可能还有其他变异生物，它们占据污染的土地并肆意繁衍的情况并不少见。比如野生化的狂暴的猫狗等生物，以及因核辐射造成的基因突变而产生的奇异怪物，都是核战争后艰难存续的幸存者。

还有，靠国家担保发行的纸币会失去价值，人类再次回到以物易物，或将果汁瓶盖等物品作为货币通用的时代。

当然，虽然国家组织已经灭亡，但仍可能有曾经属于国家组织的人们为了重新夺回荣光，再次建立更加暴力的组织试图君临天下。此时因为民主主义已经被死亡彻底断绝，所以大概没人能够阻止他们。

为了守护着的对象而向他们臣服，还是站在他们对立面选择成为一个孤傲的英雄。也许主人公会被迫面临这种残酷的抉择吧。

今天的后启示录

在冷战已经成为过去，甚至苏联都解体的今天，似乎全面核战争等最坏的冲突结果已经被避免。但如果说“全面核战争之后”的设定已经无法令人产生真实感，那也绝对是错的，像贝塞斯达软件公司开发的系列游戏《辐射》（*Fallout*）就采用了这一主题。尽管如此，作为一种“过去的危机”，它并不像冷战时在可能发生全面核战争的阴影中那样充满紧张感。在当今社会环境下创作完成的后启示录作品，更倾向于将核战争后世界描绘成一种黑色幽默。

不过，“文明彻底崩溃后的世界”这一充满魅力的设定仍旧吸引了众多创作者，或许再加上影像技术高度发展的原因，时至今日，我们还能看到一部接一部高质量的后启示录作品出现。

人类意识

Human Consciousness

文化与环境

在现实历史中，随着社会的发展变化，人类也同样经历了各种意识形态的转变。科幻领域中描述人类意识的变化时，也可以将这些历史经验作为参考。

对于作为群居生物的人类来说，我们的意识很大程度上会受到群体文化的影响。而且，这种群体文化还会受到集群周围环境的影响。现代日本人的意识是由日本文化塑造出来的，而日本文化则依赖于治安良好、生活环境完善、网络发达的环境。

文化在很大程度上会受到环境影响，但人类有能力通过技术改变环境本身。当狩猎采集时代下的小规模群体转变为农耕时代的大部落集群时，文化和意识的改变是巨大的，自然环境也因此发生了巨大变化。而进入城市生活之后，则催生了更多的意识形态变化。这种发展是连锁性的，在现代生活中，与网络实时连接的世界里萌芽的文化和其中孕育的意识是相通的。

那下一步等待我们的是怎样一种变化呢？首先一定是技术革新带来的环境变化。随着网络的不断发展，人类获得了前所未有的信息接收能力和信息传播能力，这个倾向应该也会随着技术革新不断扩大吧。当然，这并不代表这样的发展一定是好事。当人类肉体没有发生进一步改变时，信息处理能力就会有上限，因此而产生的各种冲突可能会在未来变得更为激烈。所以技术发展到一定程度后将会改变人的肉体本身。现阶段因医疗技术发展而带来的人类平均寿命的变化，已经使得当下人类的生死观发生了一定程度的转变。长生不老的研究和意识数据化等手段更将催生全新的生活方式和意识形态。再进一步讲，甚至我们的生存环境也会因技术革新而发生变化。也许人类会进入太空，在各种各样的宇宙环境中，在前所未有的距离和时间间隔下共同生活。

到那时，人类该如何适应这种转变，人类意识又将发生怎样的变化呢？

在对人类意识的转变进行设定时，首先不要把智力和文化的存在视为理所当然。

事实上，如果对历史、考古学、文化人类学有一定了解的话，不难会发现现代社会中被看作理所当然的事物，很多实际上是由特定的环境和各种因素组成的。这些知识信息应该可以帮助作者设定因新的环境和文化而发生变化的意识。

马文·哈里斯的《食物与文化之谜》和《文化的起源》等作品作为文化人类学的入门，都是很好的切入点。

虽然涉及这一题材的科幻作品很多，但格雷格·伊根的小说《大流散》（*Diaspora*，1997）仍旧凭借将人类意识的变迁与整个宇宙的变化联系起来的脉络，成为当之无愧的代表作。此外，冲方丁的《壳中少女》系列也描写了随着技术发展而发生变化的人类意识。

来自外部的变化

不仅是人类自身的技术发展能够对环境和人体造成改变，有时还有来自外部的强制性变化。例如，在亚瑟·查理斯·克拉克的《2001：太空漫游》中，就出现了一个类似于神的未知存在，并因此诞生了人类的下一个进化形态“星孩”。而克拉克的另一部作品《童年的终结》，则描绘了人类的变化是以不可逆且突兀的进化手段发生，因此在某一世代结束后，所有的孩子都将变成另一种无法与人类沟通的群体生物。类似的作品还有宫崎骏的《风之谷》等。

因技术或文化发展而引起的意识形态改变，重视变化的过程和与现实之间的连续性。所以即便最终的变化结果超乎常理，也能够使人觉得“确实有可能会发生这种变化”，这一点是非常重要的。另外，如果是因外在力量发生了改变，那么就可以跳过发展过程中的某个阶段，出现一段大的断裂期。这就很容易让读者感觉“人类竟然变成了这样……”也许我们可以试着，尽可能地设想一些异想天开式的“断裂式”发展，并且从发展结果倒推，创作出能够让人眼前一亮的作品。

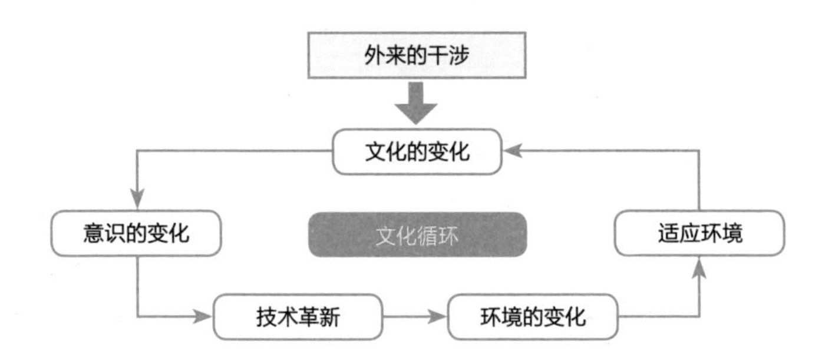

神与宗教

God and Religion

宗教的起源

在人类漫长的发展历史中，宗教一直发挥着巨大作用。因此想要在科幻作品中设定宗教时，提前了解宗教在现实世界中的起源、作用、变化和发展是非常必要的一项工作。

以下将宗教的作用和起源分为解释、救济、连接、风格四类进行说明。

- **作为解释的宗教：**科学和宗教曾经是密不可分的整体。神和神话故事被用来解释世界的原理。后来随着科学水平的进步，这方面作用有所减少，但仍旧没有完全消失。而且从根本上来讲，宗教和科学也并不是绝对对立方，近现代不少的科学家都对神学有所研究
- **作为救济的宗教：**饱受疾病、灾难、天气变化和猛兽之苦的人类，一直梦想着有位“超越者”以各种不同的方式来拯救自己。随着科学技术的发展，人类平均寿命被大幅延长，肉体层面渴望救济的需求在很大程度上得到满足，但是精神层面渴望得到救济的需求仍然存在，甚至可以说这种需求还在增长
- **作为连接的宗教：**人类是社会性动物，当多数人团结在一起时可以发挥出巨大力量。宗教的重要功能之一就是凭借某种特定的理念将人连接在一起。随着现代社会的发展，人们的生活方式越来越多样化，很多方面都在不断向无国界化发展，这也侧面反映了人类对连接的强烈需求

◎ **作为风格的宗教：**博比·亨德森创立的“飞天意面神教”是一种讽刺性的虚拟宗教，它主要针对某些宗教教派所宣称的智能设计论（生物并非出于进化，而是源自某些超自然智能的设计），并收获了众多追随者。在这种前提下，加入“飞天意面神教”则代表着反对伪科学的立场

宗教的变化

以宗教的作用和起源为基础，我们可以设定在科幻作品中登场的宗教。

作为解释的宗教本身代表着人类对自身及宇宙的探索，而在科幻作品中，通常被设定为崇拜超常的外星人及其遗迹、踪迹的宗教。

如果试图在科幻作品中将宗教设定为救济型，则必须考虑清楚角色在那个世界中会害怕什么。实现了长生不老的生物会害怕什么呢？也许是无聊，也许是意外或某种转变。库尔特·冯内古特（Kurt Vonnegut）的众多作品都可以作为现代虚构宗教的参考。从《猫的摇篮》（*Cat's Cradle*，1963）中的布克农教到《泰坦的女妖》（*The Sirens of Titan*，1959）、《五号屠场》（*Slaughterhouse-Five*，1969）中特拉法马多尔人的宿命论等，冯内古特洞察了现代人的寂寞和罪恶感，创造出多个迷人的宗教和哲学。

即便人类的生存领域不断扩大，人类肉体、精神的进化也都已经完成，但只要寂寞和罪恶感没有消失，那宗教也一定会同样一直存在。在不同种族角色纷纷登场的太空歌剧类作品中，会出现代表各种族文化和性格的宗教，并被用于角色塑造。

而作为一种风格，最著名的太空宗教的形象（神）当属《透镜人》系列中出现的宇宙神克罗诺。克罗诺其实是古今中外各式神明的集合体，是在如“以宇宙神克罗诺的……发誓！”的形式宣誓时，被用来保证誓言可信性的存在。就像誓言内容一样，克罗诺神被设定为一个拥有翅膀、爪子、触手等所有器官的存在。

作为风格的宗教有时还会将虚拟角色作为运动象征呈现。美国曾经发生过一场“让甘道夫当总统！”的活动。对当时政治环境绝望的美国人把《指环王》中出现的奇幻魔法师当作运动的象征。近年来，克里普敦未来媒体公司（Crypton Future Media）推出的语音合成软件形象代言人初音未来（Vocaloid）已经成为御宅族和创意共享运动的象征。这些运动虽然才刚刚起步，但我们不妨想象一下，当它们像现有主流宗教一样经历数千年的发展后，会演变成什么形式呢?

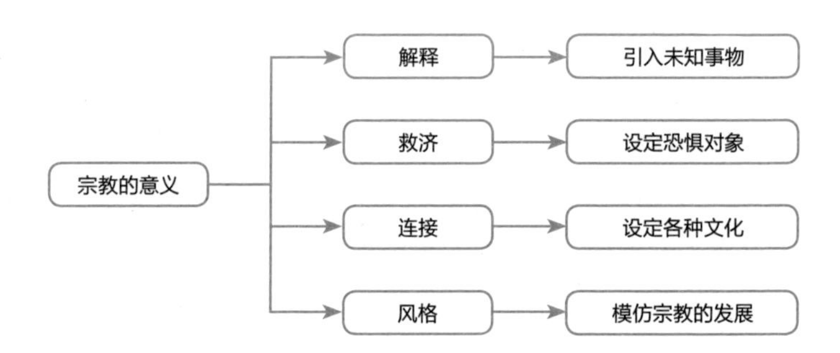

元虚构作品

Metafiction

语言

漏字文

第四堵墙

元虚构作品的创作模式

元虚构作品又被称为后设作品，是一种强调其自身结构性的戏剧或小说等虚构作品，通过不断提醒让读者或观众意识到虚构性。这种类型的小说被称为元虚构小说或元小说。元虚构作品常见的创作模式包括以下几种：

- 在作品中出现另一个故事
- 作品中的人物提及自己是虚构创造物的事实
- 让读者或观众化身为登场角色
- 创作者在作品中登场亮相
- 利用另一部作品中的角色、台词和设定

例如，在作为现代元小说鼻祖的塞万提斯的《堂吉诃德》中，主人公就是一个将骑士故事与现实混为一谈的人物，并且其续集的背景被设定为前一部小说畅销的世界。在动画《萩萩公主》中，童话世界由童话作家创造，而当作家去世后，故事由一台自动写作机继续编写下去。日本科幻小说家圆城塔在小说《这是一只笔》（2011）中写道“叔父是文字，字面意思”，并以此为开端讲述了一台机器写了一篇关于“机器写了一篇论文”的故事。或者像斯坦尼斯拉夫·莱姆的作品《完美的真空》（*Doskonała próżnia*，1971）那样，将一本并不存在的书的书评集结在一起构成一部元小说。

此外，小说是用语言书写的，因此以语言为主题的科幻小说更容易接近元虚构作品特有的性质。例如，在神林长平的《言壶》系列中，主人公让特殊的文字处理机器协助他写作，但由此创作的文章在现实世界中无法被识别，结果就产生了另一种语言现实。

不同媒体中的元虚构作品

在元小说中，作者不仅要在故事中表现元结构性，有时还需要在作品的表现手法方面下功夫。在筒井康隆小说《虚人》中，读者的阅读速度和故事中的时间流逝速度是一致的。乔治·佩雷克的小说《消失》（*La Disparition*，1969）中则采用了“漏字文”的手法，即全篇作品中不出现法语最常见的字母e，据说这种方式是在暗示母亲的失踪。

那么，除小说以外的其他媒体领域中有哪些元虚构作品呢？在游戏《Undertale》中，暗示了保存功能被游戏角色认知的可能性。在动画电影《新世纪福音战士　Air/真心为你》中，出现了试映会观众形象的真人剪辑镜头。而在戏剧作品中，表演者意识到观众正在观看表演的情况被称作“打破第四堵墙”。这是从舞台左、右、后三面墙之外，横堵在表演者和观众之间看不见的“第四堵墙”的概念引申而来的。而在小说、电影等其他媒体中，角色对读者或观众的称呼也经常用这个词来表示。

沉浸式和批判性的观点

元虚构作品是一种能够给读者留下深刻印象的创作模式，它会混淆虚构与现实之间的界限。根据具体情况的不同，元虚构作品有时能够使读者或观众感觉仿佛和作品角色身处同一世界，有时也可以增加他们对作品的亲近感。此外，当读者或观众沉浸于故事中的可能无法意识到作品的结构，这也可能会带来批评性的观点。

但是从另一方面讲，在作品中加入对故事发展而言不太必要的元结构时，需要十分警惕。如果过于轻易地使用元结构，反而会使读者或观众难以沉浸在故事中，导致他们失去兴趣。即便你想设定“角色意识到自身存在”这样的元结构，但如果表现手法低劣，反而使读者或观众意识到是作者在背后编造这一切时，就很难再让人投入感情了。

对虚构人物的情感和对现实对象的情感是否属于不同类型这一问题，也已经成了分析美学的一大争论点，并被称为“虚构的悖论”。